U0815050

高等学校电子信息类规划教材

数字电路与逻辑设计

主　编　邢德胜　边　静

北京邮电大学出版社
·北京·

内 容 提 要

本书对传统的数字电路与逻辑设计教学内容进行了精选和更新，避开了晦涩的理论，简明介绍了学生最需要的基本知识和技术，通过通俗易懂的语言介绍专业知识，着眼于方法和能力的培养。本书的主要内容包括数字逻辑基础、逻辑门电路、逻辑代数基础、组合逻辑电路、触发器、时序逻辑电路、可编程逻辑器件。

本书侧重基本概念、基本方法和实际应用的介绍，同时每章最后有学习目的和要求、习题，部分章还附有相关实验。本书适合作为高等学校计算机类相关专业数字电路课程(40～60学时)的教材，也可供工程技术人员学习和参考。

图书在版编目(CIP)数据

数字电路与逻辑设计 / 邢德胜，边静主编．— 北京：北京邮电大学出版社，2025．— ISBN 978－7－5635－7533－6

Ⅰ．TN79

中国国家版本馆 CIP 数据核字第 2025JC2520 号

策划编辑：马　飞　　**责任编辑**：马　飞　　**封面设计**：七星博纳

出版发行：北京邮电大学出版社
社　　址：北京市海淀区西土城路 10 号(100876)
电话传真：010－82330190　62282185(发行部)　010－82333009　62283578(传真)
网　　址：www.buptpress3.com
电子信箱：buptpress3@163.com
经　　销：各地新华书店
印　　刷：北京建宏印刷有限公司
开　　本：787 mm×1 092 mm　1/16
印　　张：14
字　　数：348 千字
版　　次：2025 年 7 月第 1 版
印　　次：2025 年 7 月第 1 次印刷

ISBN 978－7－5635－7533－6　　定价：49.00 元

前言

Preface

当前信息技术的发展态势瞬息万变，数字电子技术作为现代科技的关键支撑，助力计算机技术催生了众多新兴产业，创造了巨大的经济价值。

“数字逻辑”课程面向全国各类高校，针对全国高校计算机相关专业的差异化教学需求，教学团队结合多年来对计算机相关专业的教学经验和教学改革实践成果，以培养学生的综合应用能力为出发点，编写了本书。本书按照教育部学科专业的调整方案、电子信息类专业教学质量国家标准及本科计算机类相关专业规范进行编写。

本书编写的指导思想：保留基础知识，精选教材内容，注意知识的系统性，强调理论联系实际，注重培养学生分析问题和解决问题的能力，便于学生自学。本书除了通过实例、例题和习题说明理论的实际应用，还在每章最后附有本章学习目的和要求，部分章还附有实验，以加深学生对本书内容的掌握和理解。

本书第 1 章的 1.1 节、1.2 节、1.3 节和第 2 章由焦丽仙老师编写，第 1 章的 1.4 节、1.5 节、学习目的和要求、习题和第 7 章由蔡红梅老师编写，第 3 章由刘银波老师编写，第 4 章和第 5 章由边静老师编写，第 6 章由邢德胜老师编写。全书由邢德胜和边静老师审阅并统稿。

在本书编写过程中，有关专家和教师给予了指导和帮助，在此表示衷心的感谢！

由于编者水平有限，书中难免有错误和不当之处，敬请同人和读者批评指正。

编　者

2024 年 3 月

目录

Contents

第1章　数字逻辑基础

数字电路处理的是各种数字信号。所谓数字信号(也称为离散信号)，是指在时间和数值上不连续变化的电信号，即它的变化总是发生在一系列离散的瞬间。对于数字信号，通常我们只需要研究它的有、无或出现的次数，而对于信号的大小并无严格的要求。

数字信号通常以数码的形式表示，数码的数制通常使用二进制和十六进制，我们熟悉的十进制数、字符和其他信息不能被数字系统直接接收。因此，当人机交换信息时，需要将信息进行转换以便机器能够接收。

1.1　数字逻辑概述

1.1.1　数字信号与模拟信号

客观世界存在着各种物理信号，按其变化规律可以分为两种类型：一种是连续信号，另一种是离散信号。

所谓连续信号是指在时间上和数值上均作连续变化的物理信号，例如温度、压力等。在工程应用中，为了便于处理和传输，通常用某一种连续信号去模拟另一种连续信号，例如用电压的变化代替温度的变化等。因此，连续信号又称为**模拟信号**，简称模拟量。直接对模拟量进行处理的电路称为**模拟电路**。

所谓离散信号是指信号的变化在时间上和数值上都是离散的，或者说是不连续的。例如，学生成绩记录、产品统计、电路开关的状态等。离散信号的变化可以用不同的数字表示，所以又称为**数字信号**，简称**数字量**。直接对数字量进行处理的电路称为**数字电路**，由于数字电路的各种功能是通过逻辑运算和逻辑判断来实现的，所以其又称为数字逻辑电路或者逻辑电路。

通常以正弦波为例来说明模拟信号和数字信号。正弦波既能用连续方式表示也能用离散方式表示，图 1.1.1 所示是其两种表示方式。

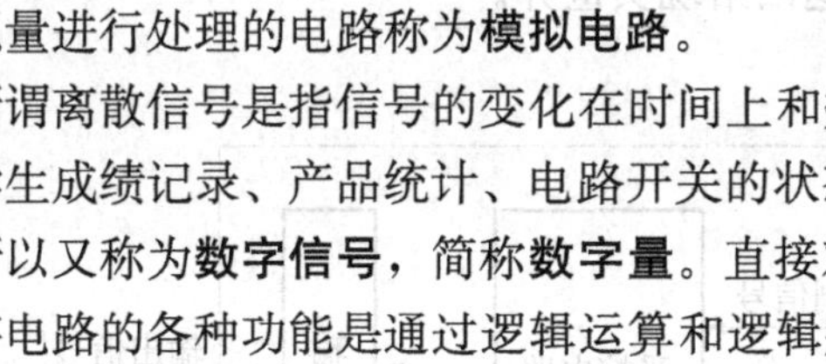

(a) 模拟表示

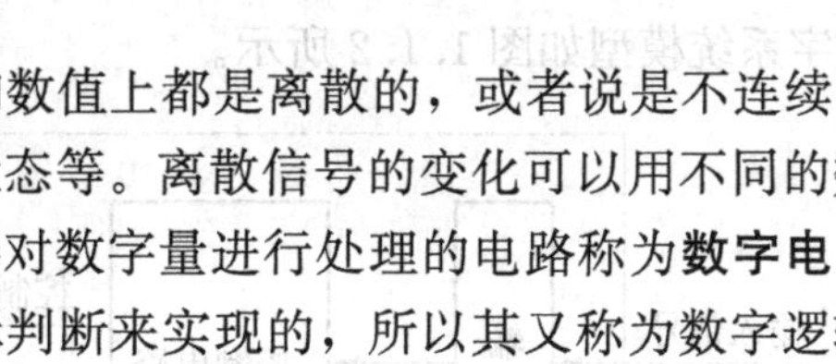

(b) 离散表示

图 1.1.1　正弦波的模拟表示和离散表示

以横轴承坐标为 X 值，以纵轴坐标为 Y 值，图 1.1.1(b)中的离散信号可以表示为如表 1.1.1 所示的数字值。

表 1.1.1　正弦波的离散数字值　　　　(X 的单位为°)

X	Y	X	Y	X	Y	X	Y
0	0	90	1	180	0	270	−1
18	0.31	108	0.95	198	−0.31	288	−0.95
36	0.59	126	0.81	216	−0.59	306	−0.81
54	0.81	144	0.59	234	−0.81	324	−0.59
72	0.95	162	0.31	252	−0.95	342	−0.31

1.1.2　数字系统

数字系统已经成为人们日常生活中重要的组成部分。在人们周围可以发现无数个数字系统的例子，如自动播音器、CD 播放机、电话系统、PC 以及视频游戏机等，这样的例子举不胜举。

简单地说，数字系统是一个能对数字信号进行加工、传输和存储的实体，它由实现各种功能的数字逻辑电路相互连接而成。数字系统是仅仅用数字来“处理”信息以实现计算和操作的电子网络。但是，数字系统中所用的数字来自特别的数制系统，该数制系统只有两个值：0 和 1。虽然这似乎十分简单，但是由于只使用 0 和 1 来完成所有的计算和操作，所有数字系统的设计实际上是相当复杂的。数字系统必须完成如下任务：

①将现实世界的信息转换成数字系统可以理解的二进制“语言”。

②仅用数字 0 和 1 完成所要求的计算和操作。

③将处理的结果以用户可以理解的方式返回给现实世界。

数字系统模型如图 1.1.2 所示。

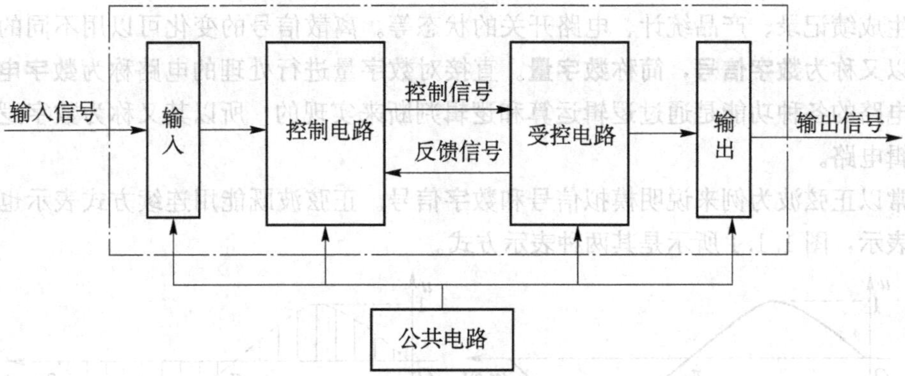

图 1.1.2　数字系统模型

整个系统划分为控制电路和受控电路两大部分。

控制电路是数字系统模型的核心部分，由记录当前逻辑状态的时序电路和进行逻辑运算的组合电路组成。它可根据控制器的外部输入信号，由受控电路送回的反馈信号以及控制电路内部的当前状态来控制逻辑运算的进程，向受控电路和系统外部发出各种控制信号。

受控电路(数据处理器)由一些组合电路和时序电路组成。它可根据控制电路发出的控制信号对输入的数据信号进行处理并输出，同时，还反映受控器自身状态并将控制要求的信号反馈给控制器。

控制器是数字系统的核心，根据其内部功能可以建立如图 1.1.3 所示的控制器模型。

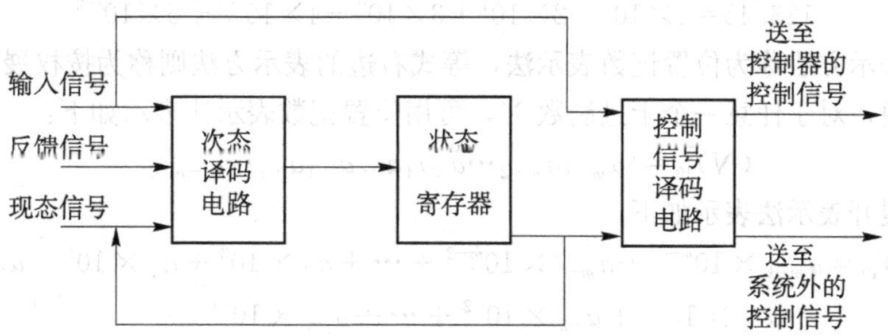

图 1.1.3 控制器模型

控制器的模型可清楚地表明控制器内部电路的类型及连接关系，它是逻辑电路设计的基本依据。控制器逻辑电路设计的主要任务包括：状态寄存器的选择、状态值分配、次态译码电路设计和输出译码电路设计。

1.1.3 数字电路的特点

数字电路的特点如下。

(1)数字电路中的器件通常工作在开关状态，即饱和或截止状态。

(2)数字电路研究的对象是电路输入与输出的逻辑关系，即逻辑功能。

(3)数字电路的基本单元电路是逻辑门和触发器。

(4)数字电路的分析工具是逻辑代数，主要用功能表、真值表、逻辑表达式、波形图和卡诺图等表达电路的功能。

1.2 数　　制

1.2.1 十进制数

用一组统一的符号和规则表示数的方法，称为**进位计数制**，简称**数制**。原则上说，一个数可以用任何一种数制来表示和运算。不同数制的运算方法及其难易程度互不相同。选择什么样的数制来表示数，对数字系统的性能影响很大。

在日常生活中，人们通常采用十进制来计数，每位数可用 0，1，2，3，4，5，6，7，8，9 来表示。基数表示数制所具有的数字符号个数，十进制的基数为 10，即十进制具有的数字符号个数为 10。

十进制的计数规则是由低位向高位“逢十进一”，即每位累计不能超过 9，计满 10 就应向高位进 1。

当人们看到一个十进制数，如 123.45 时，就会立刻想到：这个数的小数点左边第 3 位(即最高位)为百位(1 代表 100)，第 2 位为十位(2 代表 20)，第 1 位为个位(3 代表 3)，小数点右边第 1 位为十分位(4 代表 4/10)，第 2 位为百分位(5 代表 5/100)。这里的百、十、个、十分之一和百分之一都是 10 的幂。在一个数制中，不同数位表示的固定常数称为权。十进制数 123.45 从左至右各位的权分别是 10^2，10^1，10^0，10^{-1}，10^{-2}。这样，123.45 按权展开的形式为

$$123.45=1\times10^2+2\times10^1+3\times10^0+4\times10^{-1}+5\times10^{-2}$$

等式左边的表示方法称为位置记数表示法，等式右边的表示方法则称为按权展开表示法。

一般来说，对于任意一个十进制数 N，可用位置记数表示法表示如下：

$$(N)_{10}=(a_{m-1}a_{m-2}\cdots a_2a_1a_0.a_{-1}a_{-2}\cdots a_{-n})_{10}$$

也可用按权展开表示法表示如下：

$$\begin{aligned}(N)_{10}&=a_{m-1}\times10^{m-1}+a_{m-2}\times10^{m-2}+\cdots+a_2\times10^2+a_1\times10^1+a_0\times10^0\\&\quad+a_{-1}\times10^{-1}+a_{-2}\times10^{-2}+\cdots+a_{-n}\times10^{-n}\\&=\sum_{i=-n}^{m-1}a_i\times10^i\end{aligned}$$

式中，a_i 表示各个数字符号，为 0～9 这 10 个数码中的任意一个；m 为整数部分的位数；n 为小数部分的位数。

通常，在表示十进制数时，可以在数字的右下角标注 10 或 D。

1.2.2 二进制数

基数为 2 的数制称为二进制。在二进制中，只有 0 和 1 两个数码。二进制数的计数规则是由低位向高位“逢二进一”，即每位计满 2 就向高位进 1。例如，$(1001)_2$ 就是一个二进制数。各数位的权是以 2 为底的连续整数幂，从右向左递增。

对于任意一个二进制数 N，用位置记数表示法表示如下：

$$(N)_2=(a_{m-1}a_{m-2}\cdots a_2a_1a_0.a_{-1}a_{-2}\cdots a_{-n})_2$$

也可用按权展开表示法表示如下：

$$\begin{aligned}(N)_2&=a_{m-1}\times2^{m-1}+a_{m-2}\times2^{m-2}+\cdots+a_2\times2^2+a_1\times2^1+a_0\times2^0+a_{-1}\times2^{-1}\\&\quad+a_{-2}\times2^{-2}+\cdots+a_{-n}\times2^{-n}\\&=\sum_{i=-n}^{m-1}a_i\times2^i\end{aligned}$$

式中，a_i 表示各个数字符号，为 0 或 1；m 为整数部分的位数；n 为小数部分的位数。

通常，在表示二进制数时，可以在数字的右下角标注 2 或 B。

在数字系统中，常用二进制来表示数字和进行运算。因为它具有如下特点。

(1)二进制只有 0 和 1 两个数码，任何具有两个不同稳定状态的元件都可用来表示 1 位二进制数，例如，晶体管(导通和截止)、脉冲信号(有和无)等。

(2)二进制的运算规则简单。其运算规则如下。

①加法规则：

$0+0=0 \qquad 0+1=1$

1+0=1　　　1+1=0(同时向相邻高位进1)

②减法规则：

0−0=0　　　0−1=1(同时向相邻高位借1)

1−0=1　　　1−1=0

③乘法规则：

0×0=0　　　0×1=0　　　1×0=0　　　1×1=1

④除法规则：

0÷1=0　　　1÷1=1

没有1÷0，因为0不能作除数。

(3)一位二进制数只有两个状态，数字的传输和处理不容易出错，可靠性高。

(4)二进制的数码0和1，可与逻辑代数中逻辑变量的值“假”和“真”对应起来。也就是说，可用两个逻辑变量来表示一个二进制数码。这样，在逻辑运算中就可以使用逻辑代数这一数学工具。

例1.2.1　计算$(1001)_2+(1101)_2$。

解： 按照“逢二进一”的加法规则进行运算。

$$\begin{array}{r} 1001 \\ +1101 \\ \hline 10110 \end{array}$$

二进制数的加法运算和十进制数的加法运算相似，但采用“逢二进一”的规则，每位数累计到2时，本位就记为0，同时向相邻高位进1。

例1.2.2　计算$(1101)_2-(1011)_2$。

解： 按照向相邻高位“借一当二”的减法规则运算。

$$\begin{array}{r} 1101 \\ -1011 \\ \hline 0010 \end{array}$$

二进制数的减法运算从低位起按位进行，在遇到0减1时，就要采用“借一当二”的规则，向相邻高位借1，也就是从那一位减去1。

例1.2.3　计算$(1101)_2\times(1011)_2$。

解： 按照乘法规则，以及“移位相加”“逢二进一”的加法规则进行运算。

$$\begin{array}{r} 1101 \\ \times1011 \\ \hline 1101 \\ 1101 \\ 0000 \\ 1101 \\ \hline 10001111 \end{array}$$

二进制数的乘法运算和十进制数的乘法运算相似，不同的是对部分积进行累加时要按“逢二进一”的规则进行运算。

例 1.2.4 计算$(111101010)_2 \div (1101)_2$。

解： 按照除法规则和“借一当二”的减法规则进行运算。

```
            100101   ……商
1101 ) 111101010
       1101
         10010
          1101
          010110
            1101
            1001 ……余数
```

二进制数的除法运算同十进制数的除法运算类似，但借位采用二进制数的规则。

1.2.3 其他数制

二进制的运算规则简单，便于电路实现，它是数字系统中广泛采用的一种数制。但用二进制数表示一个数时，所用的位数比用十进制表示时的位数多，读写很不方便，容易出错，不便于记忆。因此，人们常采用八进制数和十六进制数表示一个数，这两种数制的数不但容易书写、阅读和便于记忆，而且十分容易转换成二进制数。

八进制的基数是 8，采用的数码是 0，1，2，3，4，5，6，7，计数规则是由低位向高位“逢八进一”，对于相邻两位来说，高位权是低位权的 8 倍。通常在八进制数字的右下角标注 8 或 O，例如，$(74.1)_8$ 表示一个八进制数。

十六进制的基数为 16，采用的数码是 0，1，2，3，4，5，6，7，8，9，A，B，C，D，E，F。其中，A，B，C，D，E，F 分别代表十进制数字 10，11，12，13，14，15。十六进制的计数规则是由低位向高位“逢十六进一”，对于相邻两位来说，高位权是低位权的 16 倍。通常在十六进制数字的右下角标注 16 或 H，例如，$(2BA.9D)_{16}$ 表示一个十六进制数。

与二进制数一样，八进制数和十六进制数均可用位置记数表示法和按权展开表示法的形式表示。

一般来说，对于任意的数 N，都能表示成以 r 为基数的 r 进制数。数 N 的位置记数表示法表示式为

$$(N)_r = (a_{m-1}a_{m-2}\cdots a_2a_1a_0.a_{-1}a_{-2}\cdots a_{-n})_r$$

而相应的按权展开表示法表示式为

$$\begin{aligned}(N)_r &= a_{m-1}\times r^{m-1} + a_{m-2}\times r^{m-2} + \cdots + a_2\times r^2 + a_1\times r^1 + a_0\times r^0 \\ &\quad + a_{-1}\times r^{-1} + a_{-2}\times r^{-2} + \cdots + a_{-n}\times r^{-n} \\ &= \sum_{i=-n}^{m-1} a_i \times r^i\end{aligned}$$

式中，a_i 表示各个数字符号，为 $0\sim r-1$ 数码中的任意一个；r 为数制的基数；m 为整数部分的位数；n 为小数部分的位数。

r 进制的计数规则是由低位向高位“逢 r 进一”。

1.3 数制转换

1.3.1 二进制数与十进制数的转换

在计算机和其他数字系统中，普遍使用二进制，采用二进制的数字系统只能处理二进制数或用二进制代码形式表示的其他信号，而人们习惯于使用十进制数，所以在信息处理中，首先必须把十进制数转换成计算机能加工和处理的二进制数再进行运算，然后将二进制数的计算结果转换成人们习惯的十进制数。

二进制数转换成十进制数是很方便的，只要将二进制数用按权展开表示法表示，并将式中各乘积项的积算出来，然后各项相加，即可得到与该二进制数相对应的十进制数。例如：

$$\begin{aligned}(10110.110)_2 &= 1\times2^4+0\times2^3+1\times2^2+1\times2^1+0\times2^0+1\times2^{-1}+1\times2^{-2}+0\times2^{-3}\\ &=16+4+2+0.5+0.25\\ &=(22.75)_{10}\end{aligned}$$

十进制数转换成二进制数时，需将待转换的数分成整数部分和小数部分，并分别加以转换。一个十进制数可写成

$$(N)_{10}=(a_{m-1}a_{m-2}\cdots a_2a_1a_0)_{10}.(a_{-1}a_{-2}\cdots a_{-n})_{10}$$

即

$$(N)_{10}=(\text{整数部分})_{10}.(\text{小数部分})_{10}$$

转换时，首先将(整数部分)$_{10}$转换成(整数部分)$_2$，然后将(小数部分)$_{10}$转换成(小数部分)$_2$。待整数部分和小数部分确定后，就可写成

$$(N)_2=(\text{整数部分})_2.(\text{小数部分})_2$$

1. 整数转换

十进制数的整数部分采用“除2取余”法进行转换，即把十进制整数除以2，取出余数1或0作为相应二进制数的最低位，把得到的商再除以2，取出余数1或0作为二进制数的次低位，依次类推，直至商为0，所得余数为最高位。

例如，将十进制整数157转换为二进制整数，就要把它写成如下形式：

$$\begin{aligned}(157)_{10}&=(a_{m-1}a_{m-2}\cdots a_2a_1a_0)_2\\ &=a_{m-1}\times2^{m-1}+a_{m-2}\times2^{m-2}+\cdots+a_2\times2^2+a_1\times2^1+a_0\times2^0\\ &=2(a_{m-1}\times2^{m-2}+a_{m-2}\times2^{m-3}+\cdots+a_2\times2^1+a_1)+a_0\end{aligned}$$

只要求出等式中的各个系数a_{m-1}，a_{m-2}，…，a_1，a_0便得到二进制整数。将等式两边除以2，得

$$\left(78+\frac{1}{2}\right)_{10}=a_{m-1}\times2^{m-2}+a_{m-2}\times2^{m-3}+\cdots+a_2\times2^1+a_1+\frac{a_0}{2}$$

等式两边相等，即其整数部分和小数部分必须对应相等，等式左边的余数为1，则a_0为1。因而得

$$(78)_{10}=2(a_{m-1}\times2^{m-3}+a_{m-2}\times2^{m-4}+\cdots+a_2)+a_1$$

将等式两边再除以 2，得

$$(39)_{10}=(a_{m-1}\times 2^{m-3}+a_{m-2}\times 2^{m-4}+\cdots+a_2)+\frac{a_1}{2}$$

比较等式两边，等式左边的余数为 0，则取 a_1 为 0。依此类推，可得系数 a_2，a_3，…，a_{m-2}，a_{m-1}。

根据上面讨论的方法，可用如下形式很方便地将十进制整数转换成二进制整数：

	取余数	
2 | 157		
2 | 78	…… 1	
2 | 39	…… 0	↑
2 | 19	…… 1	逆序排列
2 | 9	…… 1	$(157)_{10}=(10011101)_2$
2 | 4	…… 1	
2 | 2	…… 0	
2 | 1	…… 0	
0	…… 1	

2. 纯小数转换

十进制数的小数部分采用“乘 2 取整”法进行转换，即先将十进制小数乘以 2，取其整数 1 或 0 作为二进制小数的最高位；然后将乘积的小数部分再乘以 2，再取其整数作为次高位。重复上述过程，直到小数部分为 0 或达到所要求的精度。

例如，将十进制小数 0.34 转换为二进制小数，就要把它写成如下形式：

$$\begin{aligned}(0.34)_{10}&=(a_{-1}a_{-2}\cdots a_{-n})_2\\&=a_{-1}\times 2^{-1}+a_{-2}\times 2^{-2}+\cdots+a_{-n}\times 2^{-n}\\&=\frac{a_{-1}}{2}+\frac{1}{2}(a_{-2}\times 2^{-1}+a_{-3}\times 2^{-2}+\cdots+a_{-n}\times 2^{-n+1})\end{aligned}$$

只要求出等式中的各个系数 a_{-1}，a_{-2}，…，a_{-n}，便得到二进制小数。将等式两边乘以 2，得

$$(0.68)_{10}=a_{-1}+(a_{-2}\times 2^{-1}+a_{-3}\times 2^{-2}+\cdots+a_{-n}\times 2^{-n+1})$$

等式两边相等，即其整数部分和小数部分必须对应相等，a_{-1} 等于左边的整数，则 a_{-1} 为 0。等式右边括号内的数仍为小数，因而

$$(0.68)_{10}=\frac{a_{-2}}{2}+\frac{1}{2}(a_{-3}\times 2^{-1}+\cdots+a_{-n}\times 2^{-n+2})$$

再将等式两边乘以 2，得

$$(1.36)_{10}=a_{-2}+a_{-3}\times 2^{-1}+\cdots+a_{-n}\times 2^{-n+2}$$

比较等式两边的整数，则 a_{-2} 为 1。如此连续乘以 2，直到小数部分等于 0，即可求得系数 a_{-1}，a_{-2}，…，a_{-n}。

根据上面讨论的方法，可用如下形式很方便地将十进制小数转换成二进制小数：

	取整数	
0.34		
× 2		
0.68	……0	
× 2		
1.36	……1	
× 2		
0.72	……0	顺
× 2		序
1.44	……1	排
× 2		列
0.88	……0	↓
× 2		
1.76	……1	
⋮		

$(0.34)_{10} = (0.010101)_2$

必须指出：运算时，式中的整数不参加连乘。

在十进制的小数部分转换中，有时连续乘以 2 不一定能使小数部分等于 0，这说明该十进制小数不能用有限位二进制小数表示。这时，只要取足够多的位数，使其误差达到所要求的精度就可以了。

如果一个十进制数既有整数部分又有小数部分，那么在进行转换时，整数部分采用“除 2 取余”法，小数部分采用“乘 2 取整”法，然后把转换的结果合并起来。下面举例说明。

例 1.3.1　将$(157.34)_{10}$转换成二进制数。

解：
$$\begin{aligned}(157.34)_{10} &= (157)_{10} + (0.34)_{10} \\ &= (10011101)_2 + (0.010101)_2 \\ &= (10011101.010101)_2\end{aligned}$$

1.3.2　八进制数、十六进制数与二进制数的转换

八进制的基数为 8($8=2^3$)，十六进制的基数为 16($16=2^4$)。二进制数、八进制数和十六进制数之间具有 2 的整指数倍关系，因而可直接进行转换。

将二进制数转换成八进制或十六进制数的方法为：从小数点开始，分别向左、右按 3 位(转换成八进制数)或 4 位(转换成十六进制数)分组，最后不满 3 位或 4 位的则需加 0。将每组以对应的八进制数或十六进制数代替，即为等值的八进制数和十六进制数。例如：

八进制	7	2	5	3	0	2	5	4
二进制	111	010	101	011	000	010	101	100
二进制	1110	1010	1011	0000	1010	1100		
十六进制	E	A	B	0	A	C		

则$(72530254)_8 = (111010101011000010101100)_2 = (EAB0AC)_{16}$。

八进制	7	2	5.	3	0	2	5	4
二进制	111	010	101.	011	000	010	101	100
二进制	0001	1101	0101.	0110	0001	0101	1000	
十六进制	1	D	5.	6	1	5	8	

则$(725.30254)_8=(111010101.011000010101100)_2=(1D5.6158)_{16}$。

将八进制数或十六进制数转换成二进制数时，可按上述方法的逆过程进行。表 1.3.1 列出了当 $r=2$，8，10，16 时各种数制中开头的 16 个自然数。

表 1.3.1 不同数制中开头的 16 个自然数

二进制 $r=2$	八进制 $r=8$	十进制 $r=10$	十六进制 $r=16$
0000	00	0	0
0001	01	1	1
0010	02	2	2
0011	03	3	3
0100	04	4	4
0101	05	5	5
0110	06	6	6
0111	07	7	7
1000	10	8	8
1001	11	9	9
1010	12	10	A
1011	13	11	B
1100	14	12	C
1101	15	13	D
1110	16	14	E
1111	17	15	F

1.4 带符号数的表示

1.4.1 真值与机器数

前面讨论的数都没有考虑符号，一般认为是正数，但在算术运算中总会出现负数。不带符号的数是数的绝对值，在绝对值前加上表示正负的符号就成了带符号数。一个带符号数由两部分组成：一部分表示数的符号(符号位)，另一部分表示数的数值(数值部分)。对于一个 n 位二进制数，如果数的第 1 位为符号位，则剩下的 $n-1$ 位就为数值部分。直接用正号"+"和负号"−"来表示正负的带符号二进制数，称为符号数的真值。数的真值形式是一种原始形式，不能直接用于计算机中。但是，当符号数值化以后，就可在计算机中使用它。数的符号是一个具有正、负两种值的离散信息，它可以用 1 位二进制数来表示。习惯上以 0 表示正，而以 1 表示负。计算机中使用的符号数称为机器数。

例如，二进制正数 +0.1110 在机器中的表示形式如图 1.4.1(a)所示，二进制负数 −0.1110 在机器中的表示形式如图 1.4.1(b)所示。

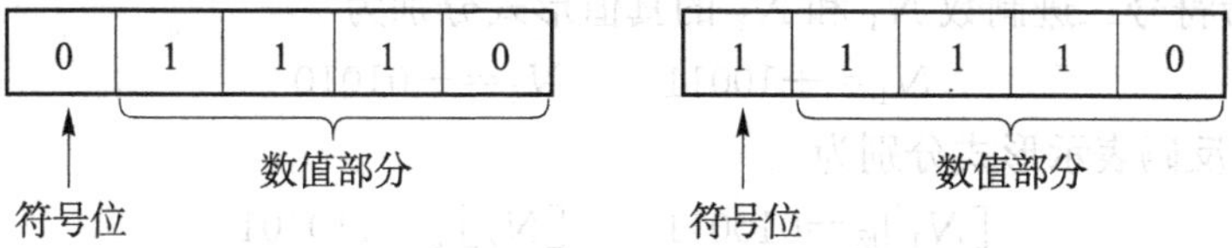

(a) 正数　　　　(b) 负数

图 1.4.1　二进制数在机器中的表示形式

由二进制数的加、减、乘、除 4 种运算的规则可知，乘法运算实际上是移位加法运算，而除法运算是移位减法运算。这就是说，在机器中只需要做加、减两种运算。但做减法运算时，必须先比较两个数的绝对值的大小，将绝对值大的数减去绝对值小的数，最后在相减结果的前面加上正确的符号。虽然逻辑电路可以实现减法运算，但所需的电路复杂，运算时间较长。为了能使减法运算变成加法运算，人们提出了 3 种机器数的表示形式，即原码、反码和补码。

1.4.2　原码

原码又称"符号-数值表示"。在以原码形式表示的正数和负数中，第 1 位为符号位，对于正数，符号位记作 0；对于负数，符号位记作 1，其余各位为数值部分。

假如两个带符号二进制数 N_1 和 N_2 的真值形式分别为

$$N_1=+10011 \qquad N_2=-01010$$

则 N_1 和 N_2 的原码表示形式分别为$[N_1]_{原}=010011$，$[N_2]_{原}=101010$。

根据上述的原码形成规则，一个 n 位的整数 N(包括 1 位符号位)原码的一般表示式为

$$[N]_{原}=\begin{cases}N & 0\leqslant N<2^{n-1}\\ 2^{n-1}-N & -2^{n-1}<N\leqslant 0\end{cases}$$

对于定点小数，通常小数点定在最高位的左边，这时，数值小于 1。定点小数原码的一般表示式为

$$[N]_{原}=\begin{cases}N & 0\leqslant N<1\\ 1-N & -1<N\leqslant 0\end{cases}$$

从原码的一般表示式可以看出：

(1)当 N 为正数时，$[N]_{原}$和 N 的区别只是增加一位用 0 表示的符号位，由于在数的左边增加一位 0 对该数的数值并无影响，所以$[N]_{原}$就是 N 本身；

(2)当 N 为负数时，$[N]_{原}$和 N 的区别是增加一位用 1 表示的符号位；

(3)在原码表示中，有两种不同形式的 0，即

$$[+0]_{原}=0.00\cdots0 \qquad [-0]_{原}=1.00\cdots0$$

1.4.3　反码

反码又称"对 1 的补数"。在以反码形式表示的正数和负数中，左边第 1 位仍为符号位，

符号位为0代表正数，符号位为1代表负数。对于负数，反码的数值是将原码数值按位取反，即原码的某位为1，反码的相应位就为0，或者原码的某位为0，反码的相应位就为1。而对于正数，反码和原码相同。因此，反码数值的形成与它的符号位有关。

假如两个带符号二进制数 N_1 和 N_2 的真值形式分别为

$$N_1=+10011 \qquad N_2=-01010$$

则 N_1 和 N_2 的反码表示形式分别为

$$[N_1]_{反}=010011 \qquad [N_2]_{反}=110101$$

根据上述的反码形成规则，一个 n 位的整数 N(包括1位符号位)反码的一般表示式为

$$[N]_{反}=\begin{cases}N & 0\leqslant N<2^{n-1}\\(2^n-1)+N & -2^{n-1}<N\leqslant 0\end{cases}$$

同样，对于定点小数，若小数部分的位数为 m，则它的反码一般表示为

$$[N]_{反}=\begin{cases}N & 0\leqslant N<1\\(1-2^{-m})+N & -1<N\leqslant 0\end{cases}$$

从反码的一般表示式可以看出：

(1)正数 N 的反码 $[N]_{反}$ 与原码 $[N]_{原}$ 相同；

(2)对于负数 N，其反码 $[N]_{反}$ 的符号位为1，数值部分是将原码数值按位取反得到的；

(3)在反码中，有两种不同形式的0，即

$$[+0]_{反}=0.00\cdots0 \qquad [-0]_{反}=1.11\cdots1$$

1.4.4 补码

补码又称“对2的补数”。在补码表示法中，正数的表示同原码和反码的表示一样，而负数的表示不同。对于负数，其符号位为1，数值部分是将原码按位取反加1，即按位取反，再在最低位加1。

假如两个带符号二进制数 N_1 和 N_2 的真值形式分别为

$$N_1=+10011 \qquad N_2=-01010$$

则 N_1 和 N_2 的补码表示形式分别为

$$[N_1]_{补}=010011 \qquad [N_2]_{补}=110110$$

根据上述的补码形成规则，一个 n 位的整数 N(包括1位符号位)补码的一般表示式为

$$[N]_{补}=\begin{cases}N & 0\leqslant N<2^{n-1}\\2^n+N & -2^{n-1}\leqslant N<0\end{cases}$$

同样，对于定点小数，补码一般表示式可写成：

$$[N]_{补}=\begin{cases}N & 0\leqslant N<1\\2+N & -1\leqslant N<0\end{cases}$$

从补码的一般表示式可以看出：

(1)正数 N 的补码 $[N]_{补}$ 与原码 $[N]_{原}$ 和反码 $[N]_{反}$ 相同；

(2)对于负数，补码 $[N]_{补}$ 的符号位为1，其数值部分为反码数值加1；

(3)在补码表示法中，0的表示形式是唯一的，即

$$[+0]_{补}=0.00\cdots0 \qquad [-0]_{补}=0.00\cdots0$$

1.4.5 机器数的加、减运算

带符号数的3种表示法的形成规则不同，其加、减运算的规律也不相同。

1. 原码运算

原码中的符号位仅用于表示数的正、负，不参加运算，进行运算的只是数值部分。原码运算时，应首先比较两个数的符号位，若两数的符号位相同，则两数相加就是将两个数的数值部分相加，结果的符号位不变；若两数的符号位不同，则需进一步比较两数的数值相对大小，两数相加是将数值较大的数减去数值较小的数，其符号位与数值较大的数的符号位相同。下面举例说明。

例 1.4.1 已知 $N_1=-0.0101$，$N_2=0.1001$，计算 $[N_1+N_2]_{原}$ 和 $[N_1-N_2]_{原}$。

解：

$$[N_1+N_2]_{原}=[-0.0101+0.1001]_{原}$$

由于 N_1 和 N_2 的符号位不同，并且 N_2 的绝对值大于 N_1 的绝对值，因此，实际上要进行 $|N_2|-|N_1|$ 的运算，其结果为正。

$$\begin{array}{r} 0.1001 \\ -0.0101 \\ \hline 0.0100 \end{array}$$

运算结果为原码，即 $[N_1+N_2]_{原}=0.0100$，故其真值为 $N_1+N_2=0.0100$。

$$[N_1-N_2]_{原}=[-0.0101-0.1001]_{原}$$

N_1 和 N_2 的符号位相同，因此，实际上要进行 $|N_1|+|N_2|$ 的运算，其结果为负。

$$\begin{array}{r} 0.1001 \\ +0.0101 \\ \hline 0.1110 \end{array}$$

运算结果为 $[N_1-N_2]_{原}=1.1110$，故其真值为 $N_1-N_2=-0.1110$。

2. 补码运算

由补码的定义可以证明有如下补码的加、减运算规则：

$$[N_1+N_2]_{补}=[N_1]_{补}+[N_2]_{补}$$

$$[N_1-N_2]_{补}=[N_1]_{补}+[-N_2]_{补}$$

补码的加、减运算规则表明：两数和的补码等于两数的补码之和，而两数差的补码也可以用加法来实现。运算时，符号位和数值部分同样参加运算，如果符号位产生进位，则需将此进位“丢掉”。运算结果的符号位为0，说明运算结果是正数的补码；运算结果的符号位为1，说明运算结果是负数的补码。下面举例说明。

例 1.4.2 已知 $N_1=-0.1100$，$N_2=-0.0010$，计算 $[N_1+N_2]_{补}$ 和 $[N_1-N_2]_{补}$。

解：

$$[N_1+N_2]_{补}=[N_1]_{补}+[N_2]_{补}=1.0100+1.1110$$

$$\begin{array}{r} 1.0100 \\ +1.1110 \\ \hline \text{丢掉 } 1 \leftarrow 1.0010 \end{array}$$

由于符号位产生了进位，因此，要将此进位丢掉，即$[N_1+N_2]_补=1.0010$。

运算结果的符号位为1，说明是负数的补码，应对运算结果再求补码才能得到原码，即$[N_1+N_2]_原=1.1110$，故其真值为$N_1+N_2=-0.1110$。

$$[N_1-N_2]_补=[N_1]_补+[-N_2]_补=1.0100+0.0010$$

$$\begin{array}{r} 1.0100 \\ +0.0010 \\ \hline 1.0110 \end{array}$$

即

$$[N_1-N_2]_补=1.0110$$

运算结果的符号位为1，说明是负数的补码，应对运算结果再求补码才能得到原码，即$[N_1-N_2]_原=1.1010$，故其真值为$N_1-N_2=-0.1010$。

3. 反码运算

反码运算同补码运算一样，两数和的反码等于两数的反码之和，两数差的反码可以用两数反码的加法来实现。反码的加、减运算规则为

$$[N_1+N_2]_反=[N_1]_反+[N_2]_反$$
$$[N_1-N_2]_反=[N_1]_反+[-N_2]_反$$

运算时，符号位和数值部分同样参加运算。如果符号位产生了进位，则此进位应加到和数的最低位，称为“循环进位”。运算结果的符号位为0，说明运算结果是正数的反码，与原码相同；运算结果的符号位为1，说明运算结果是负数的反码，应对运算结果再求反码才能得到原码。下面举例说明。

例 1.4.3 已知$N_1=0.1001$，$N_2=0.0011$，计算$[N_1+N_2]_反$和$[N_1-N_2]_反$。

解：

$$[N_1+N_2]_反=[N_1]_反+[N_2]_反=0.1001+0.0011$$

$$\begin{array}{r} 0.1001 \\ +0.0011 \\ \hline 0.1100 \end{array}$$

即

$$[N_1+N_2]_反=0.1100$$

其真值为$N_1+N_2=0.1100$。

$$[N_1-N_2]_反=[N_1]_反+[-N_2]_反=0.1001+1.1100$$

$$\begin{array}{r} 0.1001 \\ +1.1100 \\ \hline \boxed{1}\ \ 0.0101 \\ +0.0001 \\ \hline 0.0110 \end{array}$$

由于符号位产生了进位，因此要进行“循环进位”，即$[N_1-N_2]_反=0.0110$，其真值为$N_1-N_2=0.0110$。

通过以上讨论可以看出，原码表示法简单直观，容易变换，但做原码的减法时必须做真正的减法运算，不能用加法运算代替，这样进行加、减运算很麻烦，增加了机器的运算时间，所需的逻辑电路也较复杂。反码和补码表示法可以简化减法运算，将减法变成加法，容易用逻辑电路实现。用反码进行减法运算时，若符号位产生进位，则需进行两次算术相加。用补码进行减法运算更方便，因为它只需进行一次算术相加。因此，在近代计算机中，加、减法几乎都采用补码运算。

1.5　编　　码

1.5.1　十进制数的二进制编码

在数字系统中，每一位二进制数只有 0 和 1 两个数码，因此只能表示两个不同的信号。为了能表示更多的信号，人们把若干个 0 和 1 按一定的规律排列在一起，编成不同的代码以表示不同的信号，并赋予每个代码固定的含义，这个过程就称为编码。例如，可以用 3 位二进制数组成的代码来表示十进制数 0～7。例如，把十进制数 0 用二进制代码 000 表示；把十进制数 1 用二进制代码 001 表示等。

在编码时，虽然可以在代码与被表示的事物之间建立任意的对应关系，但为了便于记忆和识别代码，总要有一定的规则，这种规则也称为码制。在数字系统或计算机中，数据和信息都是用二进制数字符号 0，1 表示的。通常，可以用 4 位二进制数的代码来表示 1 位十进制数。

将十进制的 10 个数码 0～9 编成二进制代码的形式，称为二-十进制编码，又称为 BCD 码。

1 位十进制数有 10 个不同的数码，所以至少需要 4 位二进制数来表示。4 位二进制数有 16 种不同的组合(0000～1111)，从这 16 种不同的组合中选出其中的 10 种，来表示十进制的 10 个数码，选择的方案有多种。下面介绍几种常用的方法。

1. 8421 码

8421 码是最基本、最简单的一种编码，应用十分广泛。这种编码是将每个十进制数码用 4 位二进制数表示，按自然二进制数的规律排列，并且指定前面 10 个代码依次表示数码 0～9。8421 码是一种有权码，每位都有固定的权值。4 位 8421 码按权展开为

$$N=a_3W_3+a_2W_2+a_1W_1+a_0W_0$$

式中，a_3，a_2，a_1，a_0 为各位的代码；W_3，W_2，W_1，W_0 为各位的权值。8421 码的权值为

$$W_3=2^3=8 \qquad W_2=2^2=4 \qquad W_1=2^1=2 \qquad W_0=2^0=1$$

例如，8421 码 0110 的按权展开式为 $0\times8+1\times4+1\times2+0\times1=6$，因而，代码 0110 表示十进制数码 6。

8421 码对于十进制的 10 个数码的表示与普通二进制中的表示完全一样，很容易实现彼此之间的转换。这种编码具有奇偶特性，当十进制数码为奇数值时，其所对应的二进制代码的最低位为 1；当十进制数码为偶数值时，其所对应的二进制代码的最低位为 0。

必须指出：在 8421 码中不允许出现 1010～1111 这几个代码，因为在十进制中没有数码同它们对应。

2. 2421 码

2421 码和 8421 码相似，也是一种有权码，它用 4 位二进制数表示 1 位十进制数，所不同的是，2421 码的权值从左到右分别为 2，4，2，1，即其权值为

$$W_3=2 \quad W_2=4 \quad W_1=2 \quad W_0=1$$

例如，2421 码 1011 的按权展开式为 $1\times2+0\times4+1\times2+1\times1=5$，因而，代码 1011 表示十进制数码 5。

2421 码是一种“对 9 的自补”代码。在这种编码中，十进制数 0 和 9，1 和 8，2 和 7，3 和 6，4 和 5 的对应码位，当其中一个为 0 时，另一个就为 1，互为反码。也就是说，只要 2421 码自身按位取反，就能方便地得到其“对 9 的补数”的 2421 码。

例如，十进制数 3 的 2421 码是 0011，3“对 9 的补数”是$[3]_{9补}=9-3=6$；

十进制数 6 的 2421 码是 1100，正好是 0011 按位取反的结果。

2421 码的这一特性在计算机对十进制数进行运算时很有用处。

需要指出的是，2421 码的编码方案不止一种。

3. 余 3 码

用 0000～1111 中的 10 个组合 0011～1100 来表示 0～9。这种编码属于无权码，它是由 8421 码加上 0011 得到的，所以称为余 3 码。

余 3 码也是一种“对 9 的自补”代码。用余 3 码能很方便地求得某数“对 9 的补数”，即把该数的余 3 码自身按位取反，就得到该数“对 9 的补数”的余 3 码。

必须指出，两个余 3 码表示的数相加时，由于每个余 3 码都余 3，其和就余 6。因此，所产生的和要进行修正后才是正确的余 3 码，修正的方法：如果相加后的和没有进位输出，则和数需要减 3，才能保持余 3；如果相加后的和有进位输出，则和数需要加 3 才能保持余 3。

常用的二－十进制编码如表 1.5.1 所示。

除了数字编码，人们进行信息交换用的还有各种字符码，如电报码、ASCII 码、五笔字型码等。需要说明的是，不同类型之间的编码可以互相转换，如 8421 码可以转换为余 3 码或 5421 码，同样，其他的编码也可以转换成 8421 码或进行它们之间的相互转换。一般在转换过程中，可先将被转换的编码变成十进制数中间状态，然后转换为目标码。

表 1.5.1 常用的二-十进制编码

十进制数	8421 码	余 3 码	5421 码	2421 码	4221 码
0	0000	0011	0000	0000	0000
1	0001	0100	0001	0001	0001
2	0010	0101	0010	0010 1000	0010 0100
3	0011	0110	0011	0011 1001	0011 0101
4	0100	0111	0100	0100 1010	0110 1000

续表

十进制数	8421 码	余 3 码	5421 码	2421 码	4221 码
5	0101	1000	1000　0101	0101　1011	0111　1001
6	0110	1001	1001　0110	0110　1100	1100　1010
7	0111	1010	1010　0111	0111　1101	1101　1011
8	1000	1011	1011	1110	1110
9	1001	1100	1100	1111	1111
唯一性	唯一	唯一	不唯一	不唯一	不唯一

1.5.2　可靠性编码

编码的目的是进行信息的传输和加工，在信息编码和传输过程中可能会发生错误。为此，在编码时就需要考虑其可靠性。以下介绍的几种编码，在编码形成过程中不易出错，或者在出错时容易被发现，甚至能查出出错的位置并加以纠正。

1. 格雷码(Gray 码)

格雷码的形式有多种，它们有一个共同的特点，即任意两个相邻码之间仅有一位不同。普通的二进制编码没有这样的特点，例如，两个相邻数 7 和 8，它们的二进制编码分别为 0111 和 1000，由数 7 变化到数 8 时 4 位均要发生变化。在实际电路中进行编码时，由于各个门电路的延迟时间不同，故在编码过程中就有可能出现 0110、0100、1100 等短时错误码。虽然这种错误代码出现的时间很短暂，但有时也会形成干扰，影响数字系统的正常工作。

2. 奇偶校验码

二进制信息码在传输时可能发生错误，即有的 1 变成 0 或有的 0 变成 1。奇偶校验码是一种能够检验出这种错误的编码。

在奇偶校验码中，一个代码组包含两个部分：若干个信息位和一个校验位。这样就有两种编码方式：信息位与校验位中 1 的总数为奇数；信息位与校验位中 1 的总数为偶数。通常在接收端对接收到的奇偶校验码要进行检查，并与发送协议进行比较，确定收到的代码组的正确性。其编码规则如表 1.5.2 所示。

表 1.5.2　格雷码、奇偶校验码与二进制码对照表

十进制数	二进制码	格雷码	奇校验 8421 码		偶校验 8421 码	
	信息位	信息位	信息位	校验位	信息位	校验位
0	0000	0000	0000	1	0000	0
1	0001	0001	0001	0	0001	1
2	0010	0011	0010	0	0010	1
3	0011	0010	0011	1	0011	0
4	0100	0110	0100	0	0100	1
5	0101	0111	0101	1	0101	0

续表

十进制数	二进制码	格雷码	奇校验 8421 码		偶校验 8421 码	
	信息位	信息位	信息位	校验位	信息位	校验位
6	0110	0101	0110	1	0110	0
7	0111	0100	0111	0	0111	1
8	1000	1100	1000	0	1000	1
9	1001	1101	1001	1	1001	0
10	1010	1111	1010	1	1010	0
11	1011	1110	1011	0	1011	1
12	1100	1010	1100	1	1100	0
13	1101	1011	1101	0	1101	1
14	1110	1001	1110	0	1110	1
15	1111	1000	1111	1	1111	0

应当指出的是，如果在奇偶校验码中有偶数位同时发生错误，则接收端就无法检查了；而且在奇偶校验码中即使发现了错误，也不知道哪一位错误，因此也无法修正。有一种海明码(Hamming 码)，它不但可以发现错误，还能校正错误。

在信息处理和传输的过程中，经常用到编码。任何一种编码都不可能保证在传输和处理过程中肯定无误，一般来说，编码的位数增多，准确性会提高，但随着编码位数的增加，会出现信号的传输率下降、处理时间增加等问题。

1.5.3 字符编码

计算机处理的数据不仅有数字，还有字母、标点符号、运算符号和其他特殊符号，这些数字、字母和专用符号统称字符。字符必须用二进制代码来表示。通常，把用于表示各种字符的二进制代码称为字符代码。

ASCII 码(美国信息交换标准代码)是一种常用的字符代码。ASCII 码用 7 位二进制数表示 128 种不同的字符，其中有 94 个图形字符，它们是 26 个大写英文字母、26 个小写英文字母、10 个数字符号、32 个专用符号；此外还有 34 个控制字符。使用时加第 8 位作奇偶校验位，7 位 ASCII 码的编码如表 1.5.3 所示。

表 1.5.3　7 位 ASCII 码的编码

低 4 位码	高 3 位码 $a_7a_6a_5$							
$a_4a_3a_2a_1$	000	001	010	011	100	101	110	111
0000	NUL	DLE	SP	0	@	P	`	p
0001	SOH	DC1	!	1	A	Q	a	q
0010	STX	DC2	“	2	B	R	b	r
0011	ETX	DC3	#	3	C	S	c	s

续表

低 4 位码	高 3 位码 $a_7a_6a_5$							
$a_4a_3a_2a_1$	000	001	010	011	100	101	110	111
0100	EOT	DC4	$	4	D	T	d	t
0101	ENQ	NAK	%	5	E	U	e	u
0110	ACK	SYN	&	6	F	V	f	v
0111	BEL	ETB	‘	7	G	W	g	w
1000	BS	CAN	(	8	H	X	h	x
1001	HT	EM	)	9	I	Y	i	y
1010	LF	SUB	*	:	J	Z	j	z
1011	VT	ESC	+	;	K	[	k	{
1100	FF	FS	,	<	L	\	l	|
1101	CR	GS	_	=	M	]	m	}
1110	SO	RS	.	>	N	^	n	～
1111	SI	US	/	?	O	—	o	DEL

注：

NUL—空白； SOH—序始； STX—文始； ETX—文终； EOT—送毕； ENQ—询问；
ACK—承认； BEL—告警； BS—退格； HT—横表； LF—换行； VT—纵表；
FF—换页； CR—回车； SO—移出； SI—移入； DLE—转义； NAK—否认；
SYN—同步； ETB—组装； CAN—作废； EM—载终； SUB—取代； ESC—扩展；
FS—卷隙； GS—群隙； RS—录隙； US—元隙； SP—间隔； DEL—抹掉；
DC1—设控 1； DC2—设控 2； DC3—设控 3； DC4—设控 4。

我国广泛使用的信息交换国家标准码为 GB/T 2312—1980，其编码除少数图形字符外，同 ASCII 码基本相似。我国国家标准码的编码如表 1.5.4 所示。

表 1.5.4 我国国家标准码的编码

低 4 位码	高 3 位码 $a_7a_6a_5$							
$a_4a_3a_2a_1$	000	001	010	011	100	101	110	111
0000	NUL	TC_7	SP	0	@	P	`	p
0001	TC_1	DC_1	!	1	A	Q	a	q
0010	TC_2	DC_2	“	2	B	R	b	r
0011	TC_3	DC_3	#	3	C	S	c	s
0100	TC_4	DC_4	$	4	D	T	d	t
0101	TC_5	TC_8	%	5	E	U	e	u
0110	TC_6	TC_9	&	6	F	V	f	v
0111	BEL	TC_{10}	′	7	G	W	g	w

续表

低4位码	高3位码 $a_7a_6a_5$							
$a_4a_3a_2a_1$	000	001	010	011	100	101	110	111
1000	FE_0	CAN	(	8	H	X	h	x
1001	FE_1	EM	)	9	I	Y	i	y
1010	FE_2	SUB	*	:	J	Z	j	z
1011	FE_3	ESC	+	;	K	[	k	{
1100	FE_4	IS_4	,	<	L	\	l	|
1101	FE_5	IS_3	_	=	M	]	m	}
1110	SO	IS_2	.	>	N	^	n	~
1111	SI	IS_1	/	?	O	—	o	DEL

本章学习目的和要求

(1)了解十进制数、二进制数和其他进制数的表示方法，掌握二进制数的运算规则。

(2)熟练掌握二进制数、八进制数、十六进制数、十进制数的相互转换方法。

(3)熟练掌握原码、反码、补码的概念，熟悉原码、反码、补码的运算规则。

(4)掌握十进制数的各种二进制编码。

习 题 1

1.1 填空题

1. 在十进制数的8421码中，不允许出现的编码是________，各位权值分别是________；在2421码中，各位权值分别是________；余3码是一种________码。

2. 在补码的加、减运算过程中，如果符号位产生进位，则此进位________；在反码的加、减运算过程中，如果符号位产生进位，则此进位________。

3. 格雷码的特点是任意两个相邻码只有________位不同。

4. 给68个字符编码，至少需要________位二进制数。

5. 十进制数$(56)_{10}$转换为二进制数为________，它的8421码为________，5421码为________，2421码为________。

7. 8421码为$(00110100)_{8421}$的十进制数是________，它转换为二进制数为________。

8. 常用的有权码编码中，如3321、8421、2421、4421……，编码方式唯一的是________。

1.2 选择题

1. 十进制数$(26.625)_{10}$对应的二进制数是(　　)。

A. 11010.101　　B. 11010.110　　C. 10111.101

2. 二进制数$(111010.101)_2$对应的十进制数是(　　)。

A. 58.625　　B. 89.50　　C. 100.26

3. 在原码、补码中，0 的表示形式分别是(　　)的。

A. 不唯一、不唯一　　B. 唯一、不唯一

C. 不唯一、唯一　　D. 唯一、唯一

4. 比较字符 a 和 A 的 ASCII 码，可知(　　)。

A. a 的 ASCII 码和 A 相同

B. a 的 ASCII 码比 A 的大

C. a 的 ASCII 码比 A 的小

5. 与$(19)_{10}$相对应的余 3 码是(　　)。

A. $(00101100)_{余3}$　　B. $(01001100)_{余3}$

C. $(00110101)_{余3}$　　D. $(01011010)_{余3}$

6. $(36.7)_{10}$的 8421 码为(　　)。

A. $(0110110.101)_{8421}$　　B. $(0011110.1110)_{8421}$

C. $(00110110.0111)_{8421}$　　D. $(110110.111)_{8421}$

1.3　计算题

1. 把下列不同进制数写成按权展开形式：

(1)$(7853.436)_{10}$；　　(2)$(11101.1101)_2$；

(3)$(762.534)_8$；　　(4)$(9643.4BD)_{16}$。

2. 完成下列二进制表达式的运算：

(1)11100+110.101；　　(2)1101−101.101；

(3)11.01×1.101；　　(4)1001.0001÷11.101。

3. 将下列二进制数分别转换成十进制数、八进制数和十六进制数：

(1)$(1010111)_2$；　　(2)$(0.100101)_2$；　　(3)$(10101.01)_2$。

4. 写出下列各数的原码、反码和补码：

(1)0.1101；　　(2)0.0000；　　(3)−11101；　　(4)−0.10101。

5. 已知$[N]_{补}=1.0110$，求$[N]_{原}$、$[N]_{反}$和 N。

6. 用原码、反码和补码完成如下运算：

(1)0101101−1011010；　　(2)0.011010−0.101101；

(3)11101−010111。

7. 试用 8421 BCD 码、余 3 码和格雷码分别表示下列各数：

(1)$(578)_{10}$；　　(2)$(186.93)_{10}$；　　(3)$(1573.61)_8$。

8. 将下列代码转换为十进制数：

(1)$(1010100101111001)_{余3}$；　　(2)$(1001011101010110)_{8421}$；

(3)$(1011110111100011)_{2421}$；　　(4)$(0011101111000010)_{5421}$。

第 2 章　逻辑门电路

随着电子技术应用的日益广泛，各种控制电路中经常需要能够按照一定条件(或一定逻辑)来控制信号的通过或不通过的器件。本章所介绍的逻辑门电路可以实现上述功能，逻辑门电路是数字电路中最基本的单元电路。

在数字电路中，最基本的逻辑关系可归结为与、或、非，能够实现与、或、非逻辑关系的电路分别称为与门、或门和非门。它们是最基本的 3 种门电路，它们经过不同的组合，还可以构造出与非门、或非门、与或非门、异或门等一些常用电路。

在数字电路中，输入量与输出量之间能满足某种逻辑关系的逻辑运算电路被称为逻辑门电路。逻辑门电路一般由开关元件，即二极管、晶体管和场效应管构成。因此，熟悉开关元件的开关特性是学习逻辑门电路的基础。逻辑门电路按构成门电路元件的不同，可分为双极型逻辑门电路和单极型逻辑门电路两大类。以下首先讨论分立元件门电路，然后阐述双极型 TTL 门电路，最后分析单极型 MOS 门电路。

2.1　分立元件门电路

分立元件门电路是以二极管和三极管为主要元件组成的门电路。每一个门电路的输入与输出之间都具有一定的逻辑关系。

2.1.1　基本逻辑关系

基本逻辑关系有与、或、非。下面通过几个例子说明这 3 种基本逻辑关系。

1. 与逻辑

图 2.1.1 所示的电路中有两个开关 S_1 和 S_2。可以看出只有 S_1、S_2 全部闭合时，灯泡才会亮；只要 S_1、S_2 中有一个断开，灯泡就不亮。由此可知该电路表示的是一种因果关系：只有当决定一个事件的全部条件都具备后，事件才会发生。这种因果关系就称为与逻辑关系。也就是说，如果想让灯泡亮这个事件发生，就必须要求两个开关都闭合。符合与逻辑关系的电路称为与门。

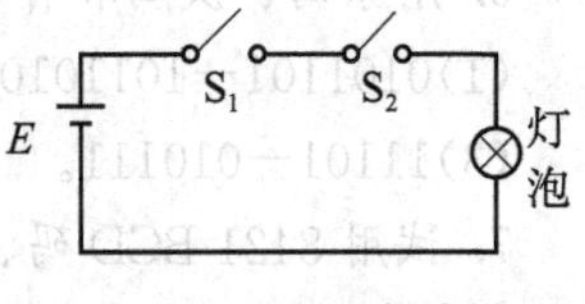

图 2.1.1　与逻辑电路

2. 或逻辑

如图 2.1.2 所示，只要两个开关 S_1 和 S_2 中有任意一个闭合或两个都闭合，灯泡都会亮；只有 S_1、S_2 均处在断开状态时，灯泡才不亮。

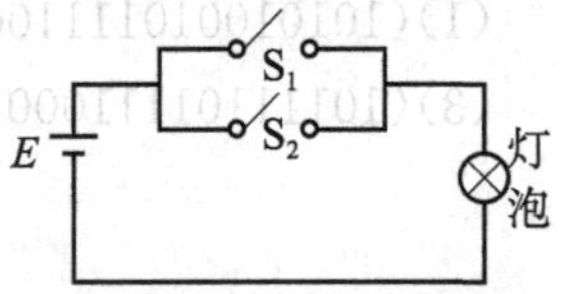

图 2.1.2　或逻辑电路

根据图 2.1.2 所示电路就得到了第 2 种因果关系：在决定一个事件发生的条件中，只要具备一个或一个以上条件，事件就必然发生。这种因果关系称为或逻辑关系。换句话说，要想使灯泡亮这个事件发生，只要两个开关中有一个以上闭合就可以。符合或逻辑关系的电路称为或门。

3. 非逻辑

如图 2.1.3 所示，当开关闭合时，灯泡短路，电流全部通过开关所在的回路，灯泡由于无电流流过所以不亮；相反，在开关断开时，灯泡有电流流过，所以会亮。

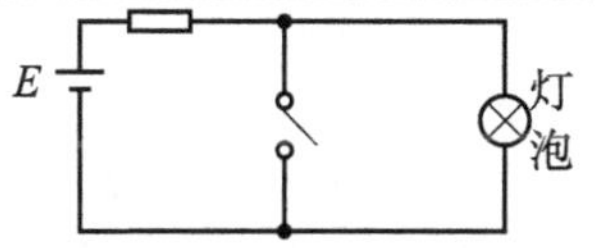

图 2.1.3　非逻辑电路

根据图 2.1.3 所示电路就得到了第 3 种因果关系：当不具备条件时，事件才发生。这种因果关系称为非逻辑关系。换句话说，要想使灯泡亮这个事件发生，开关就不能闭合。符合非逻辑关系的电路称为非门。

4. 正逻辑与负逻辑

在逻辑电路中，为了方便分析问题，经常用逻辑“1”表示高电平，用逻辑“0”表示低电平，以“1”表示有信号或满足条件，以“0”表示没有信号或不满足条件。这种表示方式就称为正逻辑；相反，如果用逻辑“0”表示高电平，用逻辑“1”表示低电平，以“0”表示有信号或满足条件，以“1”表示没有信号或不满足条件。这种表示方式就称为负逻辑。

对于一个数字电路，既可采用正逻辑，也可采用负逻辑。同一电路，如果采用不同的逻辑规定，那么电路所实现的逻辑运算是不同的。图 2.1.1 所示的电路，按照正逻辑规定，前述的分析表明，它是与门；如果按照负逻辑规定，则这个电路是或门，这是因为只要任意一个输入端的信号是低电平(逻辑“1”)，输出就是低电平(逻辑“1”)，否则，输出是高电平(逻辑“0”)。由此可见，正逻辑与门和负逻辑或门是互相对应的。同理，也可知道正逻辑或门和负逻辑与门是互相对应的。表 2.1.1 和表 2.1.2 分别给出了几种逻辑门的正逻辑和负逻辑电平关系，其中，L 代表低电平，H 代表高电平。

在本书中如果无特殊说明，所有的逻辑关系均采用正逻辑；所有晶体管均采用硅材料且三极管为 NPN 型。

表 2.1.1　逻辑门正逻辑电平关系

输入		输出			
X	Y	与门	或门	与非门	或非门
L	L	L	L	H	H
L	H	L	H	H	L
H	L	L	H	H	L
H	H	H	H	L	L

表 2.1.2 逻辑门负逻辑电平关系

输入		输出			
X	Y	与门	或门	与非门	或非门
L	L	L	L	H	H
L	H	H	L	L	H
H	L	H	L	L	H
H	H	H	H	L	L

2.1.2 二极管与门

1. 电路组成

图 2.1.4 所示电路是由二极管构成的，有两个输入端的与门，A、B 为电路的两个输入端，假设它们的低电平为 0，高电平为 3 V；Z 为输出端。图 2.1.5 所示为与门的逻辑符号。

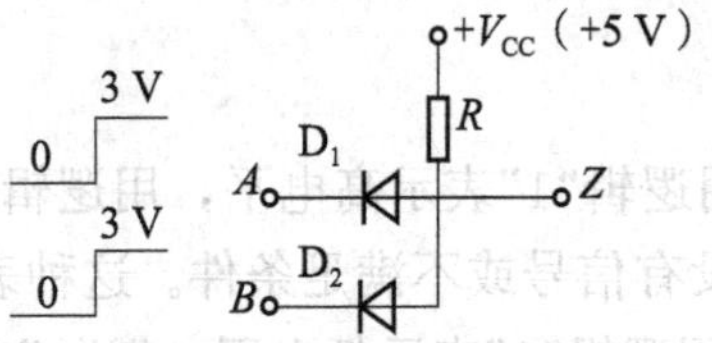

图 2.1.4 二极管与门

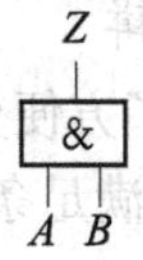

图 2.1.5 与门的逻辑符号

2. 工作原理

由图 2.1.4 可知，当 A、B 两端的高低电平组合不同时，可按以下 3 种情况进行分析。

(1)输入 A、B 都为高电平 3 V 时，由于两个二极管的正极都通过 R 连接到正电源，所以两个二极管均处于正向导通状态。如果忽略二极管导通时的电压降，输出 Z 与输入 A、B 基本相同，即为 3 V。在实际电路中，如果考虑二极管的导通电压降，则 $Z \approx 3.7$ V。

(2)输入 A、B 中有一个为高电平，如 $A=3$ V，$B=0$ 时，因为二极管 D_2 两端的电压差大而优先导通，此时 Z 被钳位在 0，于是二极管 D_1 处于反向截止状态，故输出 Z 仍保持 0。在实际电路中，$Z \approx 0.7$ V。

(3)当输入 A、B 都为低电平时，D_1 与 D_2 均处于正向导通状态，输出 Z 被钳位在 0。在实际电路中，$Z \approx 0.7$ V。

经过以上分析可知，当输入 A、B 中有一个或全部为低电平时，由于输入低电平的二极管导通，故输出 Z 为低电平。只有当输入 A、B 均为高电平时，输出才为高电平。与图 2.1.1 对照，将输入高电平看作条件成立，输出高电平看作事件发生，可知电路实现的是与逻辑功能。

将上述输入电平与输出电平的对应关系列成表格，如表 2.1.3 所示。假定高电平 3 V 或 3.7 V 代表逻辑取 1，低电平 0 V 或 0.7 V 代表逻辑取 0，则可以把表 2.1.3 转换为输入与输出的逻辑关系表，如表 2.1.4 所示。这种将输入逻辑变量 A 和 B 取值的所有组合和对

应输出逻辑变量 Z 的取值列成的一个表格称为真值表，是逻辑关系的常用表示形式。

表 2.1.3　与门的逻辑关系

A/V	B/V	Z/V
3	3	3.7
0	3	0.7
3	0	0.7
0	0	0.7

表 2.1.4　与门的真值表

A	B	Z
1	1	1
0	1	0
1	0	0
0	0	0

2.1.3　二极管或门

1. 电路组成

图 2.1.6 所示是由二极管构成的有两个输入端的或门，A、B 为电路的两个输入端，假设它们的低电平为 0，高电平为 3 V；Z 为输出端。图 2.1.7 为或门的逻辑符号。

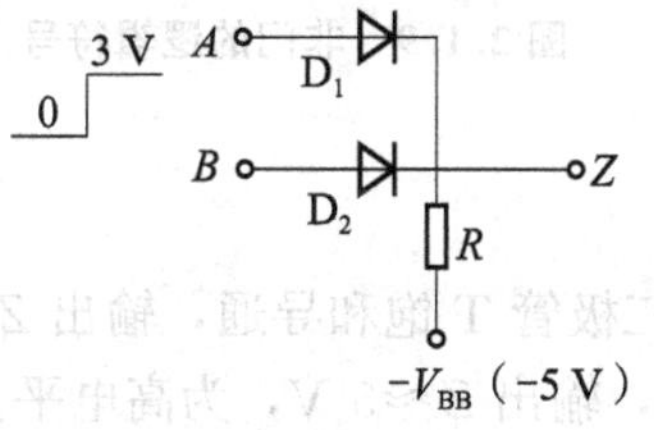

图 2.1.6　二极管或门

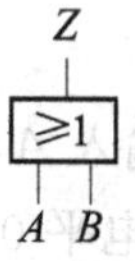

图 2.1.7　或门的逻辑符号

2. 工作原理

在图 2.1.6 中，当 A、B 两端的高低电平组合不同时，可按以下 3 种情况进行分析。

(1)输入 A、B 都为高电平 3 V 时，两个二极管均处于正向导通状态，输出 Z(忽略二极管电压降)被钳位在 3 V。在实际电路中，如果考虑二极管的电压降，则 $Z \approx 2.3$ V。

(2)输入 A、B 中有一个为高电平，如 $A=3$ V，$B=0$ 时，因为二极管 D_1 两端的电压差大而优先导通，此时 Z 被钳位在 3 V，于是二极管 D_2 处于反向截止状态，故输出 Z 仍保持 3 V。在实际电路中，$Z \approx 2.3$ V。

(3)当输入 A、B 都处在低电平时，D_1 与 D_2 均处于正向导通状态，输出 Z 被钳位在 0。

经过以上分析可知，当输入 A、B 中有一个或全部为高电平时，由于输入高电平的二极管导通，故输出 Z 为高电平。只有当输入 A、B 均为低电平时，输出才为低电平。与

图 2.1.2 对照，将输入高电平看作条件成立，输出高电平看作事件发生，可知电路实现的是或逻辑功能。

根据上述分析结果，可以得到或门的真值表，如表 2.1.5 所示。

表 2.1.5　或门的真值表

A	B	Z
1	1	1
0	1	1
1	0	1
0	0	0

2.1.4　三极管非门

1. 电路组成

图 2.1.8 所示是由三极管构成的非门，电路只有一个输入端，分两种情况讨论它的工作状态。A 为电路的输入端，假设它的低电平为 0，高电平为 3 V；Z 为输出端。图 2.1.9 是非门的逻辑符号。

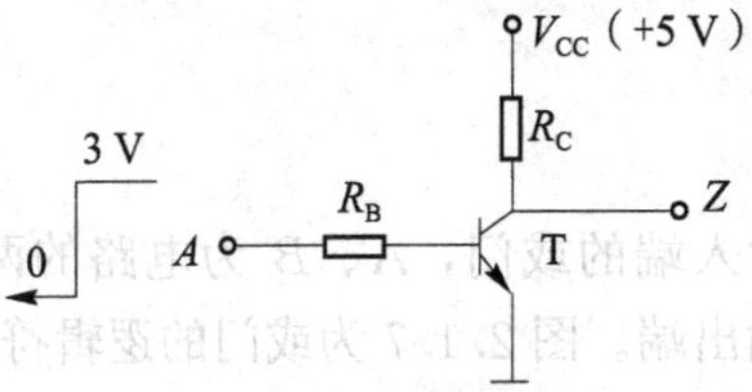

图 2.1.8　三极管非门

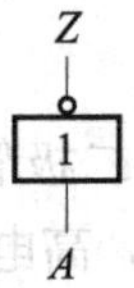

图 2.1.9　非门的逻辑符号

2. 工作原理

在图 2.1.8 中，当输入 A 为高电平 3 V 时，三极管 T 饱和导通，输出 $Z\approx0.3$ V，为低电平；当输入 A 为低电平 0 时，三极管 T 截止，输出 $Z\approx5$ V，为高电平。经过以上分析可知，当输入 A 为高电平时，输出 Z 为低电平；当输入 A 为低电平时，输出 Z 为高电平。与图 2.1.3 对照，将输入高电平看作条件成立，输出高电平看作事件发生，可知电路实现的是非逻辑功能。根据上述分析结果，可以得到非门的真值表，如表 2.1.6 所示。

表 2.1.6　非门的真值表

A	Z
1	0
0	1

2.1.5　复合逻辑门

逻辑代数中，由基本的与、或、非逻辑运算可以实现多种复合逻辑运算，实现复合逻辑运算的逻辑门称为复合逻辑门，简称复合门。常用的复合门有与非门、或非门、异或门、同或门。

1. 与非门

图 2.1.10 所示为一个由二极管、三极管组成的与非门，它实际上是由一级与门和一级非门串联而成的，从图中可以看到，虚线左边是一个二极管与门，虚线右边是一个三极管非门。与非门的输入与输出之间的逻辑关系是与非关系。图 2.1.11 是与非门的逻辑符号，表 2.1.7 所示就是与非门的真值表。

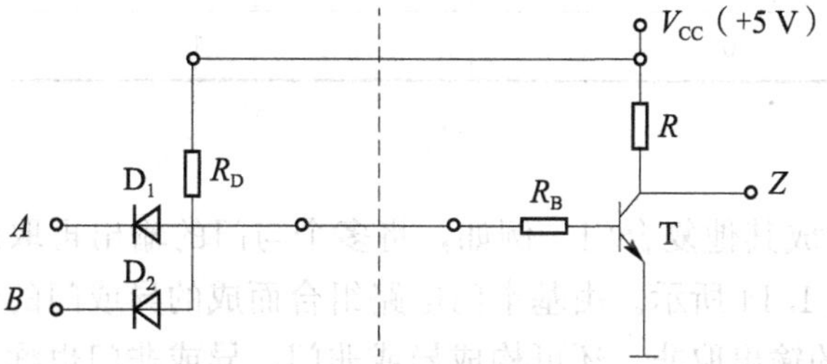

图 2.1.10　与非门

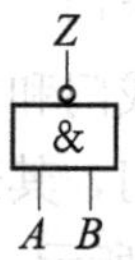

图 2.1.11　与非门的逻辑符号

表 2.1.7　与非门的真值表

A	B	Z
1	1	0
0	1	1
1	0	1
0	0	1

2. 或非门

图 2.1.12 所示为一个由二极管、三极管组成的或非门，它实际上是由一级或门和一级非门串联而成的，从图中可以看到，虚线左边是一个二极管或门，虚线右边是一个三极管非门。或非门的输入与输出之间的逻辑关系是或非关系。图 2.1.13 是或非门的逻辑符号，表 2.1.8 所示就是或非门的真值表。

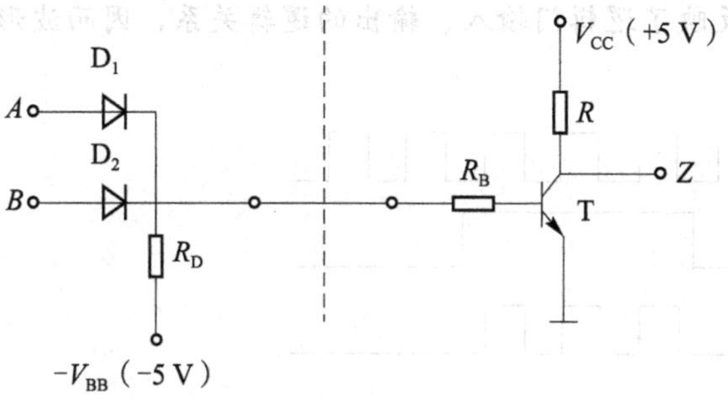

图 2.1.12　或非门

图 2.1.13　或非门的逻辑符号

表 2.1.8 或非门的真值表

A	B	Z
1	1	0
0	1	0
1	0	0
0	0	1

3. 其他复合门

利用与门、或门和非门还可以组合成其他复合门。例如，将多个与门的输出再取或非就可形成与或非门，其逻辑符号如图 2.1.14 所示。由基本门电路组合而成的异或门的逻辑符号如图 2.1.15 所示。如果将异或门的输出取非，还可构成异或非门，异或非门也称为同或门。

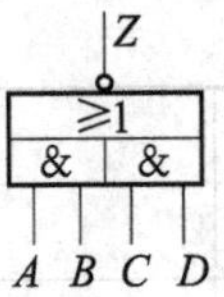

图 2.1.14 与或非门的逻辑符号

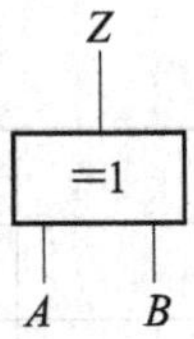

图 2.1.15 异或门的逻辑符号

例 2.1.1 已知与门输入端 A、B 的波形如图 2.1.16 所示，试画出输出端 Z 的波形。

解： 根据与门的逻辑关系，A、B 全为 1 时，Z 为 1，否则 Z 为 0。与门输出端 Z 的波形如图 2.1.16 所示。比较输入、输出波形可以发现，与门可用作信号传输控制门。需要传输的信号和控制信号分别为 A、B 信号，当允许传输信号时，B 端控制信号为 1，与门允许 A 端输入的信号通过；当禁止传输信号时，B 端控制信号为 0，与门阻断 A 端输入的信号，输出为 0。由于本例中这种波形图反映了逻辑门输入、输出的逻辑关系，因而波形图也可用来表示逻辑关系。

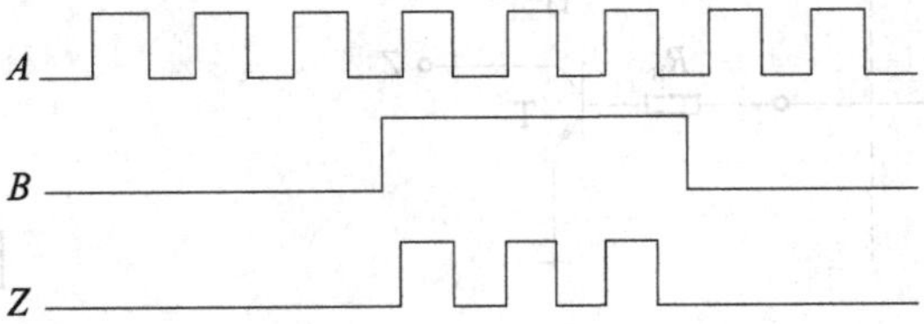

图 2.1.16 例 2.1.1 的波形图

例 2.1.2 已知逻辑门输入端 A、B 和输出端 Z 的波形如图 2.1.17 所示，请列出该逻辑门的真值表。

解： 将波形图中各输入所对应的输出填入真值表，如表 2.1.9 所示。

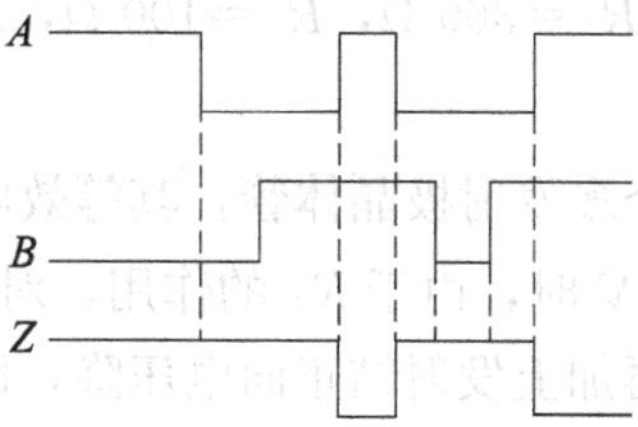

图 2.1.17　例 2.1.2 的波形图

表 2.1.9　例 2.1.2 的真值表

A	B	Z
0	0	1
0	1	1
1	0	1
1	1	0

2.2　TTL 集成门电路

把含有晶体管、电阻、电容和导线的整个电路都制作在同一块半导体基片上，使电路中的各个元件成为一个不可分割的固体块，这种电路就称为集成电路。

数字集成逻辑门电路依据集成度可分为 4 种：小规模集成逻辑门电路，单片内包含的等效门少于 10 个；中规模集成逻辑门电路，单片内包含的等效门为 10～100 个；大规模集成逻辑门电路，单片内包含的等效门为 100～10 000 个；超大规模和甚大规模集成逻辑门电路，包含更多等效门。若按电路的功能来分，集成电路又可分为模拟集成电路和数字集成电路两大类。

数字集成电路按所使用的主要器件的性质不同，可以分为两种：一种是由双极型晶体管组成的集成电路，简称 TTL 集成电路；另一种是由单极型晶体管组成的集成电路，简称 MOS 集成电路。本节只介绍常用的几种 TTL 集成电路。

TTL 是晶体管-晶体管逻辑（transistor-transistor logic）的英文缩写，在 TTL 集成电路中，输入和输出部分的开关元件均采用晶体管（又称双极型晶体管）。这种电路也得名 TTL 数字集成逻辑门电路，简称 TTL 逻辑门。这种逻辑门于 20 世纪 60 年代问世，随后经过对电路结构和集成工艺的不断改进，其性能得到不断完善，至今仍被广泛应用于各种中、小规模集成逻辑电路和数字系统。由于与非逻辑可以实现任意的逻辑运算，与非门是应用最广泛的逻辑门，所以下面主要介绍 TTL 与非门。

2.2.1　TTL 与非门的典型电路及其工作原理

1. 电路组成

图 2.2.1 所示为 TTL 与非门的典型电路。多发射极晶体管 T_1 和电阻 R_1 是这个电路的输入级；T_2、R_2 和 R_3 组成电路的中间级；T_3、T_4、T_5 和 R_4、R_5 构成了电路的输出级。

其中，$R_1=3\ \text{k}\Omega$，$R_2=750\ \Omega$，$R_3=360\ \Omega$，$R_4=100\ \Omega$，$R_5=3\ \text{k}\Omega$。

2. 工作原理

在输入级电路中，T_1 是一个多发射极晶体管，其等效电路如图 2.2.2 所示，当 A、B、C 中有一个或多个为低电平 0.3 V 时，由于 R_1 的作用，对应于低电平的三极管导通，这时 T_1 的基极电压等于输入低电平再加上发射结正向电压降，即 $V_{B1}\approx 0.3\ \text{V}+0.7\ \text{V}=1\ \text{V}$。

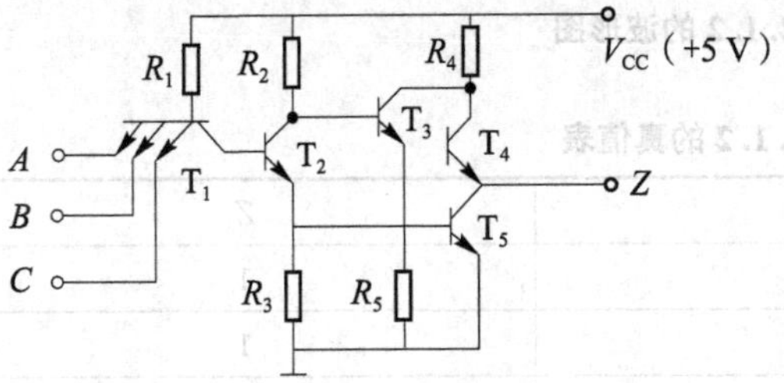

图 2.2.1　TTL 与非门的典型电路

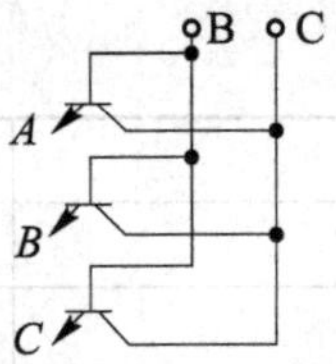

图 2.2.2　多发射极晶体管 T_1 的等效电路

V_{B1} 加在 T_1 的集电结和 T_2、T_5 的发射结上，因保证一个 PN 结导通的电压约为 0.7 V，故 T_2 和 T_5 截止而 T_3 和 T_4 导通，输出 Z 为高电平。$V_{OH}=V_{E4}=V_{CC}-V_{BE3}-V_{BE4}=5\ \text{V}-0.7\ \text{V}-0.7\ \text{V}=3.6\ \text{V}$。

当输入 A、B、C 均为高电平 3 V 时，电源 V_{CC} 通过 T_1 的集电极向 T_2、T_5 提供足够的基极电流，使 T_2、T_5 饱和导通；同时因 T_2 饱和导通，使 $V_{B3}=V_{BE5}+V_{CES2}=0.7\ \text{V}+0.3\ \text{V}=1\ \text{V}$，$T_3$ 导通后 $V_{B4}=0.3\ \text{V}$，T_4 必然截止，故输出 Z 为低电平，约为 0.3 V。这时 T_1 的基极电压为

$$V_{B1}=V_{BC1}+V_{BE2}+V_{BE5}=0.7\ \text{V}+0.7\ \text{V}+0.7\ \text{V}=2.1\ \text{V}$$

注意：此时 T_1 的发射结反向偏置而集电结正向偏置，T_1 处于倒置状态。

由以上分析可知：

①当 A、B、C 中至少有一个低电平时，T_1 饱和导通，T_2、T_5 截止，T_3、T_4 导通，输出为高电平；

②当 A、B、C 都为高电平时，T_1 倒置，T_2、T_5 饱和导通，T_3 导通，T_4 截止，输出为低电平。

以上的关系也可以用表 2.2.1 表示。

表 2.2.1　三输入与非门的真值表

A	B	C	Z
0	0	0	1
0	0	1	1
0	1	0	1
0	1	1	1
1	0	0	1
1	0	1	1

续表

A	B	C	Z
1	1	0	1
1	1	1	0

2.2.2　TTL 与非门的主要特性及参数

1. 电压传输特性

TTL 与非门的输出电压随输入电压的变化规律，可以通过图 2.2.3 所示电路进行测量，逐渐改变输入端 A 的输入电压，读出 V_I、V_O 的电压值，利用描点的方法得到一条曲线，如图 2.2.4 所示，这条曲线就是电压传输特性曲线。

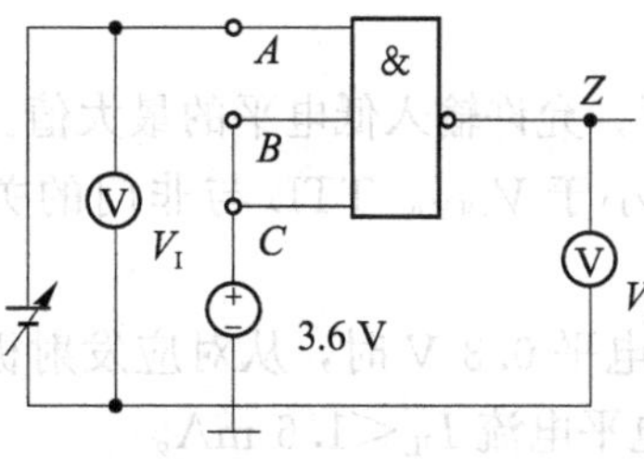

图 2.2.3　TTL 与非门的测试电路

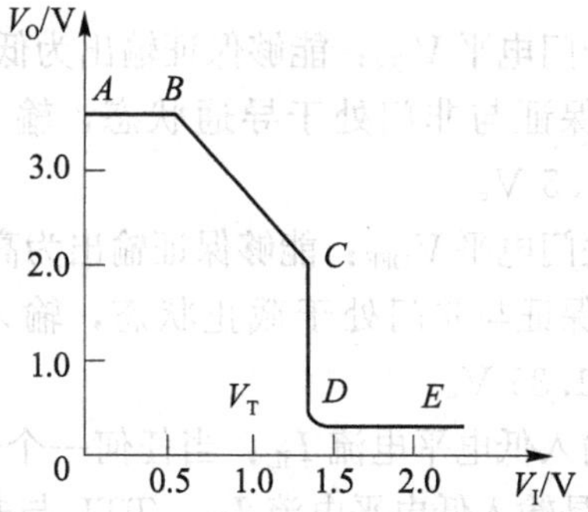

图 2.2.4　TTL 与非门的电压传输特性曲线

(1)对特性曲线的分析：由图 2.2.4 可以看出，电压传输特性曲线大致可分为 AB、BC、CD、DE 四段。

①AB 段：这时 V_I<0.6 V，T_1 饱和导通，T_2、T_5 截止，T_3、T_4 处于放大状态，输出为高电平 V_{OH}。又因为 T_5 是截止的，所以也把这一段称为特性曲线的截止区，或者与非门的截止状态。

②BC 段：由图 2.2.4 可知，特性曲线对应的输入电压为 0.6 V<V_I<1.3 V，此时 T_2 处于放大状态，T_5 仍然截止，T_3、T_4 也处于线性状态，于是 V_O 基本上是随 V_I 的上升而线性下降的，所以把这一段称为特性曲线的线性区。

③CD 段：V_I 在 1.4 V 左右，当 V_I>1.3 V 以后，T_5 就开始导通，一方面，T_2 的发射极电流基本上都流入 T_5 的基极，使 T_5 快速导通；另一方面，由于 T_2 的导通，V_{C2} 下降，使 T_3、T_4 趋于截止，故 V_O 迅速下降。这一段称为特性曲线的转折区。

④DE 段：1.4 V 作为输入的门槛电压或阈值电压 V_T。当 V_I>V_T=1.4 V 以后，随着 V_I 的继续增加，T_2 从导通转向饱和。同时 T_1 的发射极电位也逐渐上升，最后进入倒置工作状态。在这一段 T_4 处于截止状态，T_5 始终保持饱和导通，输出为低电平，所以把这一段称为特性曲线的饱和区，或者与非门的导通状态。

(2)环境温度和电源电压的变化对电压传输特性的影响：在一般工作环境下，影响电压传输特性的主要因素是环境温度和电源电压。

①输出的高电平和低电平都会随着温度的升高而升高；但输入信号的阈值电压 V_T 随温度的升高而降低，因为 V_T 表示 T_2、T_5 同时导通所需要的输入电压。

②输出的高电平会随着电源电压的升高而升高；因为当与非门的输出为低电平时，T_5 处于深度饱和状态，所以电源电压的变化对输出低电平几乎没有影响。

2. 主要参数

(1)标准高电平 V_{SH}：高电平的下限值，也就是说标准高电平是高电平中的最小值。TTL 与非门的标准高电平 $V_{SH}=2.4$ V，即只有大于或等于 2.4 V 的输入电压才是高电平。

(2)标准低电平 V_{SL}：低电平的上限值，也就是说标准低电平是低电平中的最大值。TTL 与非门的标准低电平 $V_{SL}=0.4$ V，即只有小于或等于 0.4 V 的输入电压才是低电平。

(3)开门电平 V_{ON}：能够保证输出为低电平的条件下，允许输入高电平的最小值。换句话说，为保证与非门处于导通状态，输入电平就必须大于 V_{ON}。TTL 与非门的开门电平 $V_{ON}=1.5$ V。

(4)关门电平 V_{OFF}：能够保证输出为高电平的条件下，允许输入低电平的最大值。换句话说，为保证与非门处于截止状态，输入电平就必须小于 V_{OFF}。TTL 与非门的关门电平 $V_{OFF}=1.35$ V。

(5)输入低电平电流 I_{IL}：当任何一个输入端输入低电平 0.3 V 时，从对应发射极流出的电流就是输入低电平电流 I_{IL}。TTL 与非门的输入低电平电流 $I_{IL}<1.6$ mA。

如图 2.2.5 所示，测量输入低电平电流 I_{IL} 时，原则上应把其他输入端连接到高电平，但由于交叉漏电流很小，故其他输入端也可以悬空。在实际电路中，常常是多级门电路互相级联，I_{IL} 是指后级电路灌入前一级门电路的电流。

$$I_{IL}=(5\ \text{V}-0.7\ \text{V}-0.3\ \text{V})/3\ \text{k}\Omega\approx1.3\ \text{mA}$$

(6)输入高电平电流 I_{IH}：当任意一个输入端输入高电平 3.6 V 时，从对应发射极流入门电路的电流就是输入高电平电流 I_{IH}。TTL 与非门的输入高电平电流 $I_{IH}<70\ \mu$A。

当其他发射极接到低电平时，由图 2.2.6 可知，T_1 处于正向导通状态，所以 I_{IH} 是 T_1 各发射极之间的交叉漏电流，这个电流一般很小。

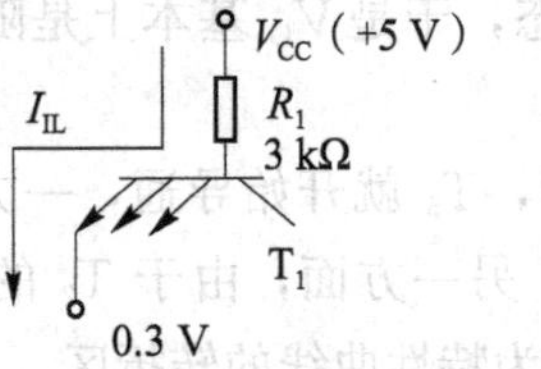

图 2.2.5 输入低电平电流 I_{IL}

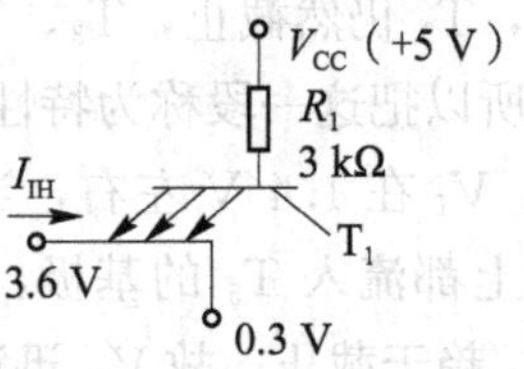

图 2.2.6 输入高电平电流 I_{IH}

(7)扇出系数 N_O：如果以同一型号的与非门作为负载，一个与非门能够驱动同类与非门的最大数目，称为扇出系数 N_O。TTL 与非门的扇出系数 $N_O=10$。

(8)平均传输时间 t_{pd}：平均传输时间是反映门电路工作速度的重要指标。在实际测量过程中，输入信号总会有一定的上升时间和下降时间。如图 2.2.7 所示，从输入波形上升到 50%处开始到输出波形下降到 50%处截止，这段时间 t_{pd1} 称为导通传输时间；从输入波形下降到 50%处开始到输出波形上升到 50%处截止，这段时间 t_{pd2} 称为截止传输时间。平均传输时间 $t_{pd}=(t_{pd1}+t_{pd2})/2$。

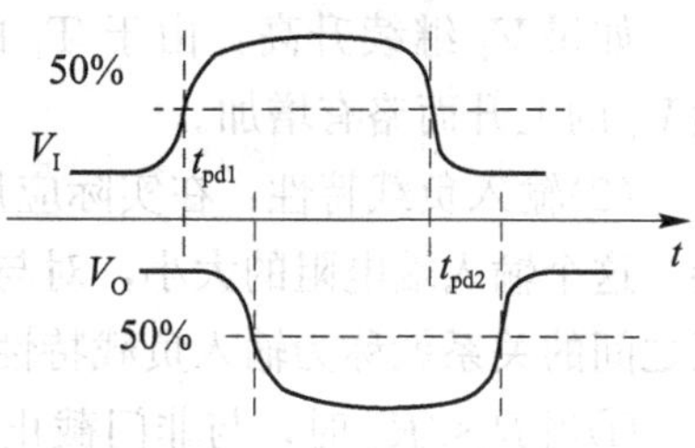

图 2.2.7　平均传输时间

平均传输时间越小越好。TTL 与非门的平均传输时间 t_{pd} 一般为 10 ns～40 ns。

(9)平均功耗 P：在门电路的工作过程中，电路输出高电平时和输出低电平时所消耗的功率是不同的。就 TTL 与非门而言，输出低电平时电路内部导通的管子多，功耗也大，用 $P_{(0)}$ 表示；而输出高电平时电路内部导通的管子少，功耗相对小，用 $P_{(1)}$ 表示。通常 TTL 门电路的功耗就用平均功耗来表示，平均功耗 $P=[P_{(0)}+P_{(1)}]/2$，人们希望平均功耗越小越好。常用的中速 TTL 与非门的平均功耗在 20 mW 左右。

3. 输入信号的干扰容限

在实际工作中，由于各种干扰信号的影响，门电路的输入电平也会发生变化。变化严重时可导致电路输入与输出之间的逻辑关系产生错误，破坏门电路的正常工作。这里规定，在不造成逻辑关系错误的情况下，把最大允许输入的干扰电压的幅值称为干扰容限。干扰容限数值的大小决定了电路的抗干扰能力。干扰容限分为低电平干扰容限和高电平干扰容限，分别介绍如下。

(1)低电平干扰容限 V_{NL}：指关门电平 V_{OFF} 与标准低电平 V_{SL} 的差，即 $V_{NL}=V_{OFF}-V_{SL}=1.35\ V-0.4\ V=0.95\ V$。$V_{NL}$ 越大，与非门输入低电平时的抗干扰能力也就越强。

(2)高电平干扰容限 V_{NH}：指标准高电平 V_{SH} 与开门电平 V_{ON} 的差，即 $V_{NH}=V_{SH}-V_{ON}=2.4\ V-1.5\ V=0.9\ V$。$V_{NH}$ 越大，与非门输入高电平时的抗干扰能力也就越强。

干扰容限只能够反映与非门能承受干扰信号电压的大小，并不能够反映信号是否容易受到干扰。

4. 输入特性和输出特性

为了正确地处理多个 TTL 与非门之间的连接问题，以及 TTL 与非门和其他电路之间的连接问题，必须了解 TTL 与非门的输入特性和输出特性。

(1)输入特性：把 TTL 与非门输入电流与输入电压之间的关系，称为输入特性。根据图 2.2.5 和图 2.2.6 可知，如果规定输入电流 I_I 的正方向为流入 T_1 发射极，当 $V_I<V_T$ 时，I_I 是负值；当 $V_I\geqslant V_T$ 时，T_1 进入倒置工作状态后 I_I 才改变方向。下面分以下 4 段进行讨论。

①当 $V_I<0.6$ V 时，T_2、T_5 截止，$I_I=-I_{R_1}=-(V_{CC}-V_{BE1}-V_I)/R_1$。

②当 $V_I=0$ 时，此时的输入电流称为输入短路电流，记为 I_S，$I_S=-(V_{CC}-V_{BE1})/R_1$。

③当 $V_I>0.6$ V 时，T_2 导通，$I_{R_1}=-I_I+I_{BC}$，由于 I_{BC} 很小，故 $I_I\approx-I_{R_1}$。

④当 $V_I\geqslant V_T$ 时，T_5 导通，T_1 进入倒置工作状态，因而 I_I 减小并改变方向。这时的 I_I 很小，$I_I=\beta_1 I_{R_1}=\beta_1(V_{CC}-V_{BC1}-V_{BE2}-V_{BE5})/R_1$。

如果 V_I 继续升高，由于 T_1 的 C、E 两极间的等效电阻不会是无穷大，所以 I_I 还会随 V_I 的上升而略有增加。

(2)输入负载特性：在实际应用中，与非门的输入端要经过电阻接地或与其他电路连接。这个输入端电阻的大小，对与非门的工作状态有很大的影响。输入端电阻 R_I 与输入电压之间的关系就称为输入负载特性。有关 R_I 大小对电路的影响分以下 3 段进行讨论。

①当 $R_I \ll R_1$ 时，与非门截止，通过 R_1 的电流几乎全部流过 R_I，这时可以通过下式计算输入电压 V_I：

$$V_I = R_I(V_{CC} - V_{BE1})/(R_I + R_1) \approx R_I(V_{CC} - V_{BE1})/R_1 = V_{CC} - V_{BE1}$$

②当 R_I 上升到使 $V_I = V_{OFF}$ 时，这时的 R_I 称为关门电阻 R_{OFF}，即保证 TTL 与非门输出高电平时，允许 R_I 的最大值为 R_{OFF}。

③当 $R_I > R_{OFF}$ 以后，V_I 上升到 1.4 V 时，与非门导通，此后 V_I 就不再随 R_I 的上升而上升了。

(3)输出特性：在 TTL 与非门的使用过程中，总要带负载，带上负载后，负载电流的变化与输出电压之间的关系就称为输出特性。

①当所有输入都是高电平时，输出为低电平。此时与非门电路中的 T_5 饱和导通，T_4 截止。如图 2.2.8 所示，负载电流 I_L 由负载流入 T_5 的集电极，也称为灌电流。图中，由于 T_5 处于饱和导通状态，导通内阻 R_{CE5} 很小，故输出低电平 $V_{OL} = R_{CE5} I_L$ 随 I_L 的增加而缓慢上升。V_{OL} 与 I_L 基本上保持线性关系。

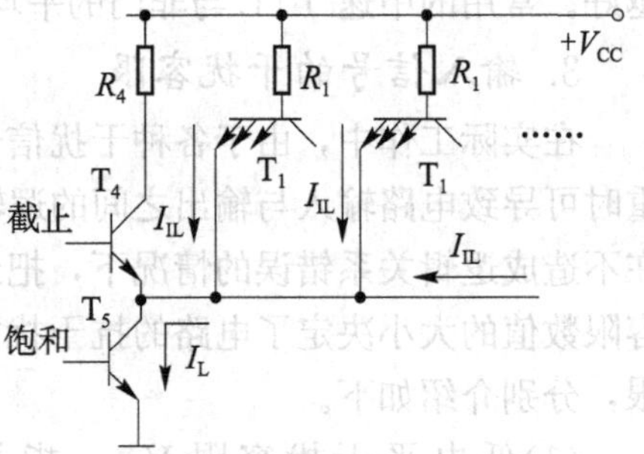

图 2.2.8　灌电流工作状态

但当 I_L 增加到一定程度时，必然使输出低电平 V_{OL} 明显上升，甚至有可能改变输出的逻辑关系。因此，I_L 不能太大，通常 TTL 与非门允许输出级的灌电流约为 15 mA，此时扇出系数 $N_O = I_L/I_{IL} = 15\ \text{mA}/1.5\ \text{mA} = 10$。

②当有一输入端为低电平时，T_5 截止，T_3、T_4 导通，输出就是高电平。此时 I_L 由 T_4 的发射极流向负载，称为拉电流。此状态下 T_3、T_4 是以射极跟随的形式输出较大的电流。在 I_L 较小时，V_{OH} 基本不随 I_L 变化。

但当 I_L 增加到一定程度时，R_4 两端的电压降会随 I_L 的增加而增加，因此 V_{OH} 也会随 I_L 的增加而降低，甚至有可能导致输出级的逻辑关系被破坏。由于每个负载门从输出级拉出的电流 I_{IH} 都很小，所以 TTL 与非门的拉电流负载能力很强，此时扇出系数一般都大于10。

2.2.3　几种常见的 TTL 门电路

1. 集电极开路门

1)电路组成

在与其他电路连接过程中，有时需要门电路的输出高于 3.6 V，也有可能要把多个输出并联在一起实现逻辑与的功能，这称为线与。为此就产生了集电极开路门，也称为 OC 门，如图 2.2.9 所示。图 2.2.10 为 OC 门的逻辑符号。图 2.2.9 中，V'_{CC}和 R_C 在集成电路外部，故实际应用中可根据需要接不同的电压源和不同的电阻。

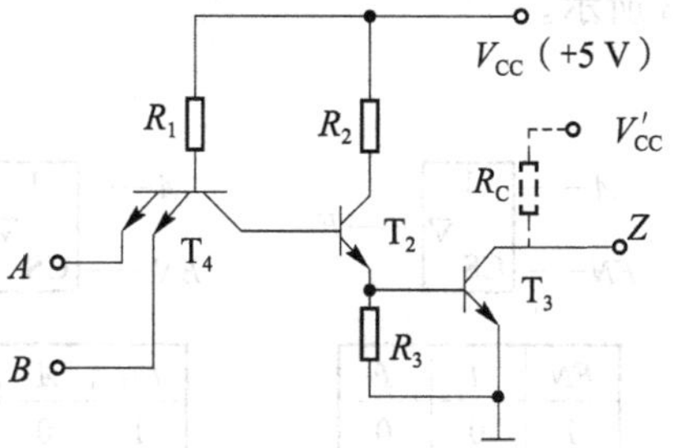

图 2.2.9　OC 门

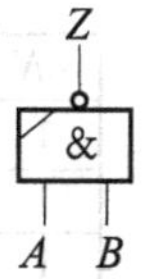

图 2.2.10　OC 门的逻辑符号

需要将 N 个输出端并联时，可共用一组电源、电阻；需要较高或较低的输出电压时，可调整 V'_{CC}。

2)工作原理

普通的 TTL 与非门不能实现线与，如果将两个普通 TTL 与非门的输出并联起来，在出现一个门导通、另一个门截止的状态下，截止门输出高电平，截止门会通过导通门与公共地之间形成通路，使导通门输出的低电平上升，甚至由于截止门输出过载而造成电路损坏。

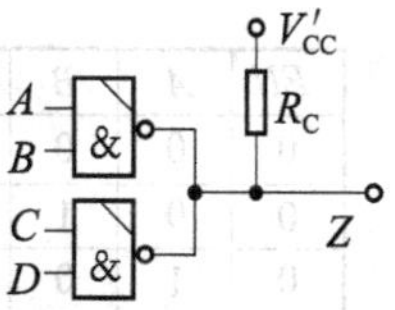

图 2.2.11　两个 OC 门的并联

当两个 OC 门的输出并联时，只要适当选择外接电源和外接电阻值就可以实现与逻辑，如图 2.2.11 所示。

①当两个 OC 门的输入全部为高电平时，两个 OC 门都输出低电平，并联后总的输出 Z 也为低电平。

②当两个 OC 门的输入都为低电平时，两个 OC 门均输出高电平，并联后总的输出 Z 也为高电平。

③当两个 OC 门的输出不同时，输出低电平的 OC 门起主导作用，将总的输出 Z 钳位在低电平。

2. 三态门

1)电路组成

图 2.2.12 所示为三态门电路。三态门与一般的门电路不同，它的输出端除了可以输出高电平、低电平外，还可以输出第 3 个状态，称为高阻态。从图 2.2.12 中可以看出，与典型的 TTL 与非门相比，三态门只是增加了一个二极管将输入端 C 与 T_2 的集电极连接在一起。

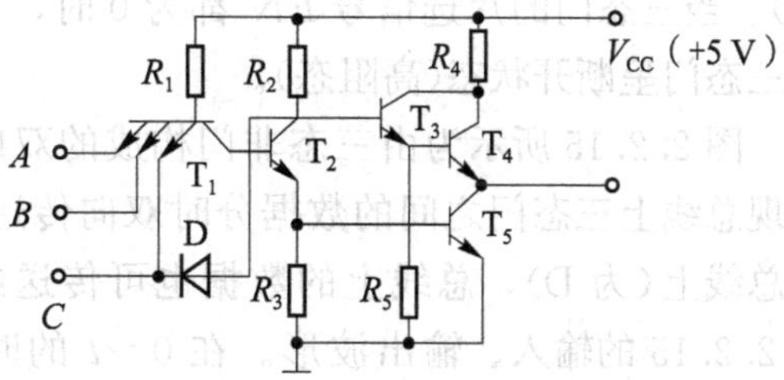

图 2.2.12　三态门电路

2)工作原理

①当 $C=0$ 时，二极管 D 导通，T_2、T_3、T_4、T_5 均截止。T_4、T_5 同时截止使 Z 端处于近似悬空的状态，故输出端 Z 呈现高阻态。

②当 $C=1$ 时，二极管 D 截止，这时相当于从电路中移去二极管 D，如果没有 D，此电路与 TTL 与非门完全相同，只是 C 端固定为高电平，电路就是一个两输入的与非门。

常用三态门的逻辑符号与真值表如图 2.2.13 所示。

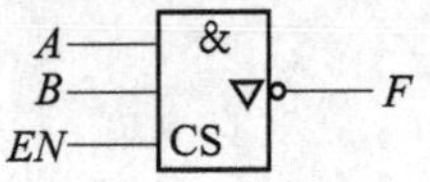

EN	A	B	F
1	0	0	1
1	0	1	1
1	1	0	1
1	1	1	0
0	×	×	高阻

(a) 高电平有效三态与非门

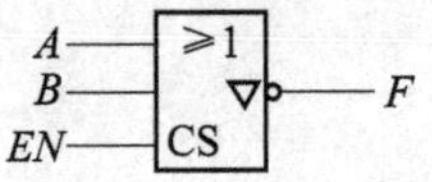

EN	A	B	F
1	0	0	1
1	0	1	0
1	1	0	0
1	1	1	0
0	×	×	高阻

(b) 高电平有效三态或非门

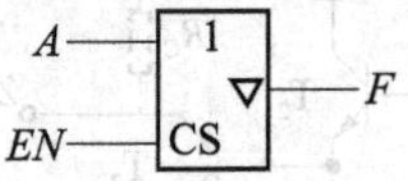

EN	A	F
1	0	0
1	1	1
0	×	高阻

(c) 高电平有效三态同相门

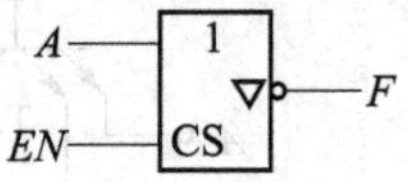

EN	A	F
1	0	1
1	1	0
0	×	高阻

(d) 高电平有效三态非门

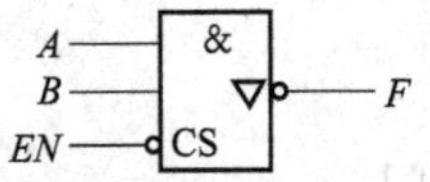

EN	A	B	F
0	0	0	1
0	0	1	1
0	1	0	1
0	1	1	0
1	×	×	高阻

(e) 低电平有效三态与非门

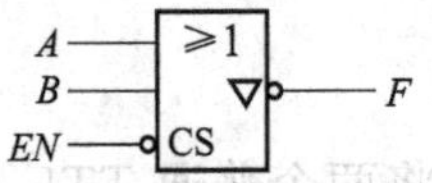

EN	A	B	F
0	0	0	1
0	0	1	0
0	1	0	0
0	1	1	0
1	×	×	高阻

(f) 低电平有效三态或非门

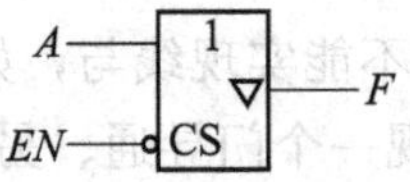

EN	A	F
0	0	0
0	1	1
1	×	高阻

(g) 低电平有效三态同相门

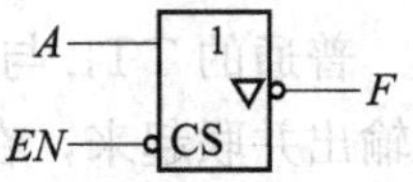

EN	A	F
0	0	1
0	1	0
1	×	高阻

(h) 低电平有效三态非门

图 2.2.13 常用三态门的逻辑符号和真值表

3)应用

使用三态门可以构成传送数据总线。图 2.2.14 所示为由三态非门构成的单向总线。这个单向总线是分时传送的总线，每次只能传送 A_1、A_2、A_3 中的一个信号。当 3 个三态门中的某一个片选信号 EN 都为 1 时，其输入端的数据传送到总线上(数据的非)。当三态门的片选信号 EN 都为 0 时，不传送信号，总线与各三态门呈断开状态(高阻态)。

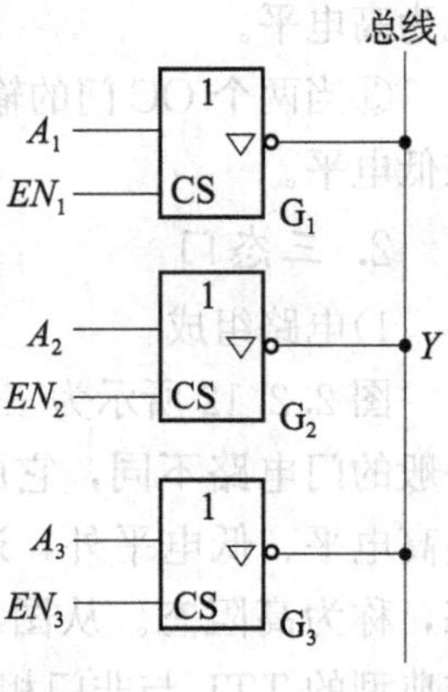

图 2.2.14 单向总线

图 2.2.15 所示为由三态非门构成的双向总线。该电路可以实现总线上三态门之间的数据分时双向传送，图中，D_1 可传送到总线上(为 D)，总线上的数据也可传送给 D_2。图 2.2.16 是图 2.2.15 的输入、输出波形。在 $0\sim t$ 的时间内，使能端的输入数据 EN 为高电平，G_1 门打开，输入数据 D_1 经非运算后传送到总线 $Y=Y_1$ 上，同时 G_2 门关闭，输出 D_2 为高阻态；在 t 时间后，使能端 EN 为低电平，G_2 门打开，总线 Y 上的数据经非运算后传送到 D_2，而此时 G_1 门关闭，输出 Y 为高阻态。

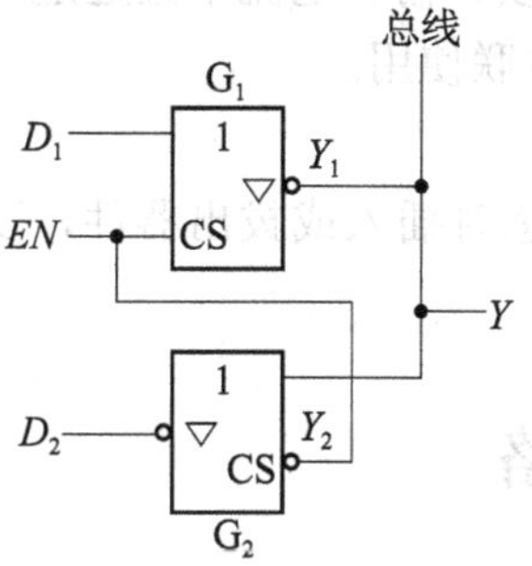

图 2.2.15　双向总线

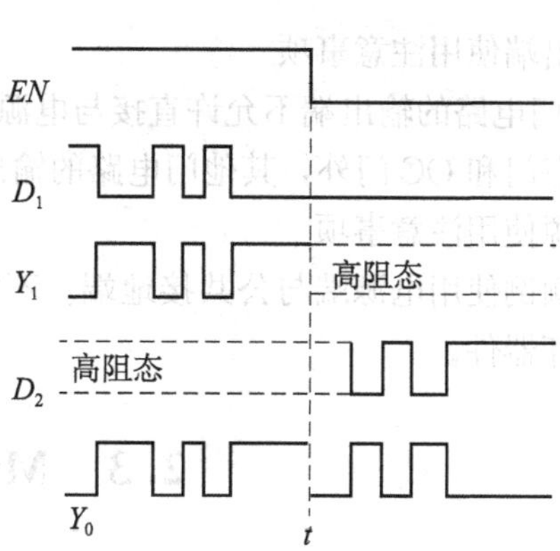

图 2.2.16　输入、输出波形

3. 其他类型的 TTL 门电路

在 TTL 门电路中，除与非门、三态门之外，常用的还有或非门、与或非门、与门、或门、异或门、同或门等。这些门电路虽然与 TTL 与非门的逻辑功能不同，但可由 TTL 与非门加以改动得到，或者由 TTL 与非门的若干部分组合而成。因此，只要掌握了 TTL 与非门的电路及工作原理，就可自行分析。

4. 门电路的使用注意事项

1)TTL 门电路的统一规定

各种 TTL 门电路使用的电源电压均为+5 V，功能说明都采用正逻辑，高电平为 2.4～5 V，低电平为 0～0.4 V。因此，在使用中无须考虑电路的集成规模、是不是同一系列，只要电路的逻辑功能满足要求，就可以在一个系统中使用。当 TTL 门电路和其他类型的电路连接时，就必须考虑电平的配合问题了。

2)焊接与安装知识

TTL 门电路的焊接方法和分立元件的焊接方法相同，但由于 TTL 门电路的体积小，引脚距离近，因此在焊接时要防止线间短路，尽量使用 25 W 以下的电烙铁，焊接时间不宜过长，同时电烙铁要做好接地以防止电路被损坏。

3)多余输入端的处理

在多输入端门电路的实际使用中，有时会出现多余的输入端，即并不是所有的输入端都被使用。多余输入端的处理应保证不改变电路的逻辑关系和工作状态，一般不悬空以防止串入干扰。多余输入端的处理常用以下两种方法：一种是将多余输入端连接到电源，输入为与逻辑则连接到正电源，输入为或逻辑则连接到公共地，缺点是容易受电源变化的影响；另一种方法是并联使用，优点是在并联的输入端中有一个损坏时不会影响电路的逻辑关系，缺点是增加了信号的驱动电流。

4)测试注意事项

电源电压应为 4.75～5.25 V，不能超过 7 V，否则会损坏电路；输入高电平应小于 6 V，输入低电平不应低于−0.7 V，否则 T_1 易损坏；输出为高电平时，输出端不能碰地，否则会烧坏 T_4；输出为低电平时，输出端不能碰正电源，否则会烧坏 T_5。

5)输出端使用注意事项

TTL 门电路的输出端不允许直接与电源或公共地连接，输出电流不宜超过产品的推荐值。除三态门和 OC 门外，其他门电路的输出端不允许并联使用。

6)电源使用注意事项

严禁颠倒使用电源端与公共接地端。不能在通电状态时插入或拔出器件，以免因电流冲击而损坏器件。

2.3 MOS 门电路

TTL 门电路适用于速度要求较快的场合，但因晶体管属于电流型器件，故 TTL 门电路的功耗大，集成度低，价格也高。MOS 门电路是用绝缘栅场效应管作为开关元件制作的逻辑门，是继 TTL 门电路之后开发出的第二种广泛应用的数字集成逻辑器件。MOS 门电路由于具有制造工艺简单、集成度高、抗干扰能力强等优点，因此在数字集成电路产品中占据着相当大的比例。从发展趋势看，随着制造工艺的不断改进，MOS 门电路的性能可能会超越 TTL 门电路，从而使 MOS 门电路成为占主导地位的逻辑器件。本节介绍一些常用的 MOS 门电路及其使用注意事项。

2.3.1 常用的 MOS 门电路

MOS 门电路器件根据其导电沟道(电子或空穴)的不同，可以分为 NMOS 和 PMOS 两种，即由 N 沟道增强型 MOS 管构成的 NMOS 逻辑电路和由 P 沟道增强型 MOS 管构成的 PMOS 逻辑电路。为了方便绘图，在以下的介绍中一律使用简化符号，如图 2.3.1 所示。为了进一步明确 MOS 管的用途，对单极型 MOS 管与双极型三极管进行如下比较。

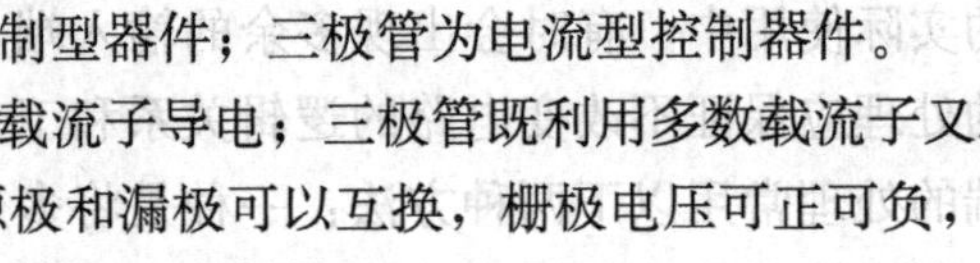

(a) NMOS的简化符号 (b) PMOS的简化符号

图 2.3.1 MOS 管的简化符号

(1)MOS 管为电压控制型器件；三极管为电流型控制器件。

(2)MOS 管利用多数载流子导电；三极管既利用多数载流子又利用少数载流子导电。

(3)有些 MOS 管的源极和漏极可以互换，栅极电压可正可负，灵活性比较高。

(4)MOS 管的噪声系数比三极管小。

(5)由于 MOS 管可以在很小的电流、很低的电压条件下工作，故其适用于电压控制型电路。

1. NMOS 反相器

1)电路组成

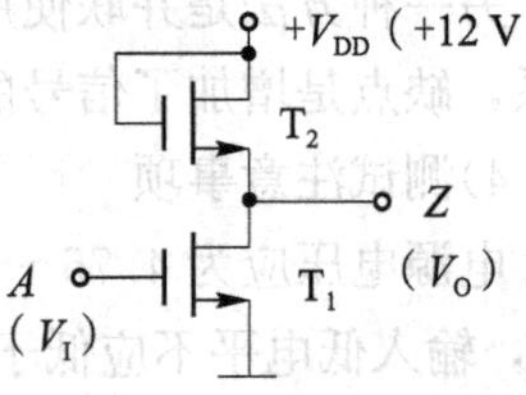

图 2.3.2 NMOS 反相器

图 2.3.2 所示为 NMOS 反相器的一种，其中 T_1 为 NMOS 驱动管，导通电阻 R_{ON1} 小；T_2 为 NMOS 负载管，导通电阻 R_{ON2}

大。T_1 工作在开关状态，T_2 始终工作在饱和状态。这种反相器称为饱和型有源负载反相器。

2)工作原理

图 2.3.2 中，由于 T_2 的栅极直接与电源正极连接在一起，故 T_2 总是导通的，它是 T_1 的有源负载。用 V_T 来表示 MOS 管的开启电压，一般 NMOS 管的 $V_T=3\sim5$ V。

①当 A 为低电平即 $V_I<V_T$ 时，T_1 截止，输出 $V_O=V_{DD}-V_{T_2}=12$ V-4 V$=8$ V，为高电平。

②当 A 为高电平即 $V_I>V_T$ 时，T_1 导通，输出 $V_O=V_{DD}[R_{ON1}/(R_{ON1}+R_{ON2})]$。

因 $R_{ON1}<R_{ON2}$，故 $V_O=V_{OL}\approx0.4$ V，为低电平。

通过以上分析可知，电路实现的是非门的逻辑关系。

3)电路特点

①电源利用率低，输出幅度小。

②静态传输特性较好，动态传输特性较差。

③开关速度较慢，动态功耗小于 1 mW。

④电路简单，制造方便。

⑤适用于对开关速度要求不高的电路中。

2. CMOS 反相器

1)电路组成

CMOS 反相器如图 2.3.3 所示，其中 T_1 为 NMOS 驱动管，T_2 为 PMOS 负载管。T_1、T_2 的栅极连在一起作为输入端，其漏极连在一起作为输出端。

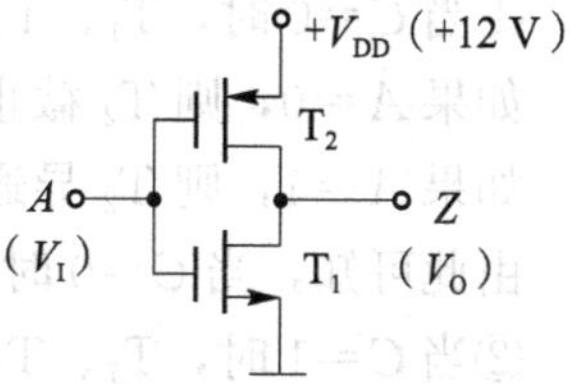

图 2.3.3 CMOS 反相器

2)工作原理

图 2.3.3 中，T_1 的 $V_{GS1}=V_I$，T_2 的 $V_{GS2}=V_I-V_{DD}$。

①当 A 为低电平，即 $V_I=V_{GS1}=0<V_{T_1}$ 时，T_1 截止，而 $V_{GS2}=0-V_{DD}=-V_{DD}$，故 T_2 导通，输出 $V_O\approx V_{DD}=12$ V，为高电平。

②当 A 为高电平，即 $V_I=V_{DD}>V_{T_1}$ 时，T_1 导通，而 $V_{GS2}=V_I-V_{DD}\approx0$，故 T_2 截止，输出 $V_O=V_{OL}\approx0$，为低电平。

通过以上分析可知，电路实现了非门的逻辑关系。

3)电路特点

①电源利用率高，电源电压范围较宽，输出幅度大。

②静态传输特性好，动态传输特性也有较大的改善。

③开关速度快，静态功耗非常小，为微瓦数量级。

④制造工艺相对复杂。

⑤适用于微型计算机和自动仪表等。

3. NMOS 与非门

1)电路组成

NMOS 与非门如图 2.3.4 所示，其中 T_1、T_2 为 NMOS 驱动管；T_3 为 NMOS 负载管，始终饱和导通。

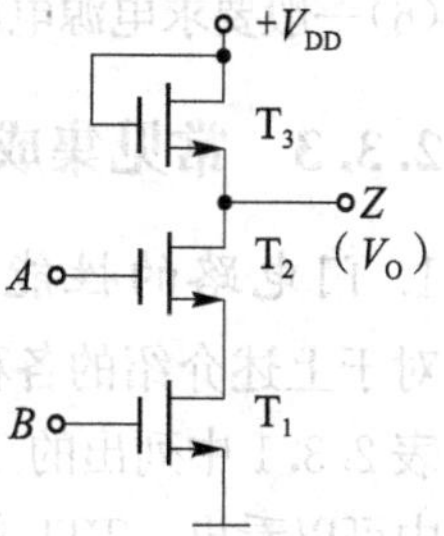

图 2.3.4 NMOS 与非门

2)工作原理

由图 2.3.4 可知，只有 T_1、T_2 全部导通时输出才为低电平。若 T_1、T_2 中有一个截止，则输出就是高电平。

①$A=B=0$ 时，T_1、T_2 均截止，$Z=1$。

②$A=0$，$B=1$ 时，T_1 截止，T_2 导通，$Z=1$。

③$A=1$，$B=0$ 时，T_1 导通，T_2 截止，$Z=1$。

④$A=B=1$ 时，T_1、T_2 均导通，$Z=0$。

由此可知，电路实现的是与非门的逻辑关系。

4. CMOS 三态门

1)电路组成

CMOS 三态门如图 2.3.5 所示，其中 T_1、T_2 为 NMOS 驱动管；T_3、T_4 为 PMOS 负载管；G_1 为控制非门。

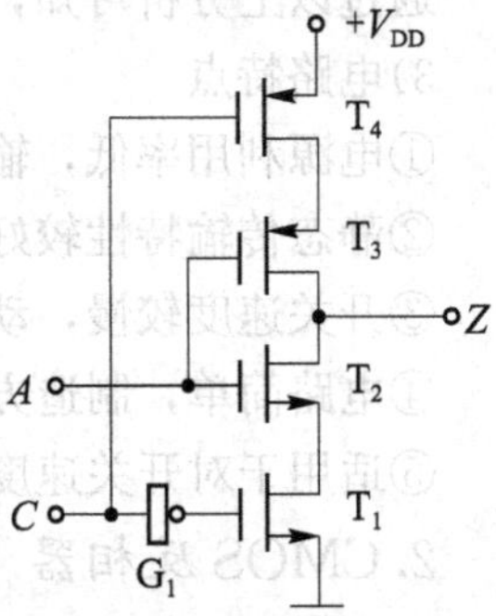

图 2.3.5　CMOS 三态门

2)工作原理

CMOS 三态门的种类很多，其主要原理是利用反相器来控制驱动管和负载管的截止或导通从而实现三态过程。具体工作过程如下。

①当 $C=0$ 时，T_1、T_4 均导通。

如果 $A=0$，则 T_2 截止，T_3 导通，Z 为高电平。

如果 $A=1$，则 T_2 导通，T_3 截止，Z 为低电平。

由此可知，当 $C=0$ 时，输入 A 与输出 Z 之间实现的是非门的逻辑关系。

②当 $C=1$ 时，T_1、T_4 均截止，这时输出端 Z 与 V_{DD} 和公共地都没有关系，故电路处于高阻态。

在总线结构的电路中，多数信号与总线之间的连接都是采用三态门实现的。

2.3.2　MOS 门电路的使用注意事项

(1)在 MOS 门电路的存放过程中，为防止栅极感应电压损坏器件，要做好屏蔽。

(2)对 MOS 门电路进行测试时，电路与测试仪器均应做好接地，防止器件被击穿。

(3)多余输入端不应悬空，悬空同样有可能导致电路本身被感应电压击穿，较好的处理方法是按逻辑功能的要求，将多余输入端接到相应的逻辑电平上。

(4)除特殊电路外，一般数字集成电路的输出端不允许直接接电源或地，输出端也不允许并接。

(5)焊接时最好使用小功率的电烙铁，并做好接地。

(6)一般要求电源电压稳定度在±5%之内。为防止干扰，要在电源和地之间接入滤波电容。

2.3.3　常见集成逻辑门电路的性能比较

1. 门电路的性能比较

对于上述介绍的各种类型的集成门电路，按表 2.3.1 作一横向比较，以便选择使用。

表 2.3.1 中列出的 TTL 和 CMOS 参数均是一般的 TTL 门电路和 CMOS 门电路的参数。从表中可以看出，TTL 门电路的应用最广泛，并且有很多产品可供选择；CMOS 门电路的功耗小，负载能力强，可供选择的产品也多。可根据具体的使用环境灵活选择适用的产品。

表 2.3.1　各种类型集成门的性能比较

参数	类型					
	双极型门电路			单极型门电路		
	TTL	ECL	IIL	NMOS	PMOS	CMOS
功率/mW	12～22	50～100	0.05～0.8	1.0～10	0.2～10	0.001～0.01
传输时间/ns	10～40	1～5	15～20	300～400	300	40
抗干扰能力	中	弱	弱	较强	较强	强
扇出系数/N_O	5～12	25	3	20	20	>50
电源电压/V	5	−5.2	0.8	≤15	−24～−20	3～15
门电路基本形式	与非	或、或非	非	或非	或非	与非、或非
产品种类	很多	多	少	少	少	很多
价格	低	中	中	中	中	中、高

2. 门电路的使用说明

(1)在实际使用中，如果输入端数目不够，则可以使用扩展器进行扩展。

(2)一个门电路的输出一般允许带一定数量的同类门电路，如果要求带的门电路数较多，则可在中间加入缓冲器。

(3)不同类型的集成门电路串联时，由于逻辑电平彼此不同，以及带负载能力的限制，一般情况下要加入接口电路，以保证逻辑的正确性。

本章学习目的和要求

门电路是构成各种复杂数字电路的基本逻辑单元，必须熟练掌握它的逻辑功能和电气特性，以便为正确选择和使用数字器件打下基础。本章在简单介绍分立元件门电路的基础上，重点介绍了应用广泛的双极型 TTL 门电路和单极型 CMOS 门电路。具体学习目的和要求如下。

(1)了解分立元件基本门电路的结构和工作原理。

(2)熟练掌握各种基本逻辑门的逻辑功能和逻辑符号。

(3)熟悉 TTL 与非门的电路结构、工作原理和电压传输特性，掌握其逻辑功能，了解其主要参数和其他 TTL 门电路的性能。

(4)熟悉 CMOS 反相器的电路结构和特点，掌握其逻辑功能。

(5)了解其他 MOS 门电路，掌握其逻辑功能。

(6)学会正确选择和使用各种逻辑门。

实验 1　与门、或门、非门逻辑功能的测试

一、实验目的

测试基本逻辑门的逻辑功能。

二、实验内容

1. 与门逻辑功能的测试

与门集成块选用74LS08，它为2输入4与门(该芯片内集成了4个2输入与门)，逻辑图如实验图2.1.1所示。

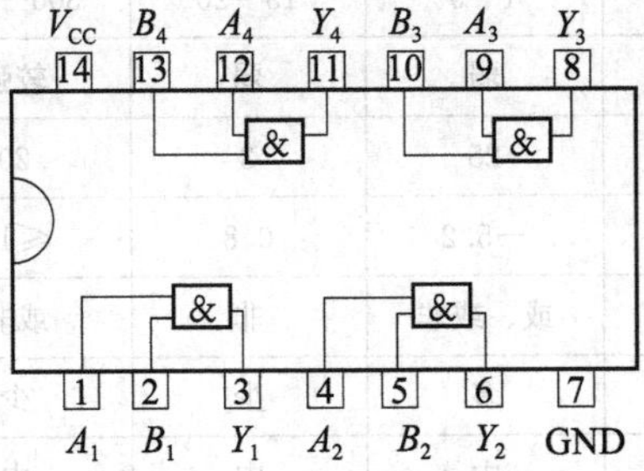

实验图 2.1.1　74LS08的逻辑图

实验中的输入变量用逻辑电平开关控制，输出变量用发光二极管的亮灭表示。任选两个逻辑电平开关$K_0$①、K_1(开关往上拨时输入为高电平“1”，往下拨时输入为低电平“0”)，把输出端与74LS08的引脚1、2相接(或其他与门的两个输入引脚)，集成块的引脚3接逻辑电平显示的任意一发光二极管L(发光二极管亮表示输出为高电平“1”，发光二极管不亮表示输出为低电平“0”)。74LS08及逻辑电平开关、发光二极管接同一路+5 V电源，分别观察$K_0K_1=1$，$K_0K_1=0$时，发光二极管的亮灭情况。通过实验完成实验表2.1.1，并总结L与K_0、K_1的逻辑关系。

实验表 2.1.1　记录表1

K_0	K_1	L
0	0	
0	1	
1	0	
1	1	

2. 或门逻辑功能的测试

或门集成块选用74LS32，它为2输入4或门(该芯片内集成了4个2输入或门)，逻辑图如实验图2.1.2所示。实验中的输入变量用逻辑电平开关控制，输出变量用发光二极管的亮灭表示。任选两个逻辑电平开关K_0、K_1(开关往上拨时输入为高电平“1”，往下拨时输入为低电平“0”)，把输出端与74LS32的引脚1、2相接(或其他或门的两个输入引脚)，集成块的引脚3接逻辑电平显示的任意一发光二极管L(发光二极管亮表示输出为高电平

①电路中一些元件在分析中都有对应的变量，为避免形式上的混乱，本书对此类元件均使用与其对应变量一致的斜体字母符号表示，后边不再特别说明。

"1"，发光二极管不亮表示输出为低电平"0")。74LS32 及逻辑电平开关、发光二极管接同一路+5 V 电源，分别观察 $K_0K_1=1$，$K_0K_1=0$ 时，发光二极管的亮灭情况。通过实验完成实验表 2.1.2，并总结 L 与 K_0、K_1 的逻辑关系。

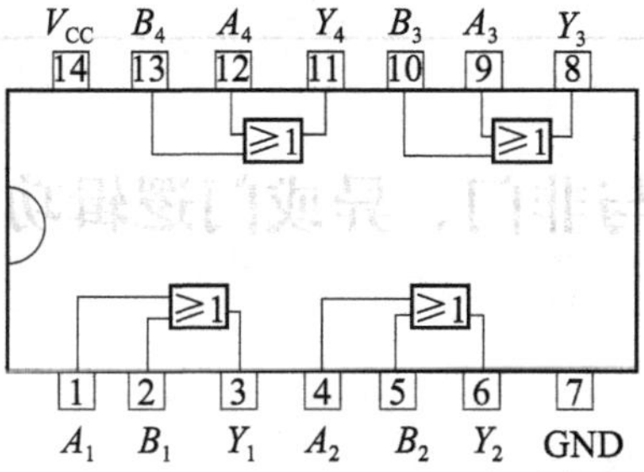

实验图 2.1.2　74LS32 的逻辑图

实验表 2.1.2　记录表 2

K_0	K_1	L
0	0	
0	1	
1	0	
1	1	

3. 非门逻辑功能的测试

非门集成块选用 74LS05，它为 6 非门(该芯片内集成了 6 个非门)，逻辑图如实验图 2.1.3 所示。实验中的输入变量用逻辑电平开关控制，输出变量用发光二极管的亮灭表示。任选一个逻辑电平开关 K_0(开关往上拨时输入为高电平"1"，往下拨时输入为低电平"0")，把输出端与 74LS05 的引脚 1 相接(或其他非门的输入引脚)，集成块的引脚 2(或其他非门的输出引脚)接逻辑电平显示的任意一发光二极管 L(发光二极管亮表示输出为高电平"1"，发光二极管不亮表示输出为低电平"0")。74LS05 及逻辑电平开关、发光二极管接同一路+5 V 电源，分别观察 $K_0=0$，$K_0=1$ 时，发光二极管的亮灭情况。通过实验完成实验表 2.1.3，并总结 L 与 K_0 的逻辑关系。

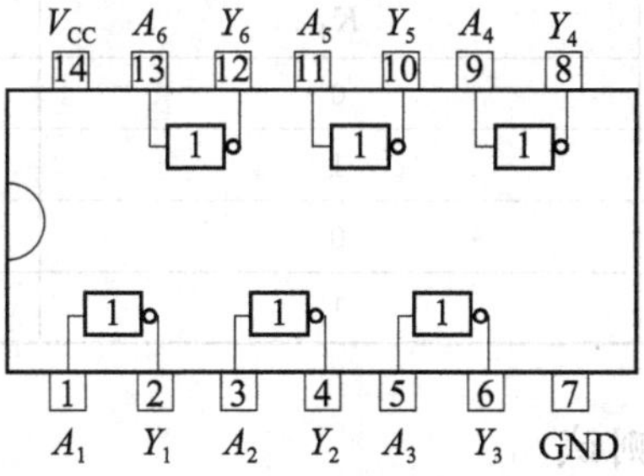

实验图 2.1.3　74LS05 的逻辑图

实验表 2.1.3 记录表 3

K_0	L
0	
1	

实验 2 与非门、异或门逻辑功能的测试

一、实验目的

测试各复合逻辑门的逻辑功能。

二、实验内容

1. 与非门逻辑功能的测试

与非门集成块选用 74LS00，它为 2 输入 4 与非门，逻辑图如实验图 2.2.1 所示。从 4 个与非门中任选一个与非门，将其两个输入引脚接任意两个逻辑电平开关 K_0、K_1，将其输出引脚接任意一发光二极管，其输出状态用 L 表示。74LS00 及逻辑电平开关、发光二极管接同一路＋5 V 电源，分别观察 $K_0K_1=1$，$K_0K_1=0$ 时，发光二极管的亮灭情况。通过实验完成实验表 2.2.1，并总结 L 与 K_0、K_1 的逻辑关系。

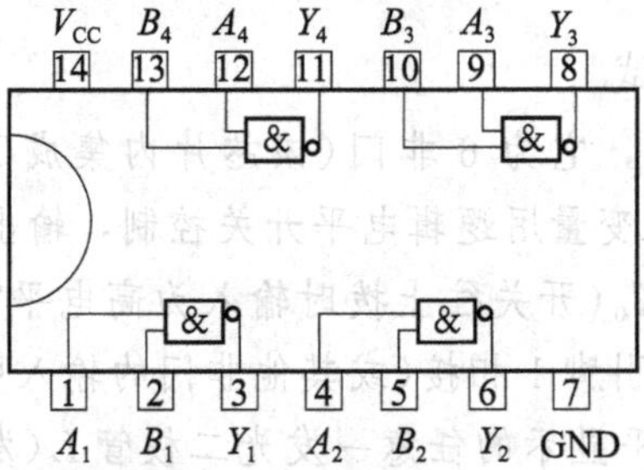

实验图 2.2.1 74LS00 的逻辑图

实验表 2.2.1 记录表 1

K_0	K_1	L
0	0	
0	1	
1	0	
1	1	

2. 异或门逻辑功能的测试

异或门集成块选用 74LS86，它为 2 输入 4 异或门，逻辑图如实验图 2.2.2 所示。其引脚 1、2 同逻辑电平开关相连，引脚 3 与发光二极管 L 相连。74LS86 及逻辑电平开关、发

光二极管接同一路+5 V电源，观察$K_0K_1=1$，$K_0K_1=0$时，发光二极管的亮灭情况。通过实验完成实验表2.2.2，并总结L与K_0、K_1的逻辑关系。

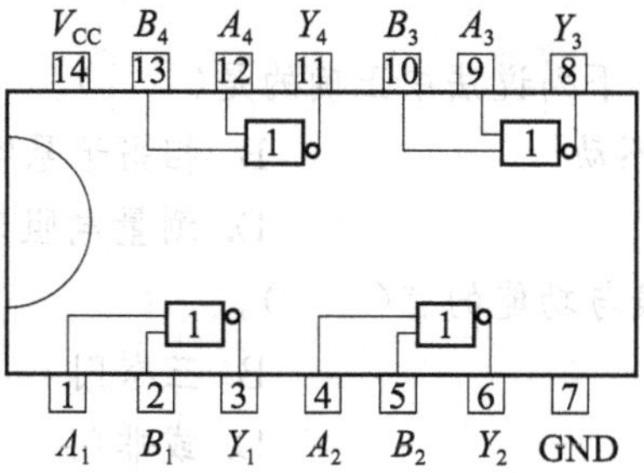

实验图2.2.2 74LS86的逻辑图

实验表2.2.2 记录表

K_0	K_1	L
0	0	
0	1	
1	0	
1	1	

习 题 2

2.1 填空题

1. 在数字电路中，基本的3种逻辑关系是________、________和________。

2. 只有当决定一个事件的所有条件都具备后，事件才会发生。这种因果关系在门电路中被称为________。

3. 将多个与门的输出再进行或非，这样就得到了________门。

4. TTL与非门的典型电路由________、________和输出级3部分构成。

5. 三态门可以输出的3种逻辑为________、________和________。

6. 在数字电路中，正逻辑的或门电路与负逻辑的________门电路是等效的，对于________门电路，无论是正逻辑还是负逻辑，其功能不变。

7. 集电极开路门也称为________门，工作时必须外加________和________。

8. TTL与非门的电压传输特性曲线分为________区、________区、________区、________区。

9. 作为逻辑取值的0和1，并不表示数值的大小，而是表示________的两个________。

10. 逻辑真值表是表示数字电路________之间逻辑关系的表格。

11. 数字电路中的逻辑状态是由________来表示的。用电路的高电平代表________，低电平代表________，这种逻辑规定称为正逻辑。

12. 常用的复合逻辑门有________、________和________。

13. TTL与非门的输入高电平最小值为________，这是保证门电路输出处于________电平的________输入电平，如果输入高电平小于这个最小值，那么门电路将________。

2.2 选择题

1. 三态门输出高阻态时，下列说法中正确的是(　　)。

A. 用电压表测量时指针不动　　B. 相当于悬空

C. 电压不高不低　　D. 测量电阻时指针不动

2. 以下电路中可以实现线与功能的有(　　)。

A. 与非门　　B. 三态门

C. 集电极开路门　　D. 或非门

3. 以下电路中常用于总线应用的有(　　)。

A. TTL与非门　　B. OC门

C. 三态门　　D. CMOS与非门

4. 逻辑表达式 $Y=AB$ 可以用(　　)实现。

A. 正或门　　B. 正非门　　C. 正与门　　D. 负或门

5. 对于TTL与非门多余输入端，可以(　　)。

A. 接电源　　B. 通过3 kΩ电阻接电源

C. 接地　　D. 与有用输入端并联

6. CMOS数字集成电路与TTL数字集成电路相比突出的优点是(　　)。

A. 功耗小　　B. 速度高

C. 高抗干扰能力　　D. 功耗大

7. 下面关于与非门的说法中，正确的是(　　)。

A. 所有输入中只要有一个是高电平，输出就是高电平

B. 当所有输入都是高电平时，输出才是高电平

C. 所有输入中只要有一个是低电平，输出就是高电平

D. 当所有输入都是低电平时，输出才是低电平

8. 下面关于或非门的说法中，正确的是(　　)。

A. 所有输入中只要有一个是低电平，输出就是低电平

B. 当所有输入都是高电平时，输出才是高电平

C. 所有输入中只要有一个是高电平，输出就是高电平

D. 所有输入中只要有一个是高电平，输出就是低电平

9. 在下述门电路中，工作速度最高的是(　　)，功耗最小的是(　　)。

A. TTL　　B. CMOS　　C. ECL

10. 下列表达式中，符合逻辑或运算规则的是(　　)。

A. 1×1=0　　B. 1+1=10　　C. 1+1=1

11. 多个门的输出端可以无条件连接到一起的是(　　)。

A. 三态门　　B. OC门　　C. TTL与非门

12. 不可以用于总线连接的门电路是(　　)。

A. OC门　　B. 三态门　　C. 普通与非门

2.3 判断题(正确的打√，错误的打×)

1. TTL 与非门的多余输入端可以接固定高电平。 ( )
2. 当 TTL 与非门的输入端悬空时，相当于输入为逻辑 1。 ( )
3. 多个普通的逻辑门的输出端不可以并联在一起，否则可能会损坏器件。 ( )
4. 多个三态门的输出端不可以并联在一起，否则可能会损坏器件。 ( )
5. CMOS 或非门与 TTL 或非门的逻辑功能完全相同。 ( )
6. 三态门的 3 种输出状态分别为高电平、低电平、不高不低的电压。 ( )

2.4 简答题

1. TTL 与非门若有多余的输入端，能否将它接地？为什么？TTL 或非门若有多余的输入端，能否将它接 V_{CC} 或悬空？为什么？

2. 三态门有什么主要特点？它有什么重要的应用？

2.5 计算题

1. 一二极管门电路及其输入波形如习题 2.5.1 图所示，画出输出 Y_1、Y_2 的波形(二极管为理想二极管)。

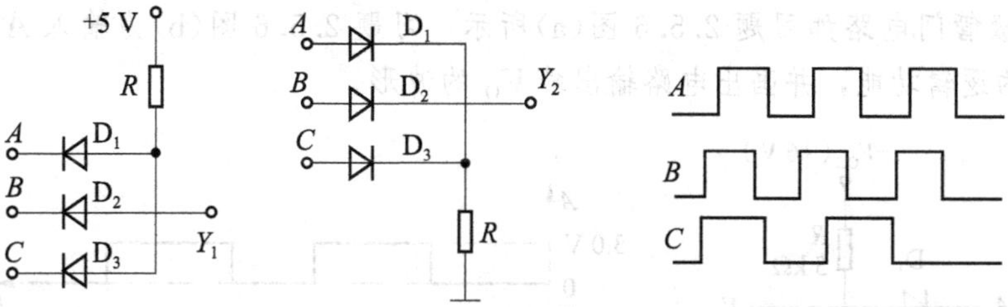

习题 2.5.1 图

2. 一三极管逻辑电路如习题 2.5.2 图所示。试分析该电路的逻辑功能，并写出逻辑表达式。

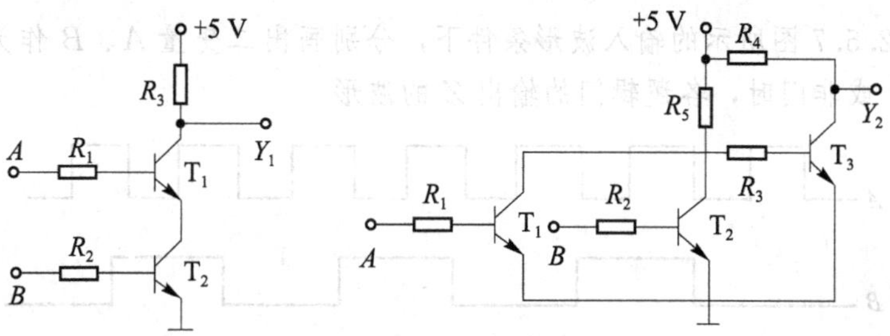

习题 2.5.2 图

3. 试说明 TTL 与非门的输入端在以下 3 种情况下的输入都是 0。

(1)输入端接地。

(2)输入端接同一系列门电路的输出低电平(0.2 V)。

(3)输入端接低于 0.8 V 的电源。

4. 试说明 TTL 与非门的输入端在以下 3 种情况下的输入都是1。

(1)输入端悬空。

(2)输入端接同一系列门电路的输出高电平(3.6 V)。

(3)输入端接高于 1.8 V 的电源。

5. 一 TTL 与 CMOS 接口电路如习题 2.5.5 图所示，试从电平匹配的观点分析 R_P 的作用。

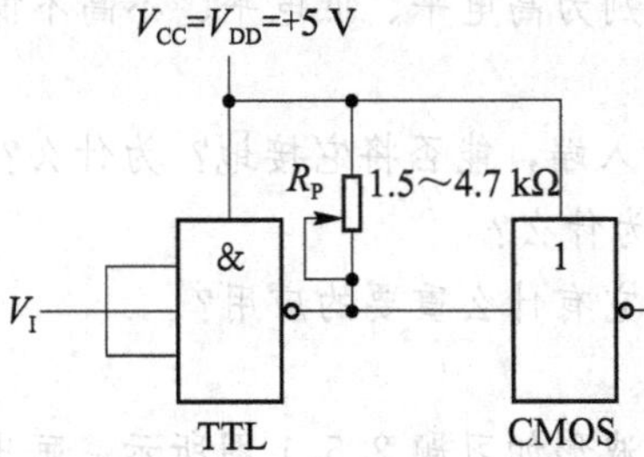

习题 2.5.5 图

6. 一二极管门电路如习题 2.5.6 图(a)所示，习题 2.5.6 图(b)为输入 A、B 的波形。试分析电路的逻辑功能，并画出电路输出端 V_O 的波形。

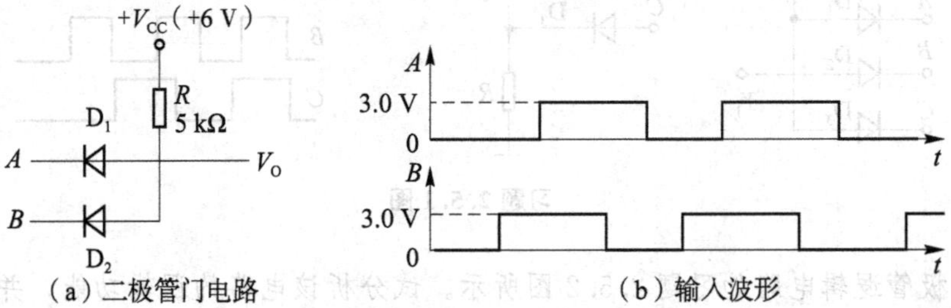

习题 2.5.6 图

7. 在习题 2.5.7 图所示的输入波形条件下，分别画出二变量 A、B 作为输入变量接入与、或、与非、或非门时，各逻辑门的输出 Z 的波形。

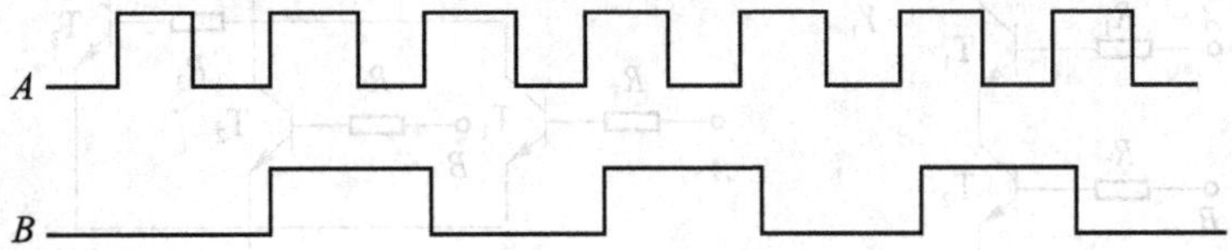

习题 2.5.7 图

8. 已知一电路逻辑图及输入 A 和 B 的波形如习题 2.5.8 图所示，请在(1)～(4)波形中选定输出 Z 的波形。如果 $B=0$，则输出 Z 的波形如何？

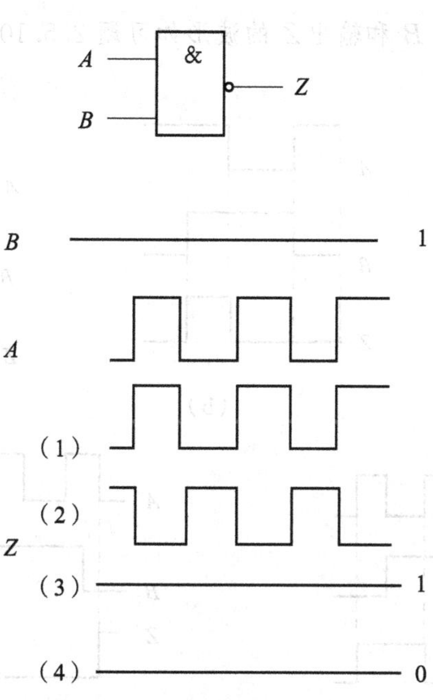

习题 2.5.8 图

9. 已知 3 输入与非门中，输入 A、B 和输出 Z 的波形如习题 2.5.9 图所示，请在(1)～(5)波形中选定输入 C 的波形。

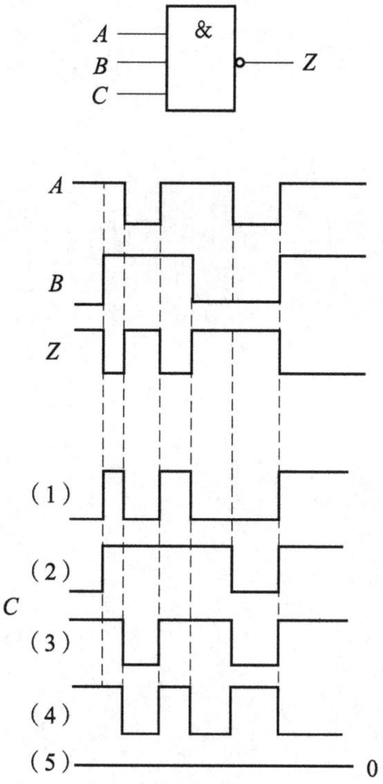

习题 2.5.9 图

10. 一逻辑门的输入 A、B 和输出 Z 的波形如习题 2.5.10 图所示，分别写出该逻辑门的逻辑表达式。

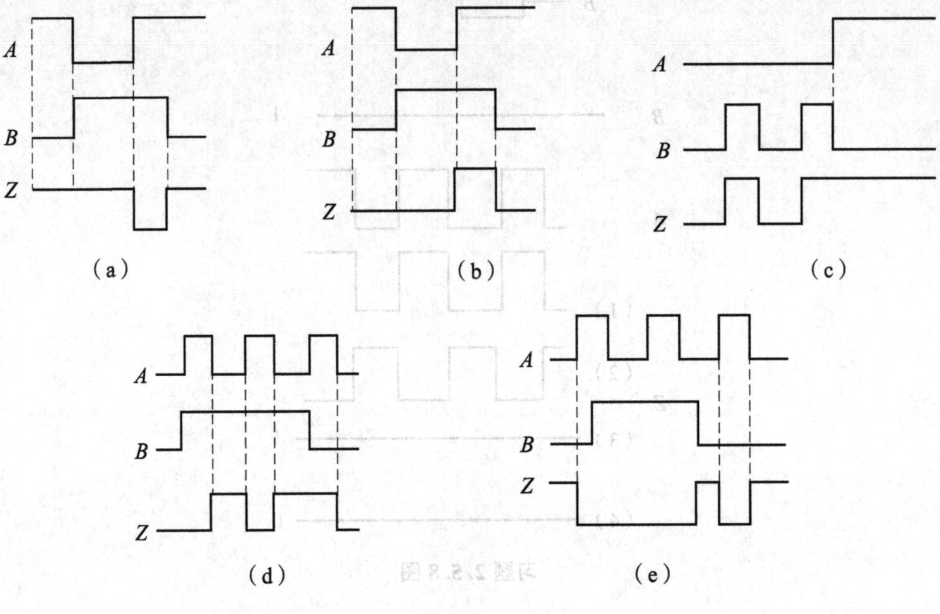

习题 2.5.10 图

第3章　逻辑代数基础

逻辑是指事物的条件和结果之间的规律；逻辑代数是指按一定的逻辑关系进行运算的代数，它也是分析和设计逻辑电路的主要工具。

逻辑代数是英国数学家、逻辑学家乔治·布尔在总结了人类思维规律的基础上建立和发展起来的，所以又称布尔代数。

第2章中已经介绍了一些有关逻辑的概念，本章主要介绍分析数字电路逻辑关系的基本方法。首先介绍逻辑代数的基本概念和基本运算，接着介绍逻辑函数的表示方法，最后介绍逻辑函数的常用化简方法。

3.1　逻辑代数的基本概念和基本运算

数字电路不仅具有普通的算术运算功能，而且具有逻辑运算功能。在逻辑电路中，基本的逻辑关系只有与、或、非3种，能实现这3种逻辑关系的电路，分别为与门、或门、非门。在逻辑代数中，相应地也有3种基本运算，分别是与运算(乘法运算)、或运算(加法运算)、非运算(求反运算)。

3.1.1　逻辑变量与3种基本的逻辑运算

1. 逻辑变量

在以后的学习中，经常用表达式来表示输入与输出之间的逻辑关系，这种表达式称为逻辑表达式。逻辑表达式中的变量就称为逻辑变量，习惯用大写字母A，B，C，…表示。一个逻辑表达式中，有输入逻辑变量和输出逻辑变量之分，但任意一个逻辑变量的取值只有“0”和“1”。这里的“0”和“1”表示的是对立的两种逻辑状态，如有和无、开和关、真和假等。在正逻辑电路中，“0”表示低电平，而“1”表示高电平。

2. 3种基本的逻辑运算

(1)与运算：与门实现的运算。与运算可以用$Z=A\cdot B$来表示，式中的“·”表示A和B做逻辑乘法的运算，所以与运算也称为乘法运算，通常可以将“·”省略，写成$Z=AB$。

例如，图2.1.4所示的二极管与门、图2.1.5所示的与门的逻辑符号和表2.1.4所示的与门的正逻辑关系对应的逻辑表达式可以写成$Z=AB$。

(2)或运算：或门实现的运算。或运算可以用$Z=A+B$来表示，式中的“+”表示A和B做逻辑加法的运算，所以或运算也称为加法运算。

例如，图2.1.6所示的二极管或门、图2.1.7所示的或门的逻辑符号和表2.1.5所示的或门的逻辑关系对应的逻辑表达式就可写成$Z=A+B$。

(3)非运算：非门实现的运算。非运算可以用 $Z=\overline{A}$ 来表示，式中的“$-$”表示对 A 做逻辑取反的运算，所以非运算也称为求反运算，通常把变量 A 称为原变量，而把变量 $\overline{A}$ 称为反变量。

例如，图 2.1.8 所示的三极管非门、图 2.1.9 所示的非门的逻辑符号和表 2.1.6 所示的非门的逻辑关系对应的逻辑表达式就可写成 $Z=\overline{A}$。

3.1.2 逻辑函数

3 种基本的逻辑运算，实际上都定义了一种最基本的逻辑函数，可分别称为与函数、或函数和非函数。在具体问题中，基本逻辑函数很少单独出现，经常遇到的是这 3 种逻辑运算组合而成的复合运算。

如图 3.1.1 所示，为了控制安装在楼梯上的电灯 Z，在楼上安装开关 A，楼下安装开关 B。上楼时在楼下用开关 B 开灯，上楼后可顺手用开关 A 关掉电灯；下楼时在楼上用开关 A 开灯，下楼后可在楼下用开关 B 关掉电灯。

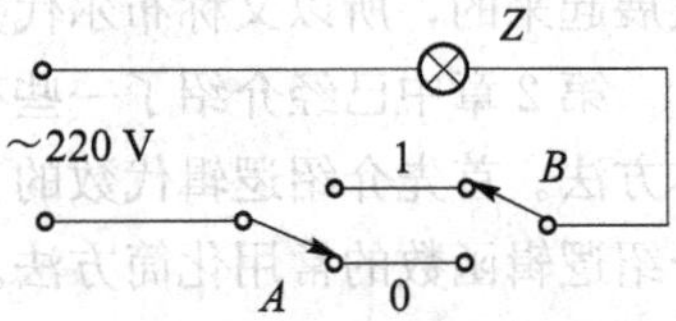

图 3.1.1 两地控制电灯的电路

由图可知，当 A、B 两个开关同时扳到上面或同时扳到下面时，电灯 Z 亮；当两个开关一个扳到上面一个扳到下面时电灯不亮。如果用 $Z=0$ 表示电灯不亮，$Z=1$ 表示电灯亮，$A=0$ 表示开关 A 扳到下面，$A=1$ 表示开关 A 扳到上面，$B=0$ 表示开关 B 扳到下面，$B=1$ 表示开关 B 扳到上面，那么电灯的状态 Z 与开关 A 和 B 的位置关系可以表示为

$$Z=A\cdot B+\overline{A}\cdot\overline{B}=AB+\overline{A}\overline{B}$$

式中，当 A、B 的取值确定后，Z 的取值也随之确定下来，而且是唯一的；对于 A、B 的不同取值，Z 的取值也随着变化。这种关系是函数关系，此时 Z 称为 A、B 的逻辑函数。

一般来说，当输入逻辑变量 A，B，C，…的值确定以后，输出逻辑变量 Z 的值也被唯一确定。这样我们就称 Z 是变量 A，B，C，…的逻辑函数，并表示为

$$Z=F(A, B, C, \cdots)$$

设 $F(A_1, A_2, A_3, \cdots, A_n)$ 是变量 A_1，A_2，A_3，…，A_n 的逻辑函数，$G(A_1, A_2, A_3, \cdots, A_n)$ 是变量 A_1，A_2，A_3，…，A_n 的另一个逻辑函数。如果对应于 A_1，A_2，A_3，…，A_n 的任意一组取值，函数 F 与 G 的值都相同，则称函数 F 和 G 相等，记为 $F=G$。

3.1.3 逻辑代数的基本定律及运算规则

1. 常量与常量之间的运算规则

(1)加法规则：

$$0+0=0 \tag{3.1.1}$$

$$0+1=1 \tag{3.1.2}$$

$$1+0=1 \tag{3.1.3}$$

$$1+1=1 \tag{3.1.4}$$

(2)乘法规则：

$$0 \cdot 0=0 \tag{3.1.5}$$

$$0 \cdot 1=0 \tag{3.1.6}$$

$$1 \cdot 0=0 \tag{3.1.7}$$

$$1 \cdot 1=1 \tag{3.1.8}$$

以上是逻辑代数中最基本的运算规则，与普通代数的运算规则相似，它们是人为规定的公理，无须证明。

2. 常量与变量之间的基本定律

(1)同一律：

$$A \cdot 1=A \tag{3.1.9}$$

$$A+0=A \tag{3.1.10}$$

(2)0、1 律：

$$A \cdot 0=0 \tag{3.1.11}$$

$$A+1=1 \tag{3.1.12}$$

(3)互补律：

$$A+\overline{A}=1 \tag{3.1.13}$$

$$A \cdot \overline{A}=0 \tag{3.1.14}$$

3. 与普通代数相似的定律

(1)交换律：

$$AB=BA \tag{3.1.15}$$

$$A+B=B+A \tag{3.1.16}$$

(2)结合律：

$$(AB)C=A(BC) \tag{3.1.17}$$

$$(A+B)+C=A+(B+C) \tag{3.1.18}$$

(3)分配律：

$$A(B+C)=AB+AC \tag{3.1.19}$$

$$A+BC=(A+B)(A+C) \tag{3.1.20}$$

以上规则和定律的证明都比较简单，可以采用列表法和公式法进行证明，下面应用前面的公式对式(3.1.20)进行证明。

证明：$(A+B)(A+C)=(A+B)A+(A+B)C$

$$\begin{aligned}&=AA+AB+AC+BC\\&=A+AB+AC+BC\\&=A[1+(B+C)]+BC\\&=A+BC\end{aligned}$$

4. 逻辑代数的特殊规律

(1)重叠律：

$$A \cdot A=A \tag{3.1.21}$$

$$A+A=A \tag{3.1.22}$$

(2)反演律(德·摩根律)：

$$\overline{AB}=\overline{A}+\overline{B} \tag{3.1.23}$$

$$\overline{A+B}=\overline{A}\,\overline{B} \tag{3.1.24}$$

(3)还原律：

$$\overline{\overline{A}}=A \tag{3.1.25}$$

(4)吸收律：

$$A+AB=A \tag{3.1.26}$$

$$AB+A\overline{B}=A \tag{3.1.27}$$

$$A+\overline{A}B=A+B \tag{3.1.28}$$

$$AB+\overline{A}C+BC=AB+\overline{A}C \tag{3.1.29}$$

以上定律的证明都比较简单，除吸收律用其他定律证明外，其余的只要将各种可能的取值代入即可证明。

5. 逻辑代数的3条重要规则

(1)代入规则：在任何一个逻辑表达式中，如果将等式两边的同一变量用同一函数代替，则等式仍然成立。通过代入规则的使用可以扩展所有运算定律的应用范围。

例如，在等式 $A+AB=A$ 中，如果用 $C+D$ 代替等式中的 A，则有 $(C+D)+(C+D)\cdot B=C+D$，等式仍然成立。

例如，在等式 $\overline{A+B}=\overline{A}\cdot\overline{B}$ 中，如果用 $C+D$ 代替等式中的 B，则有 $\overline{A+(C+D)}=\overline{A}\cdot\overline{C+D}=\overline{A}\cdot\overline{C}\cdot\overline{D}$，等式仍然成立。

(2)反演规则：将任意一个逻辑表达式 Z 中的所有"+"变为"·"，"·"变为"+"，"0"变为"1"，"1"变为"0"，原变量变为反变量，反变量变为原变量，并保持原来的运算顺序不变，这样得到的表达式是原函数的反函数，记为 $\overline{Z}$。

例如，若 $Z=AB+\overline{A}C+\overline{BC}+1$，则 $\overline{Z}=(\overline{A}+\overline{B})\cdot(A+\overline{C})\cdot(B+C)\cdot 0$

注意：在使用反演规则时，首先要确保原来运算的优先顺序，其次要注意单个变量上的非号"—"应保持不变。

(3)对偶规则：将任意一个逻辑表达式 Z 中的所有"+"变为"·"，"·"变为"+"，"0"变为"1"，"1"变为"0"，并保持原来的运算顺序不变，这样得到的表达式 Z' 是原表达式 Z 的对偶式。对等式两边同时取对偶，等式仍然成立。

例如，若 $A+\overline{A}B=A+B$ 成立，则 $A\cdot(\overline{A}+B)=AB$ 也成立；若 $Z=A+BC+1$，则 $Z'=A\cdot(B+C)\cdot 0$。

注意：在使用对偶规则时，首先要保证原来的运算顺序，其次非号"—"一律不变。

3.2 逻辑函数的表示方法

在逻辑电路中，逻辑函数有多种表示方法，常用的有真值表、逻辑表达式、逻辑图和卡诺图4种表示方法。

3.2.1 真值表

1. 真值表的定义

反映所有输入变量的各种可能的取值和对应函数值的关系的表格称为逻辑真值表，简称真值表。

2. 真值表的列写方法

(1)按二进制顺序列出 n 个输入变量的 2^n 个不同的取值组合，填入真值表。

(2)分别找出 2^n 个输入组合对应的函数值 Z，并对应填入真值表。

例 3.2.1 列出逻辑函数 $Z=\overline{A}B+A\overline{B}$ 的真值表。

解： 逻辑函数 $Z=\overline{A}B+A\overline{B}$ 的真值表如表 3.2.1 所示。

表 3.2.1 逻辑函数 $Z=\overline{A}B+A\overline{B}$ 的真值表

A	B	Z
0	0	0
0	1	1
1	0	1
1	1	0

3. 真值表的特点

(1)直观明了。

(2)便于把实际问题转换为数学问题。

(3)变量多时列表复杂。

3.2.2 逻辑表达式

1. 逻辑表达式的定义

按照对应的逻辑关系，把输出逻辑变量表示为输入逻辑变量的与、或、非等运算组合的式子就称为逻辑函数表达式，简称逻辑表达式。

2. 由真值表求出逻辑表达式

下面以表 3.2.2 为例，说明由真值表写出逻辑表达式的步骤。

表 3.2.2 某函数的真值表

A	B	Z
0	0	1
0	1	0
1	0	0
1	1	1

(1)从真值表中挑选出使函数值为 1 的输入变量的取值组合。在表 3.2.2 中，能够使输出 Z 为 1 的输入组合有 $A=0$，$B=0$ 和 $A=1$，$B=1$ 两组。

(2)把这种能使函数值为 1 的输入变量的每一个取值组合写成一个乘积项。需要注意以下几点。

①每一个输入变量必须在每一个乘积项中出现一次，而且只能出现一次。

②如果输入变量的取值为 1，则这个变量在乘积项中写成原变量；如果输入变量的取值为 0，则这个变量在乘积项中就写成反变量。例如，根据表 3.2.2，按以上要求可以写出两个乘积项，分别为 $\overline{A}B$ 和 $A\overline{B}$。在逻辑电路中，这样的乘积项也称为最小项或标准乘积项。

(3)将上述写出的各个乘积项相加就构成了要求的逻辑表达式。例如，经过以上步骤可知，表 3.2.2 所对应的逻辑表达式为 $Z=\overline{A}B+A\overline{B}$。

由上述步骤写出的逻辑表达式也称为逻辑函数的标准与或式。在此指出，任何一个逻辑函数均可以用标准与或式表示。

3. 逻辑表达式的特点

(1)简洁、方便。

(2)便于运算和变换。

(3)便于据此用逻辑图实现函数。

(4)逻辑表达式复杂时不宜看出函数值。

3.2.3 逻辑图

1. 逻辑图的定义

把逻辑函数中的输入变量与输出变量之间的逻辑关系用逻辑符号表示出来的图形称为逻辑图。

2. 由逻辑表达式画出逻辑图

将逻辑表达式中的各种逻辑运算都用逻辑符号代替，就构成了逻辑图。以与或式为例，画出相应逻辑图的步骤如下。

(1)各个原变量直接给出，原变量经过一级非门后得到相应的反变量。

(2)顺序用与门的逻辑符号代替表达式中的各乘积项。与门的输入直接与原变量或反变量连接在一起。

(3)将所有的与门的输出连接到或门的输入端，或门的输出就是函数 Z。

例如，根据逻辑表达式 $Z=\overline{A}B+A\overline{B}$ 画出的逻辑图如图 3.2.1 所示。

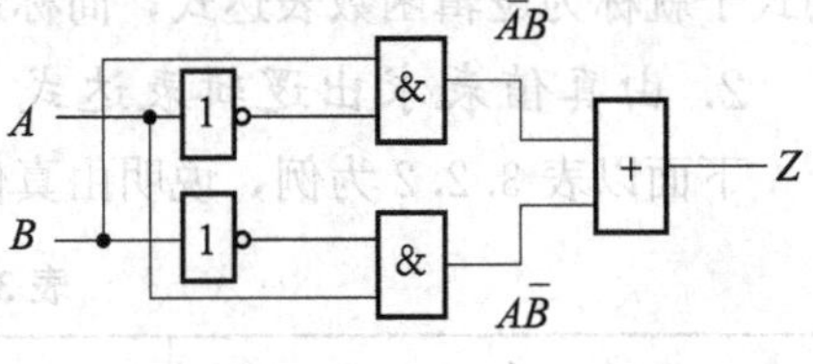

图 3.2.1　$Z=\overline{A}B+A\overline{B}$ 的逻辑图

3. 逻辑图的特点

(1)接近实际电路。

(2)能将实际电路的逻辑功能层次表示出来。

(3)便于逻辑设计。

3.2.4 卡诺图

1. 卡诺图的定义

卡诺图是逻辑函数的一种图形表示，它将逻辑函数的最小项表达式用图形表示出来。

2. 逻辑函数的最小项表达式

在介绍卡诺图之前，先要了解逻辑函数的最小项表达式。实际上最小项表达式就是前面介绍的标准与或式。而标准与或式中的项也就是最小项。

1)最小项的定义

n 个变量的最小项是 n 个变量的乘积，每个变量都以原变量或反变量的形式在最小项中出现一次，并且仅出现一次。

例如，在三变量逻辑函数 $Z=F(A, B, C)$中，输入变量 A、B、C 的不同取值组合共有 $2^3=8$ 种，即 000，001，010，011，100，101，110，111；对应的乘积项也有 8 个，分别为 $\overline{A}\,\overline{B}\,\overline{C}$，$\overline{A}\,\overline{B}C$，$\overline{A}B\overline{C}$，$\overline{A}BC$，$A\overline{B}\,\overline{C}$，$A\overline{B}C$，$AB\overline{C}$，$ABC$。以上 8 个乘积项符合最小项的定义。除此以外，其余的乘积项均不属于最小项，如 AB，$\overline{B}C$，$A\overline{C}$ 等。

2)最小项的性质

表 3.2.3 为三变量最小项的真值表。由表可知，最小项的性质如下。

①n 个变量一共有 2^n 个最小项。

因为每一个变量有两种取值(即 0 或 1)，所以 n 个变量的不同组合有 2^n 种。

②对于任意一个最小项来说，只有一组变量的取值组合能使其值等于 1，而在任何其他 2^n-1 组变量的取值组合中，这个最小项的值均等于 0。并且对不同的最小项，使它的值为 1 的那组变量的取值也不同。

例如，最小项 $\overline{A}\,\overline{B}C$ 和 001 这组变量的取值相对应。从表 3.2.3 中可知，只有当变量的取值组合为 001 时，$\overline{A}\,\overline{B}C$ 的值才是 1，取值组合为其他任何一组时，$\overline{A}\,\overline{B}C$ 的值均为 0。

③任意两个最小项的乘积恒等于 0。

因为对于变量的任意一组取值组合，通过表 3.2.3 可看出，两个不同的最小项不能同时取值为 1，因此它们的乘积恒为 0。

④全体最小项的和恒等于 1。

对于变量的任意一组取值组合，都有一个最小项的值为 1，因此全体最小项的和恒等于 1。

表 3.2.3　三变量最小项的真值表

A、B、C 的取值组合	$\overline{A}\,\overline{B}\,\overline{C}$	$\overline{A}\,\overline{B}C$	$\overline{A}B\overline{C}$	$\overline{A}BC$	$A\overline{B}\,\overline{C}$	$A\overline{B}C$	$AB\overline{C}$	ABC
000	1	0	0	0	0	0	0	0
001	0	1	0	0	0	0	0	0
010	0	0	1	0	0	0	0	0
011	0	0	0	1	0	0	0	0
100	0	0	0	0	1	0	0	0
101	0	0	0	0	0	1	0	0
110	0	0	0	0	0	0	1	0
111	0	0	0	0	0	0	0	1

3)最小项的编号

为了叙述和书写方便，通常要对最小项进行编号。编号的方法是，把与最小项对应的那一组变量的取值组合当作二进制数，而与其对应的十进制数，就是该最小项的编号。编了号的最小项通常用 m_i 表示，下标 i 即为编号。例如，三变量最小项的编号如表 3.2.4 所示。

表 3.2.4　三变量最小项的编号

最小项	变量的取值组合			最小项的编号
	A	B	C	
$\overline{A}\,\overline{B}\,\overline{C}$	0	0	0	m_0
$\overline{A}\,\overline{B}C$	0	0	1	m_1
$\overline{A}B\overline{C}$	0	1	0	m_2
$\overline{A}BC$	0	1	1	m_3
$A\overline{B}\,\overline{C}$	1	0	0	m_4
$A\overline{B}C$	1	0	1	m_5
$AB\overline{C}$	1	1	0	m_6
ABC	1	1	1	m_7

4)逻辑函数的最小项表达式

任何一个逻辑函数都可以写成最小项表达式，而且最小项表达式是唯一的，通常最小项表达式也用编号形式写出。

写出最小项表达式的具体办法：首先确定输入变量的个数，然后按照逻辑代数的定律和规则，在不改变函数值的基础上，把原来乘积项中没有的变量加进去，使每一个乘积项都变成最小项，过程中可能会增加乘积项。

例 3.2.2　写出函数 $Z=\overline{A}\,\overline{B}+\overline{B}C+A\overline{C}$ 的最小项表达式。

解：

$$
\begin{aligned}
Z&=\overline{A}\,\overline{B}+\overline{B}C+A\overline{C}\\
&=\overline{A}\,\overline{B}(C+\overline{C})+\overline{B}C(A+\overline{A})+A\overline{C}(B+\overline{B})\\
&=\overline{A}\,\overline{B}C+\overline{A}\,\overline{B}\,\overline{C}+\overline{B}CA+\overline{B}C\overline{A}+A\overline{C}B+A\overline{C}\,\overline{B}\\
&=\overline{A}\,\overline{B}\,\overline{C}+\overline{A}\,\overline{B}C+A\overline{B}\,\overline{C}+A\overline{B}C+AB\overline{C}\\
&=m_0+m_1+m_4+m_5+m_6\\
&=\sum m(0,1,4,5,6)
\end{aligned}
$$

3. 卡诺图的画法与特点

卡诺图实际上是将代表最小项的小方块按相邻原则排列成的图形。

相邻原则：如果两个最小项中，只有一个变量互为反变量，其他变量都相同，那么称这两个最小项在逻辑上相邻；把每一个最小项用一个小方块表示，如果代表最小项的小方块在几何位置上是邻接的，就称这两个最小项在几何位置上相邻。

将 n 变量的全部最小项各用一个小方块表示，并使它们在逻辑上具有相邻的最小项，在几何位置上也相邻地排列起来，这样所得到的图形称为 n 变量卡诺图。卡诺图是 20 世纪 50 年代美国工程师卡诺首先提出来的，因此命名为卡诺图。

(1)卡诺图的画法。

卡诺图一般画成矩形。若有 n 变量，则将矩形分割成 2^n 个小方块，使每个最小项占有一个小方块。下面分别介绍二变量～五变量的卡诺图。

①二变量卡诺图：二变量卡诺图有 $2^2=4$ 个最小项，编号分别为 m_0、m_1、m_2 和 m_3。如图 3.2.2 所示，它们是按相邻原则排列的。实际上，卡诺图应该是一个封闭的球面，即上边和下边应是重合的，左边和右边也应是重合的。

所谓几何位置上的相邻，是指一个小方块与其他小方块具有公共边。在卡诺图中，几何相邻包括 3 种情况：某方块与其他方块紧挨着；任何一行或一列两端的方块；将卡诺图对折后位置重合在一起的方块。

②三变量卡诺图：三变量卡诺图由 8 个小方块组成，编号分别为 m_0、m_1、m_2、m_3、m_4、m_5、m_6 和 m_7。如图 3.2.3 所示，往往在卡诺图中只填写编号或号码，不再填写乘积项。各个最小项也都是按照相邻原则排列的，例如 m_5 与 m_1，m_5 与 m_4，m_5 与 m_7 都具有相邻关系。在三变量卡诺图中，可以看到 BC 的取值顺序是 00、01、11、10。这样的取值顺序主要是为了保证相邻的两组取值组合只有一位不同，实际上就保证了逻辑上相邻的项在几何位置上也一定相邻。

A \ B	0	1
0	$m_0=\bar{A}\bar{B}$	$m_1=\bar{A}B$
1	$m_2=A\bar{B}$	$m_3=AB$

图 3.2.2 二变量卡诺图

A \ BC	00	01	11	10
0	0	1	3	2
1	4	5	7	6

图 3.2.3 三变量卡诺图

③四变量卡诺图：四变量卡诺图由 $2^4=16$ 个小方块组成。如图 3.2.4 所示，每一个小方块表示一个最小项，并按照相邻原则排列。从图中可以看出，任意一个最小项在几何位置上有 4 个相邻项，存在左右相邻和上下相邻，例如 m_5 与 m_4，m_5 与 m_7，m_5 与 m_1，m_5 与 m_{13} 都具有相邻关系。

④五变量卡诺图：图 3.2.5 为五变量卡诺图，它有 $2^5=32$ 个最小项，因此卡诺图由 32 个小方块构成。在五变量卡诺图中，除要注意左右相邻和上下相邻外，还存在对称相邻，例如 m_1 与 m_5，m_{11} 与 m_{15}，m_{17} 与 m_{21} 等都分别是关于中线对称的小方块，所以称为对称相邻。

AB \ CD	00	10	11	10
00	0	1	3	2
01	4	5	7	6
11	12	13	15	14
10	8	9	11	10

图 3.2.4 四变量卡诺图

AB \ CDE	000	001	011	010	110	111	101	100
00	0	1	3	2	6	7	5	4
01	8	9	11	10	14	15	13	12
11	24	25	27	26	30	31	29	28
10	16	17	19	18	22	23	21	20

图 3.2.5 五变量卡诺图

(2)卡诺图的特点。

①卡诺图是用几何位置上的相邻性形象表达了各个最小项之间在逻辑上的相邻性，即卡诺图中任何几何位置相邻的最小项，在逻辑上都具有相邻性。

②卡诺图的优点是直观、简便。可依据其循环相邻的特点，广泛用来化简函数。

③其缺点是，当变量大于或等于5以后，不仅画图复杂，而且不易直观辨认其相邻性。

4. 逻辑函数的卡诺图表示

任何一个逻辑函数都可以表示成若干最小项之和的形式；或者任何一个逻辑函数都可以用标准与或式来表示，当然也就可以用卡诺图来表示。其具体做法如下：

①先将逻辑函数化成最小项之和的形式；

②根据逻辑变量的个数画出相应的卡诺图；

③凡在最小项表达式中出现的最小项，在对应的方块中填1；凡在最小项表达式中没有出现的最小项，在对应的方块中填0(也可不填)。这样便得到了相应逻辑函数的卡诺图。需要注意的是，在最小项中，原变量的取值对应于1；而反变量的取值对应于0。

例 3.2.3 画出逻辑函数 $Z=AB+\overline{B}C$ 的卡诺图。

解：(1)将逻辑函数化为最小项表达式：

$$Z=AB+\overline{B}C$$
$$=ABC+AB\overline{C}+A\overline{B}C+\overline{A}\,\overline{B}C$$

(2)画出三变量卡诺图，如图 3.2.6 所示。

(3)将在表达式中出现的最小项在图中填 1。

A \ BC	00	01	11	10
0		1		
1		1	1	1

图 3.2.6　例 3.2.3 的卡诺图

例 3.2.4 画出函数 $Z=(\overline{A}+\overline{B})\overline{(\overline{C}+\overline{D})}$ 的卡诺图。

解：

$$Z=(\overline{A}+\overline{B})\overline{(\overline{C}+\overline{D})}$$
$$=(\overline{A}+\overline{B})CD$$
$$=\overline{A}CD+\overline{B}CD \qquad (3.2.1)$$

分析上式，在第 1 个乘积项中少一个变量 B，在第 2 个乘积项中少一个变量 A。要得到最小项表达式，就应给第 1 个乘积项乘以$(B+\overline{B})$，然后变为两项，分别是 $\overline{A}BCD$ 和 $\overline{A}\,\overline{B}CD$；同样给第 2 个乘积项乘以$(A+\overline{A})$，然后也变为两项，分别是 $A\overline{B}CD$ 和 $\overline{A}\,\overline{B}CD$。然后将得到的最小项表达式填入卡诺图。在熟练后可以利用式(3.2.1)直接填写卡诺图，填写方法是把卡诺图中满足 $\overline{A}CD$ 的所有小方块都填 1，满足 $\overline{B}CD$ 的所有小方块也填 1，重复的只填一次，即可得到相应的卡诺图，如图 3.2.7 所示。

AB \ CD	00	01	11	10
00			1	
01			1	
11				
10			1	

图 3.2.7　例 3.2.4 的卡诺图

5. 各种逻辑函数表示方法之间的转换

同一逻辑函数可用 4 种不同的方法来表示，那么这 4 种方法之间必定有内在联系，它们之间一定可以互相转换。

由逻辑函数表达式写出真值表、由真值表写出逻辑表达式、由逻辑表达式画出逻辑图、由逻辑表达式画出卡诺图这几种方法前面已经介绍了，这里再介绍另外几种转换方法。

(1)由逻辑图写出逻辑表达式。

由逻辑图写出逻辑表达式的具体方法：

①找出逻辑电路中各逻辑符号的输入变量，可标在各个输入端；

②按照各逻辑符号规定逻辑关系，由前向后逐级写出其输出逻辑函数；

③经整理后即可得到给定逻辑图的逻辑函数表达式。

例 3.2.5　已知逻辑图如图 3.2.8 所示，写出它的逻辑函数表达式。

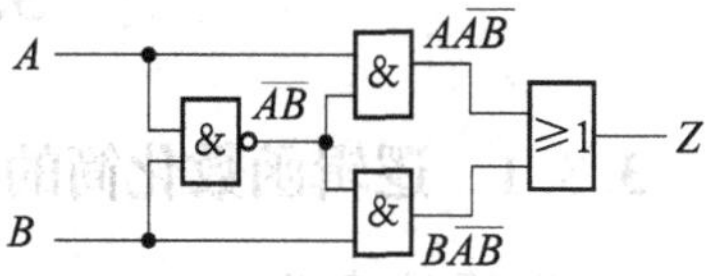

图 3.2.8　例 3.2.5 的逻辑图

解：按上面介绍的方法可逐级写出

$$Z_1=\overline{AB}，Z_2=A\overline{AB}，Z_3=B\overline{AB}$$

总的输出为

$$Z=Z_2+Z_3=A\overline{AB}+B\overline{AB}$$

(2)由真值表画出卡诺图。

卡诺图可以看成是真值表的二维排列，因为二者都是变量全部取值组合的排列，只是排列格式不同，所以只要根据真值表对应填写出卡诺图的每一个小方块的值即可。

例 3.2.6　已知函数的真值表如表 3.2.5 所示，画出其卡诺图。

表 3.2.5　例 3.2.6 的真值表

A	B	C	Z
0	0	0	0
0	0	1	0
0	1	0	0
0	1	1	1
1	0	0	0
1	0	1	1
1	1	0	1
1	1	1	1

解：将真值表的取值组合所对应的函数值直接填入卡诺图，如图 3.2.9 所示。

A \ BC	00	01	11	10
0			1	
1		1	1	1

图 3.2.9　例 3.2.6 的卡诺图

(3)由卡诺图写出逻辑表达式。

由于卡诺图就是逻辑函数最小项之和的图形表示，故只要将卡诺图中对应小方格为 1 的最小项写出来，然后将它们进行逻辑相加，即可得到相应的逻辑表达式。

例 3.2.7　已知逻辑函数的卡诺图如图 3.2.10 所示，写出相应的逻辑函数表达式。

A \ BC	00	01	11	10
0	1		1	
1	1	1	1	

图 3.2.10　例 3.2.7 的卡诺图

解：①写出卡诺图中取值为 1 所对应的最小项：$\overline{A}\,\overline{B}\,\overline{C}$，$\overline{A}BC$，$A\overline{B}\,\overline{C}$，$A\overline{B}C$，$ABC$。

②将所有的最小项相加就是对应的逻辑函数表达式，即

$$Z=\overline{A}\,\overline{B}\,\overline{C}+\overline{A}BC+A\overline{B}\,\overline{C}+A\overline{B}C+ABC$$

3.3 逻辑函数的化简

3.3.1 逻辑函数化简的概念

1. 化简的意义

在解决实际问题的过程中，一般根据逻辑问题得到的逻辑函数不一定是最简函数，自然用这种逻辑函数设计出来的逻辑电路也不一定是最简单的电路。为了用最简单的电路来实现所要求的功能，降低系统的成本，提高系统的可靠性，必须将得到的逻辑函数进行化简，以便用最少的器件去实现函数。

2. 最简的标准

为保证设计出来的逻辑电路简单可靠，在实际设计过程中，要考虑以下因素：

(1)使用的门电路数目最少；

(2)每一个门的输入端数目最少；

(3)信号从输入到输出经过的门数最少；

(4)电路的连接线最少；

(5)所带的负载不超过门的驱动能力。

随着使用场合的不同，人们对电路的要求也不同，以上因素也不一定能同时满足。重要的是首先要满足电路的基本要求，再考虑其他的性能要求。

3. 最简的形式

在实际的电路设计中，基本的集成门电路有许多种，如与门、或门、非门、与非门、或非门等。对于同一问题来说，使用的门电路不同，化简后得到的最简表达式也不同。因此，我们要根据实际情况决定最终的化简形式，通常逻辑函数表达式可以化简成以下 5 种形式。

$Z = AB + \overline{A}C$ 与-或表达式

$= \overline{\overline{AB + \overline{A}C}} = \overline{\overline{AB} \cdot \overline{\overline{A}C}}$ 与非-与非表达式

$= (A + C)(\overline{A} + B)$ 或-与表达式

$= \overline{\overline{(A + C)(\overline{A} + B)}} = \overline{\overline{A + C} + \overline{\overline{A} + B}}$ 或非-或非表达式

$= \overline{\overline{A} \cdot \overline{C} + A\overline{B}}$ 与-或-非表达式

通过以上分析可知，一个逻辑函数表达式有以上 5 种表示形式，只要找到其中的一种，就可通过运算得到另外 4 种。因此，在以后的讨论中，只考虑将函数化为最简的与-或表达式。符合以下两条标准的表达式就是最简与-或表达式：乘积项的个数最少；每个乘积项中包含的变量个数最少。例如：

$$Z = \overline{A}\,\overline{B}\,\overline{C} + \overline{A}BC + A\overline{B}\,\overline{C} + A\overline{B}C + ABC$$
$$= \overline{B}\,\overline{C} + A\overline{B} + BC$$

3.3.2 逻辑函数的公式化简法

利用逻辑代数的基本公式，可以将逻辑函数化简为最简的与-或表达式。常用的逻辑函数的公式化简法有以下几种。

1. 常规化简法

常规化简法是指直接利用基本公式进行化简。

例 3.3.1　化简下列函数：

(1)$Z=AB+\bar{A}B$；

(2)$Z=A+\bar{A}B$。

解：(1)

$$\begin{aligned}Z&=AB+\bar{A}B\\&=B(A+\bar{A})\\&=B\end{aligned}$$

(2)

$$\begin{aligned}Z&=A+\bar{A}B\\&=AA+\bar{A}B\\&=(A+\bar{A})(A+B)\\&=A+B\end{aligned}$$

2. 利用吸收法化简

利用吸收法化简是指利用公式 $A+AB=A$ 或 $A+\bar{A}B=A+B$，消去多余项或多余因子。

例 3.3.2　化简下列函数：

(1)$Z=A\bar{B}+A\bar{B}C(E+F)+A\bar{B}C$；

(2)$Z=A\bar{B}+\bar{A}B+ABCD+\bar{A}\,\bar{B}CD$。

解：(1)

$$\begin{aligned}Z&=A\bar{B}+A\bar{B}C(E+F)+A\bar{B}C\\&=A\bar{B}[1+C(E+F)+C]\\&=A\bar{B}\end{aligned}$$

(2)

$$\begin{aligned}Z&=A\bar{B}+\bar{A}B+ABCD+\bar{A}\,\bar{B}CD\\&=A\bar{B}+\bar{A}B+(AB+\bar{A}\,\bar{B})CD\\&=A\bar{B}+\bar{A}B+\overline{\overline{AB+\bar{A}\cdot\bar{B}}}CD\\&=A\bar{B}+\bar{A}B+\overline{\overline{AB}\cdot\overline{\bar{A}\cdot\bar{B}}}CD\\&=A\bar{B}+\bar{A}B+\overline{(\bar{A}+\bar{B})(A+B)}CD\\&=A\bar{B}+\bar{A}B+\overline{(A\bar{B}+\bar{A}B)}CD\\&=A\bar{B}+\bar{A}B+CD\end{aligned}$$

3. 利用并项法化简

利用并项法化简是指利用公式 $A+\bar{A}=1$，将两项合并为一项，并消去一个变量。

例 3.3.3　化简下列函数：

(1)$Z=ABC+A\bar{B}\bar{C}+AB\bar{C}+A\bar{B}C$；

(2)$Z=A\bar{B}\bar{C}+ABC$。

解：(1)

$$\begin{aligned}Z&=ABC+A\bar{B}\bar{C}+AB\bar{C}+A\bar{B}C\\&=AB(C+\bar{C})+A\bar{B}(\bar{C}+C)\end{aligned}$$

$$=A(B+\overline{B})$$
$$=A$$

（2） $$Z=A\overline{BC}+ABC$$
$$=A(\overline{BC}+BC)$$
$$=A$$

4. 利用配项法化简

利用配项法化简是指利用公式 $1=B+\overline{B}$ 和 $A=A+A$ 作为配项，以便消去更多的项。

例 3.3.4 化简下列函数：

(1)$Z=A\overline{B}+B\overline{C}+\overline{B}C+\overline{A}B+C$；

(2)$Z=ABC+\overline{A}BC+\overline{A}B\overline{C}$。

解：（1） $$Z=A\overline{B}+B\overline{C}+\overline{B}C+\overline{A}B+C$$
$$=A\overline{B}+B\overline{C}+\overline{B}C(A+\overline{A})+\overline{A}B(C+\overline{C})+C$$
$$=A\overline{B}+B\overline{C}+A\overline{B}C+\overline{A}\,\overline{B}C+\overline{A}BC+\overline{A}B\overline{C}+C$$
$$=A\overline{B}+(B\overline{C}+\overline{A}B\overline{C})+(\overline{A}\,\overline{B}C+\overline{A}BC)+(A\overline{B}C+C)$$
$$=A\overline{B}+B\overline{C}+\overline{A}C+C$$
$$=A\overline{B}+B\overline{C}+C$$
$$=A+B+C$$

（2） $$Z=ABC+\overline{A}BC+\overline{A}B\overline{C}$$
$$=ABC+(\overline{A}BC+\overline{A}BC)+\overline{A}B\overline{C}$$
$$=(ABC+\overline{A}BC)+(\overline{A}BC+\overline{A}B\overline{C})$$
$$=BC+\overline{A}B$$

3.3.3 逻辑函数的卡诺图化简法

1. 化简的依据

卡诺图利用几何位置上的相邻性来表达了最小项在逻辑上的相邻性。如果在卡诺图上两个相邻的小方块的值都是 1，说明这两个最小项只有一个变量互为反变量，所以这两个最小项的和式中，一定可以消去这个互为反变量的因子，并合并成一项。如图 3.3.1 所示，编号为 m_1、m_3、m_5、m_7 的 4 个小方块相邻，所表示的逻辑函数为 $Z=m_1+m_3+m_5+m_7=\overline{A}\,\overline{B}C+\overline{A}BC+A\overline{B}C+ABC=C$，说明这个卡诺图表示的逻辑函数可以化简，将上述 4 项合并后变为一项，并且消去两个变量。实际上这种化简过程也可以在卡诺图上直接进行。

A \ BC	00	01	11	10
0		1	1	
1		1	1	

图 3.3.1 卡诺图举例

2. 用卡诺图化简逻辑函数的步骤

(1)将逻辑函数用卡诺图表示。

(2)合并最小项，合并的方法是将取值为 1 的相邻小方块作为一组，画一个包围圈，每一组合并后写成一个新的乘积项，合并的结果是去掉变化的变量，保留相邻项中的公共变量。其合并规则如下：

①两项相邻可以合并为一项，并能消去一个变量；

②4 项相邻可以合并为一项，并能消去两个变量；

③8 项相邻可以合并为一项，并能消去 3 个变量；

④一般来说，2^n 项相邻可以合并为一项，并能消去 n 个变量。

由上述规则可知，包围圈越大，化简的结果越简单，但包围圈内的小方块一定是 2^n 个，并且任意一个小方块都可以被重复使用，但每一个新的包围圈中一定要保证有新的小方块。

(3)将各个包围圈化简得到的新乘积项相加，这样就构成了逻辑函数的最简与-或表达式。

3. 化简举例

例 3.3.5　利用卡诺图化简逻辑函数 $Z=\bar{A}\bar{B}C+A\bar{B}C+\bar{A}C+\bar{B}C$。

解：该函数的卡诺图如图 3.3.2 所示，化简结果为

$$Z=\bar{B}C+\bar{A}C$$

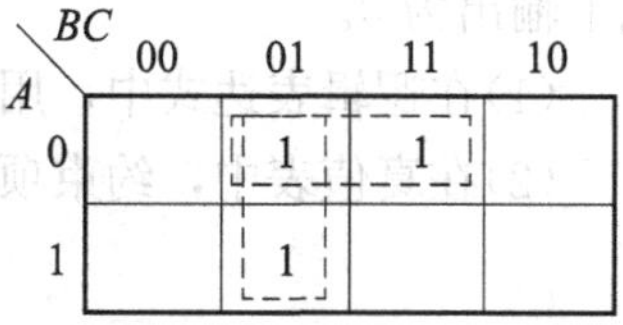

图 3.3.2　例 3.3.5 的卡诺图

例 3.3.6　化简逻辑函数 $Z=AB\bar{C}D+B\bar{C}\bar{D}+BD$。

解：该函数的卡诺图如图 3.3.3 所示，化简结果为 $Z=B\bar{C}+BD$。

例 3.3.7　化简逻辑函数 $Z=\bar{B}C+\bar{B}\bar{D}+A\bar{C}D+AB\bar{C}+\bar{A}\bar{B}\bar{C}D$。

解：该函数的卡诺图如图 3.3.4 所示，化简结果为 $Z=A\bar{C}+\bar{B}$。

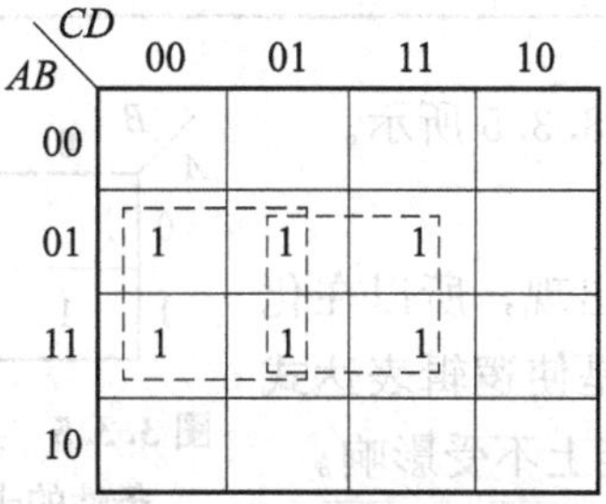

图 3.3.3　例 3.3.6 的卡诺图

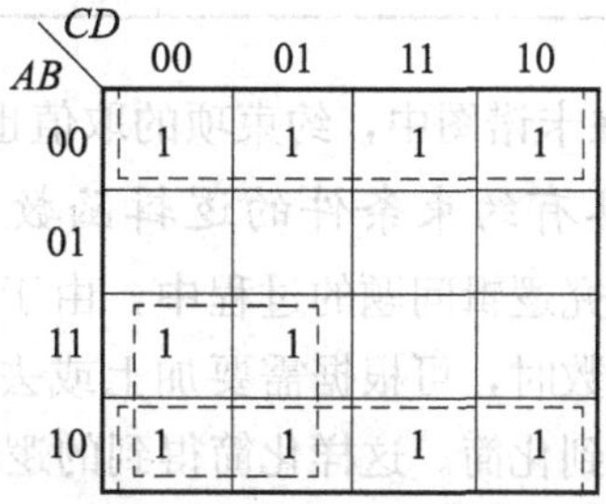

图 3.3.4　例 3.3.7 的卡诺图

3.3.4　具有约束的逻辑函数的化简

1. 约束的概念

1)约束

约束是指逻辑函数中各个逻辑变量之间的相互制约关系。

例如，用 A、B、C 三个变量分别表示加法、乘法和除法 3 种操作。由于机器是按顺序执行指令的，每次只能进行 3 种操作中的一种，所以这 3 个变量的组合中只能有一个变量的取值为 1，即三变量取值的组合只能是 000、001、010、100；而 011、101、110、111 这 4 种组合不会出现。这种一些组合允许出现，一些组合不允许出现的情况，就是一种相互制约关系。

2)约束项

不会出现的变量取值组合所对应的最小项称为约束项，例如上面不会出现的组合 011、

101、110、111 所对应的最小项 $\bar{A}BC$、$A\bar{B}C$、$AB\bar{C}$、ABC 是约束项。实际上，由于约束项永远不会出现，所以它与逻辑函数无关，约束项也称为无关项。

3)约束条件

由约束项相加构成的表达式就称为约束条件。因约束项在相应的过程中永远不会出现，故约束项的值等于 0 还是 1，对函数值都不会产生任何影响。

在上例中，$\bar{A}BC+A\bar{B}C+AB\bar{C}+ABC=0$ 为约束条件。

2. 约束条件的表示方法

在某一个逻辑问题中，设有两个输入变量分别为 A、B，输出变量用 Z 表示。逻辑关系为有一个输入为 1 时，输出就是 1；但不允许出现两个输入变量都等于 1 的情况；其他情况下输出为 0。

(1)在逻辑表达式中，用约束条件 $AB=0$ 来表示。

(2)在真值表中，约束项的取值用×表示，如表 3.3.1 所示。

表 3.3.1 具有约束条件的真值表

A	B	Z
0	0	0
0	1	1
1	0	1
1	1	×

(3)在卡诺图中，约束项的取值也用×表示，如图 3.3.5 所示。

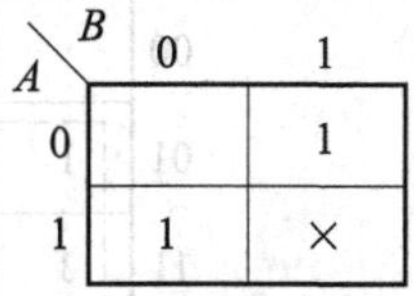

图 3.3.5 具有约束条件的卡诺图

3. 具有约束条件的逻辑函数的化简

在研究逻辑问题的过程中，由于约束项始终不会出现，所以在化简逻辑函数时，可根据需要加上或去掉约束项，目的是使逻辑表达式尽可能得到化简。这样化简得到的逻辑表达式，在功能上不受影响。

例 3.3.8 化简逻辑函数 $Z=B\bar{C}D+\bar{A}BCD+A\overline{BC}D$，$\overline{CD}+ACD=0$(约束条件)。

解： 将逻辑函数填入卡诺图，如图 3.3.6 所示，化简结果为 $Z=BD+AD$，$\overline{CD}+ACD=0$(约束条件)。

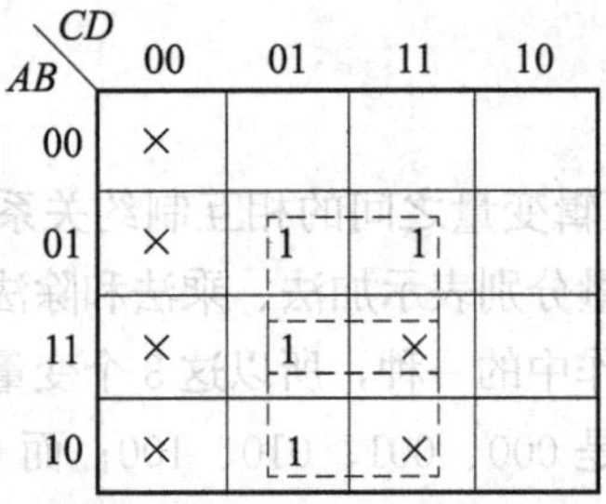

图 3.3.6 例 3.3.8 的卡诺图

3.4　逻辑函数的实现

与、或、非运算是逻辑代数的基本运算。通过这些基本运算，逻辑函数可以表示成许多种不同的形式，通常采用的有以下几种：与-或表达式，或-与表达式，与非-与非表达式，或非-或非表达式，与-或-非表达式，等等。

对于某一个逻辑函数，尽管其表达式的形式不同，但这些表达式所表示的逻辑功能却是相同的。

函数的表示形式和实现该函数的逻辑电路之间有着对应的关系，也就是说，每一种函数形式对应一种逻辑电路。虽然任何逻辑函数表达式都可以用与、或、非门所构成的逻辑电路来实现，但是，实际逻辑电路已不是用与、或、非门，而是大量使用与非门、或非门、与或非门或者用大规模集成电路作为基本逻辑单元。

下面以与非门、或非门、与或非门及异或门为例介绍实现逻辑函数的方法。

3.4.1　用与非门实现逻辑函数

用与非门实现逻辑函数，一般按以下步骤进行：

第一步：求出函数的最简与-或表达式。

第二步：将最简与-或表达式变换成与非-与非表达式。

第三步：画出与逻辑表达式对应的逻辑图。

下面举例进行说明。

例 3.4.1　用与非门实现逻辑函数

$$Z=\overline{A}BC+AB\overline{C}+BC\overline{D}+BC$$

解：①求出函数的最简与-或表达式。将逻辑函数表示在卡诺图上，如图 3.4.1 所示，并加以简化。

由图 3.4.1 所示卡诺图，得到函数的最简与-或表达式

$$Z=AB+BC+B\overline{D}$$

AB \ CD	00	01	11	10
00				
01	1		1	1
11	1	1	1	1
10				

图 3.4.1　例 3.4.1 的卡诺图

②将最简与-或表达式变换成与非-与非表达式。对所得逻辑表达式两次求反，得到函数的与非-与非表达式

$$Z=\overline{\overline{AB}\cdot\overline{BC}\cdot\overline{B\overline{D}}}$$

③画出与逻辑表达式对应的逻辑图。根据所得逻辑函数与非-与非表达式，画出实现给定函数的两级与非逻辑电路，如图 3.4.2 所示。

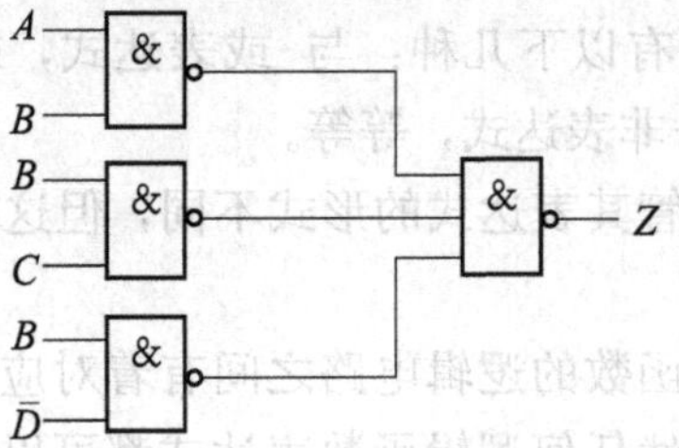

图 3.4.2　例 3.4.1 的逻辑图

该逻辑电路用与非门实现，电路的输入信号经过两级与非门产生输出信号，这是一个两级与非电路。

如果不限制逻辑电路的级数，相应逻辑电路有可能进一步简化。若对上述简化后函数的与-或表达式进行交换，可得到如下的表达式：

$$\begin{aligned} Z&=AB+BC+B\overline{D} \\ &=B(A+C+\overline{D}) \\ &=B\cdot\overline{\overline{A}\,\overline{C}D} \end{aligned}$$

再对上述逻辑表达式两次求反，得

$$Z=\overline{\overline{B\cdot\overline{\overline{A}\,\overline{C}D}}}$$

该逻辑表达式可用图 3.4.3 所示逻辑电路来实现。该图所示的逻辑电路是一个三级与非门电路，与图 3.4.2 所示逻辑电路相比，减少了一个与非门，但电路增加了一级。

必须指出，在图 3.4.2 和图 3.4.3 中，假定逻辑电路的输入变量既有原变量又有反变量。

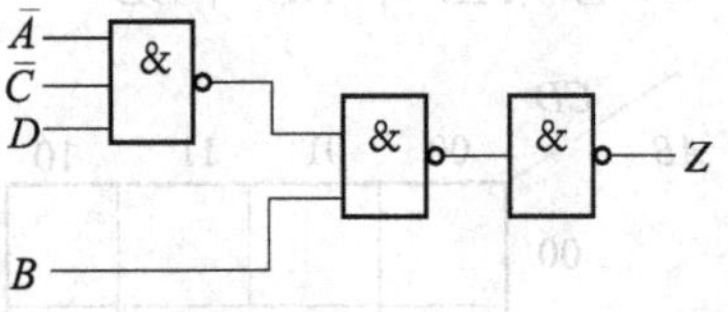

图 3.4.3　实现函数 $Z=\overline{\overline{B\cdot\overline{\overline{A}\,\overline{C}D}}}$ 的逻辑图

3.4.2　用或非门实现逻辑函数

使用或非门也可以构成实现各种逻辑功能的逻辑电路，其基本步骤如下：

第一步：求函数的最简或-与表达式。

第二步：将最简或-与表达式变换成或非-或非表达式。

第三步：根据或非-或非表达式画出逻辑图。

下面举例说明。

例 3.4.2　用或非门实现逻辑函数

$$Z=CD+\overline{A}C\overline{D}+ABD+A\overline{C}D$$

解：①求函数的最简或-与表达式。将给定逻辑函数表示在卡诺图上，如图 3.4.4 所示。再对图 3.4.4 卡诺图的 0 方格进行合并，得到反函数 $\overline{Z}$ 的最简与-或表达式

$$\overline{Z}=\overline{A}\,\overline{C}+A\overline{D}$$

然后对该逻辑表达式取反，即可得到函数 Z 的最简或-与表达式

$$Z=(A+C)(\overline{A}+D)$$

②将最简或-与表达式变换成或非-或非表达式。只要对所得最简或-与表达式两次取反，即可得到

$$Z=\overline{\overline{(A+C)(\overline{A}+D)}}$$

$$=\overline{\overline{(A+C)}+\overline{(\overline{A}+D)}}$$

③根据或非-或非表达式画出逻辑图。用或非门实现上述函数，其对应的逻辑图如图 3.4.5 所示。

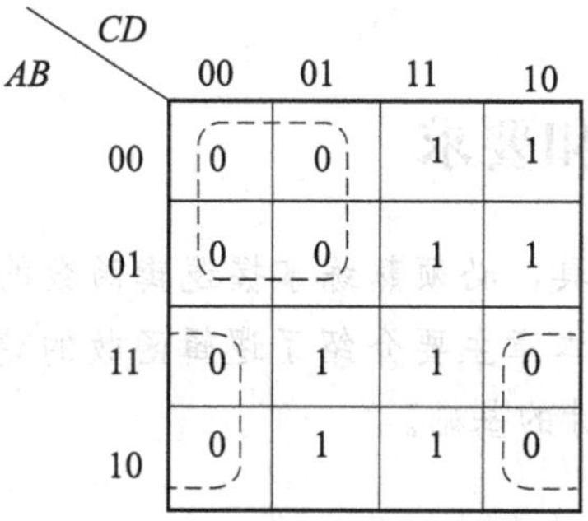

图 3.4.4　例 3.4.2 的卡诺图

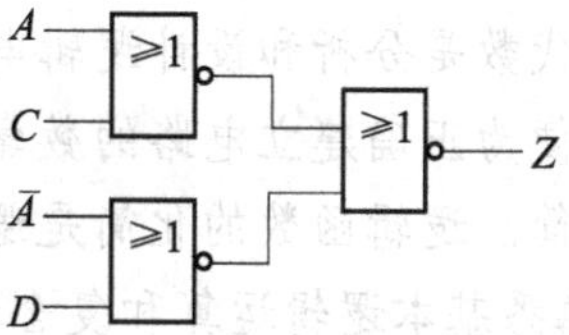

图 3.4.5　例 3.4.2 的逻辑图

3.4.3　用与或非门实现逻辑函数

与或非运算包含了与、或、非三种运算，用与或非门也可以实现任何逻辑函数。具体步骤如下：

第一步：求出函数的最简与-或表达式。

第二步：将最简与-或表达式变换成与-或-非表达式。

第三步：根据函数的与-或-非表达式画出逻辑图。

下面举例说明。

例 3.4.3　用与或非门实现逻辑函数

$$Z=\sum m(1,\ 3,\ 4,\ 5,\ 6,\ 7,\ 12,\ 14)$$

解：①求出函数的最简与-或表达式。将给定函数表示在卡诺图上，如图 3.4.6 所示，并进行化简，合并卡诺图上的 0 方格，得到反函数 $\overline{Z}$ 的最简与-或表达式

$$\overline{Z}=AD+\overline{B}\,\overline{D}$$

②将最简与-或表达式变换成与-或-非表达式。只要对所得最简与-或表达式取反，即可得到给定函数的与-或-非表达式

$$Z=\overline{(AD+\bar{B}\,\bar{D})}$$

③根据函数的与-或-非表达式画出逻辑图。用与或非门实现上述函数，其对应的逻辑电路图如图 3.4.7 所示。

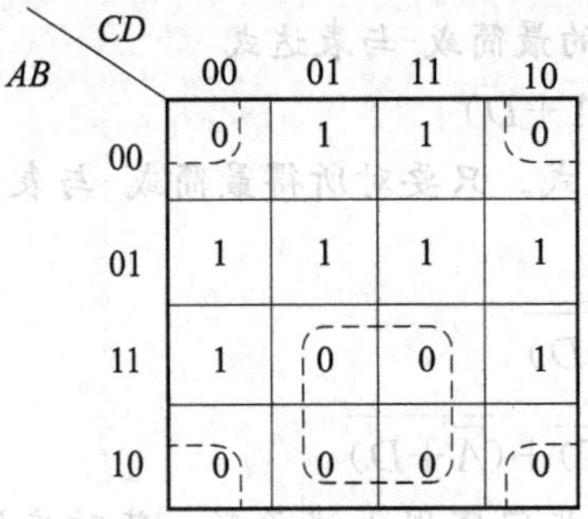

图 3.4.6　例 3.4.3 的卡诺图

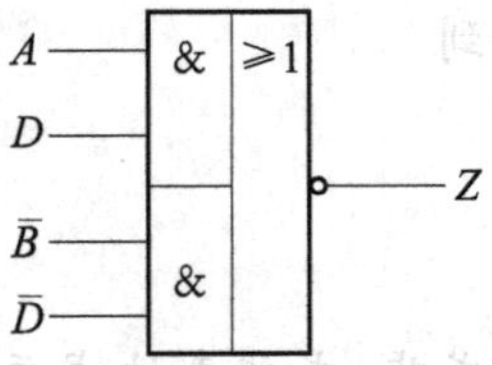

图 3.4.7　例 3.4.3 的逻辑图

本章学习目的和要求

逻辑代数是分析和设计逻辑电路的重要数学工具，必须熟练掌握逻辑函数的各种表示方法，以便为正确建立电路的数学模型打下基础。本章主要介绍了逻辑函数的建立、表示方法和化简。逻辑函数的化简是逻辑函数分析和设计的基础。

(1)熟悉基本逻辑运算和复合运算。

(2)理解逻辑函数的建立过程，能够根据具体问题抽象出数学模型。

(3)掌握逻辑函数的各种表示方法，并能将各种表示方法互相转换。

(4)了解逻辑函数化简的意义，学会使用公式和卡诺图化简逻辑函数。

习　题　3

3.1　填空题

1. 在逻辑运算中，基本的 3 种是________、________和________。

2. 逻辑函数有多种表示方法，常用的有________、________、卡诺图和________4 种。

3. 在使用对偶规则时，首先要保证原来的________，其次非号一律不变。对等式的两边同时取对偶，等式________。

4. 任何一个逻辑函数均可以用标准________表示。

5. 不会出现的变量取值组合所对应的最小项称为________。

6. N 变量组成的所有最小项积为________；和为________。

7. 三变量的逻辑函数 $Z=\sum m(0,1,4,7)$，那么 Z 的反函数 $\bar{Z}=\sum m$ ________。

8. 逻辑代数的 3 个基本规则是________、________和________。

9. 多变量异或运算时，$X_1 \oplus X_2 \oplus \cdots \oplus X_n = 0$，则 $X_i = 1$ 的个数必须是________。

10. 逻辑函数 $Z=AB+\overline{B}C$ 的与非-与非表达式为 $Z=$________；最小项之和表达式为 $Z=\sum m($________________$)$；逻辑函数 $Z(A, B, C)=\sum m(0, 1, 4, 5, 7)$ 的最简与或式为 $Z=$________；$\overline{Z}=\sum m$ (________________)。

11. 当 $i \neq j$ 时，同一逻辑函数的两个最小项 $m_i \times m_j=$________。

12. 逻辑函数 $Z=A(B+C)$的对偶式 $Z'=$________；反函数 $\overline{Z}=$________。

13. 逻辑函数 $Z=\overline{A}+B+\overline{C}D$ 的反函数 $\overline{Z}=$________。

14. 逻辑函数 $Z=\overline{A} \cdot \overline{B} \cdot \overline{C} \cdot \overline{D}+A+B+C+D=$________；逻辑函数 $Z=\overline{A\overline{B}+\overline{A}B+\overline{A} \cdot \overline{B}+AB}=$________。

15. 已知一逻辑函数的对偶式为 $Z'=\overline{A\overline{B}}+\overline{\overline{C}D}+BC$，则它的原函数 Z 为________。

3.2　选择题

1. 下列对异或门逻辑关系的描述，正确的是(　　)。

A. 当输入信号相异时，输出为 1　　B. 当输入信号相异时，输出为 0

C. 当输入信号相同时，输出为 1　　D. 当输入信号相同时，输出为高阻抗状态

2. 下列各式中，(　　)是四变量 A、B、C、D 的最小项。

A. $AD(B+C)$　　B. $AB\overline{C}$　　C. $A\overline{B}CB$　　D. $A\overline{B}CD$

3. 逻辑函数的表示方式唯一的是(　　)。

A. 逻辑图　　B. 表达式　　C. 真值表　　D. 以上都不正确

4. 用卡诺图化简逻辑函数时，每一个包围圈内的最小项必须是(　　)。

A. 偶数个　　B. 奇数个　　C. 2^n 个　　D. 任意个

5. 一个逻辑函数的哪种表达式的形式是唯一的？(　　)。

A. 与或式　　B. 最简与或式　　C. 最小项之和表达式　　D. 或非式

6. 用卡诺图化简逻辑函数时，最小项可以重复使用，其依据是(　　)。

A. 反演律　　B. 吸收律　　C. 分配律　　D. 重叠律

7. 在以下哪种输入情况下，与非运算的结果是逻辑“0”？(　　)。

A. 全部输入是 0　　B. 任意一个输入是 0

C. 仅一个输入是 0　　D. 全部输入是 1

8. 在以下哪种输入情况下，“或非”运算的结果是逻辑“0”？(　　)。

A. 全部输入是 0　　B. 全部输入是 1

C. 任意一个输入为 1　　D. 任意一个输入为 0，其他输入为 1

9.“与或”表达式(　　)是最小项表达式。

A. 一定　　B. 不一定

10. 逻辑函数 $Z=A \oplus (A \oplus B)=$(　　)。

A. B　　B. A　　C. $A \oplus B$　　D. $\overline{A \oplus B}$

11. 实现逻辑函数 $Z=\overline{A}B+AB$ 的门电路是(　　)。

A. 同或门　　　　　　B. 异或门　　　　　　C. 与或门　　　　　　D. 与非门

3.3　判断题(正确的打√，错误的打×)

1. 逻辑代数中，异或和同或运算也是基本逻辑运算。（　　）

2. 一个逻辑函数的标准与或式是唯一的。（　　）

3. 任意两个最小项的乘积恒为 0。（　　）

4. 用卡诺图化简任意逻辑函数所得到的最简形式一定是唯一的。（　　）

5. 逻辑函数 $Z=\overline{AC+BC}$ 只能用与或非门实现。（　　）

6. 因为逻辑表达式 $A+B+AB=A+B$ 成立，所以 $AB=0$ 成立。（　　）

7. 对于四输入端或非门，当把其中一个输入端与低电平相连时，其他 3 个输入与输出仍然能实现或非关系。（　　）

8. 逻辑变量的取值“1”和“0”分别表示两种状态，二者无大小之分。（　　）

9. 四变量卡诺图中，相邻的 8 个最小项化简可消去 4 个变量。（　　）

10. 若两个函数具有不同的逻辑表达式，则两个逻辑函数必然不相等。（　　）

11. 若两个函数具有不同的真值表，则两个逻辑函数必然不相等。（　　）

3.4　简答题

1. 使逻辑函数 $Z=A\overline{B}+\overline{C}D$ 的值为 1 的变量取值组合有多少组?

2. 若已知 $AB+C=AB+D$，则 $C=D$ 吗？为什么？

3. 若 $ABC=ABD$，则 $C=D$ 吗？为什么？

4. 若已知 $A+B=A+C$，并且 $AB=AC$，则 $B=C$ 吗？为什么？

5. 逻辑函数 $Z=\overline{A+B+C}$，若 A、B、C 中有一个变量的值确定，则 Z 的值能否确定？为什么？

6. 逻辑函数 $Z=\overline{ABC}$，若 A、B、C 中有一个变量的值确定，则 Z 的值能否确定？为什么？

3.5　计算题

1. 列出下列逻辑函数的真值表：

(1) $Z=A\overline{B}+AC$；

(2) $Z=\overline{A}\,\overline{B}\,\overline{C}+A$；

(3) $Z=AB+BC+AC$；

(4) $Z=A\overline{BC}D+A\overline{C}$。

2. 将下列逻辑函数化为标准与或式：

(1) $Z=A\overline{B}+B\overline{C}$；

(2) $Z=B\overline{C}D+A\overline{B}C+\overline{A}B$。

3. 用公式化简下列逻辑函数：

(1) $Z=A\overline{B}C+\overline{A}\,\overline{C}D+A\overline{C}$；

(2) $Z=AB+BCD+\overline{A}C+\overline{B}C$；

(3) $Z=A(B\oplus C)+ABC+A\overline{B}\,\overline{C}$；

(4) $Z=(A+B)\overline{A+\overline{A}\,\overline{B}C}+\overline{A}(B+C)+\overline{A}B+\overline{A}C$；

(5) $Z=ABC\overline{D}+ABD+BC\overline{D}+ABC+BD+B\overline{C}$；

(6)$Z=A\overline{B}+A\overline{C}+C\overline{D}+AD$。

4. 用基本定律证明下列等式：

(1)$A\odot B=\overline{A\oplus B}$；

(2)$A\oplus B=\overline{A}\oplus\overline{B}$；

(3)$(A\oplus B)\odot(AB)=\overline{A}\,\overline{B}$；

(4)$A\oplus B\oplus C=A\odot B\odot C$；

(5)$\overline{A\oplus B\oplus C}=\overline{A}\odot\overline{B}\odot\overline{C}$；

(6)$A\oplus B\odot C=A\odot B\oplus C=C\odot B\oplus A$；

(7)$\overline{A}\,\overline{C}+\overline{A}\,\overline{B}+BC+\overline{A}\,\overline{C}\,\overline{D}=\overline{A}+BC$；

(8)$A\overline{B}+\overline{A}C+B\overline{C}=\overline{A}B+A\overline{C}+\overline{B}C$；

(9)$AB+BCD+\overline{A}C+\overline{B}C=AB+C$；

(10)$AB(C+D)+D+\overline{D}(A+B)(\overline{B}+\overline{C})=A+B\overline{C}+D$。

5. 一个电路有 3 个输入端 A、B、C，当其中两个输入端有信号时，输出端有信号，否则输出端无信号。试列出输入与输出关系的表格，并写出其表达式。

6. 根据给定表达式画出逻辑图：

(1)$Z=\overline{A+B}(B+C)+\overline{A}\cdot\overline{C}$；

(2)$Z=\overline{AB+BC+CA}$；

(3)$Z=A\overline{B}+A\overline{C}+\overline{A}BC$；

(4)$Z=(A\overline{B}\cdot\overline{C}D+B\overline{D}+\overline{A}B)\overline{C}$。

7. 根据习题 3.5.7 图所示的逻辑图写出表达式。

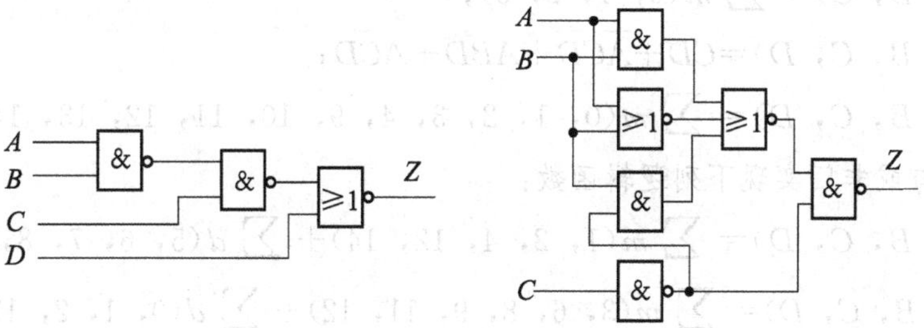

(a)　　　　(b)

习题 3.5.7 图

8. 用卡诺图化简下列逻辑函数：

(1)$Z(A, B, C, D)=\sum m(0, 1, 2, 4, 5, 7, 8, 10, 11, 13, 14, 15)$；

(2)$Z(A, B, C)=\sum m(0, 1, 4, 5, 7)$；

(3)$Z(A, B, C)=\sum m(0, 1, 2, 5, 6, 7)$；

(4)$Z(A, B, C)=\sum m(1, 2, 5, 7)$；

(5)$Z(A, B, C, D)=\sum m(0, 2, 3, 4, 6, 7, 8, 10, 12, 14)$；

(6)$Z(A, B, C, D)=\sum m(0, 2, 4, 6, 8, 10, 12)$；

(7)$Z(A, B, C, D)=\sum m(0, 1, 2, 3, 4, 8, 9, 10, 11, 12, 14, 15)$；

(8)$Z(A, B, C, D)=\sum m(0, 2, 3, 4, 5, 6, 11, 12)+\sum d(8, 9, 10, 13, 14, 15)$；

(9)$Z(A, B, C, D)=\sum m(0, 1, 5, 6, 7, 8, 9, 11, 13)+\sum d(2, 3, 4, 10)$；

(10)$Z(A, B, C, D)=\sum m(0, 13, 14, 15)+\sum d(1, 2, 3, 9, 10, 11)$；

(11)$Z(A, B, C, D)=\sum m(0, 1, 4, 5, 9, 11, 14, 15)+\sum d(10, 12)$；

(12)$Z(A, B, C, D)=\sum m(0, 2, 3, 6, 9, 10, 14)+\sum d(7, 8, 11, 15)$。

9. 某电路的输入为 8421 码，输出函数为 $Z(A, B, C, D)=\sum m(2, 3, 4, 5, 6, 7)$，求 Z 的最简与或式。

10. 求逻辑函数 $Z(A, B, C, D)=\overline{AC+BC+\overline{D}C}+\overline{A}\,\overline{B}D$ 的最小项表达式。

11. 试用与非门实现下列逻辑函数：

(1)$Z(A, B, C)=\sum m(1, 2, 5, 7)$；

(2)$Z(A, B, C, D)=\overline{A}BC+AB\overline{C}+B\overline{CD}+BC$；

(3)$Z(A, B, C, D)=\sum m(0, 2, 3, 4, 6, 7, 8, 10, 12, 14)$；

(4)$Z(A, B, C, D)=\sum m(0, 1, 5, 6, 7, 8, 9, 11, 13)+\sum d(2, 3, 4, 10)$。

12. 试用或非门实现下列逻辑函数：

(1)$Z(A, B, C)=\sum m(0, 1, 2, 5)$；

(2)$Z(A, B, C, D)=CD+\overline{A}C\overline{D}+ABD+A\overline{C}D$；

(3)$Z(A, B, C, D)=\sum m(0, 1, 2, 3, 4, 9, 10, 11, 12, 13, 14, 15)$。

13. 试用与或非门实现下列逻辑函数：

(1)$Z(A, B, C, D)=\sum m(1, 2, 4, 12, 14)+\sum d(5, 6, 7, 8, 9, 10)$；

(2)$Z(A, B, C, D)=\sum m(3, 6, 8, 9, 11, 12)+\sum d(0, 1, 2, 13, 14, 15)$。

第4章　组合逻辑电路

根据逻辑功能的不同特点，可以将数字电路分成两大类：一类称为组合逻辑电路(简称组合电路)；另一类称为时序逻辑电路(简称时序电路)。

本章首先介绍组合逻辑电路的基本特点及分析方法和设计方法，通过例题的讲解介绍分析和设计组合逻辑电路的基本步骤。然后介绍常用的中规模集成器件，如编码器、译码器、数据选择器、加法器、数值比较器、奇偶校验电路等，重点分析这些器件的逻辑功能、实现原理及应用方法。最后介绍组合逻辑电路的相关实验。

4.1　组合逻辑电路的基本特点及功能表示方法

4.1.1　组合逻辑电路的基本特点

在数字电路中，若任意时刻电路的输出仅仅取决于该时刻电路的输入，而与电路的历史状态无关，则这样的逻辑电路称为组合逻辑电路。

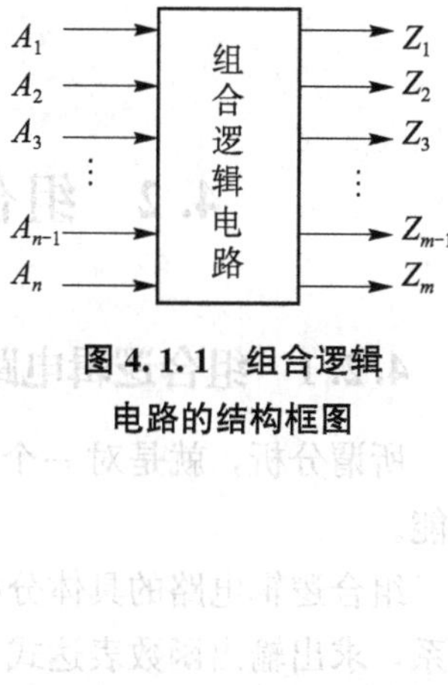

图4.1.1　组合逻辑电路的结构框图

组合逻辑电路的结构框图如图4.1.1所示，设它有n个输入端，用A_1，A_2，…，A_n表示；m个输出端，用Z_1，Z_2，…，Z_m表示。输出端的状态仅仅取决于此刻n个输入端的状态，输入与输出之间的函数关系可以表示为

$$\begin{aligned} Z_1 &= f_1(A_1, A_2, \cdots, A_{n-1}, A_n) \\ Z_2 &= f_2(A_1, A_2, \cdots, A_{n-1}, A_n) \\ &\vdots \\ Z_m &= f_m(A_1, A_2, \cdots, A_{n-1}, A_n) \end{aligned}$$

每一个输入变量，有0和1两种状态，n个输入变量就有2^n种状态组合；而m个输出变量需要m个逻辑函数来描述。

组合逻辑电路可以是多输入单输出的，也可以是多输入多输出的。只有一个输出的组合逻辑电路称为单输出组合逻辑电路；有多个输出的组合逻辑电路称为多输出组合逻辑电路。

组合逻辑电路具有如下特点：

(1)输出与输入之间没有反馈和延迟通路；

(2)电路中没有记忆单元。

组合逻辑电路在电路结构上是没有记忆电路的，主要是从输入端到输出端的通路，没有从输出端到输入端的反馈回路；从组合逻辑电路的逻辑功能特点不难想到，既然它的输出与电路的历史状态无关，那么电路中就不能包含存储单元。第2章中介绍的各种逻辑门均属于组合逻辑电路，它们是构成复杂组合逻辑电路的基本单元。

4.1.2 组合逻辑电路的功能表示方法

常用的组合逻辑电路的逻辑功能的表示方法有逻辑表达式、真值表、逻辑图、卡诺图、波形图等。

在许多情况下，用逻辑图表示的逻辑功能不够直观，往往还需要把它转换为逻辑表达式或真值表的形式，以使电路逻辑功能的表示更加直观明显。

例如，将图4.1.2所示电路的逻辑功能写成逻辑表达式的形式为

$$Y=(A\oplus B)\oplus C$$

$$Z=\overline{(A\oplus B)C+AB}$$

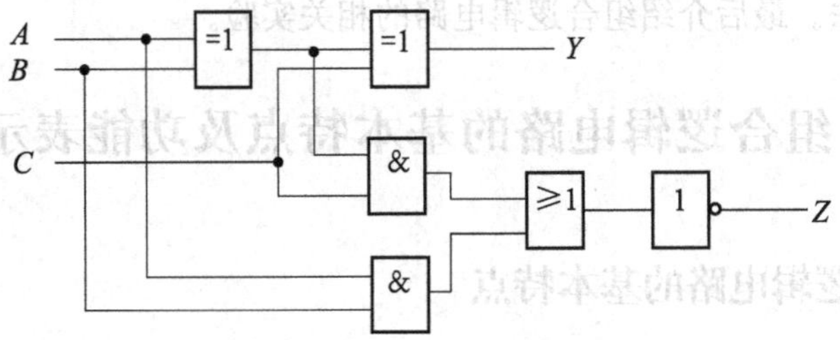

图 4.1.2 组合逻辑电路实例

4.2 组合逻辑电路的分析方法和设计方法

4.2.1 组合逻辑电路的分析方法

所谓分析，就是对一个给定的组合逻辑电路，通过分析方法找出该电路实现的逻辑功能。

组合逻辑电路的具体分析方法就是利用给定的逻辑图找出电路输入和输出之间的逻辑关系，求出输出函数表达式，列出真值表，从真值表中分析出电路具有的逻辑功能。

通常分析组合逻辑电路的基本步骤如下：

(1)由逻辑图写出输出变量的逻辑表达式；

(2)化简或变换各逻辑表达式；

(3)列出真值表；

(4)由真值表分析确定电路的逻辑功能。

在实际情况中，有时会遇到对已设计好的电路进行评估，判断其是否经济合理、器件间是否能替代、与另一电路是否等效，或者研究当电路有确定输出时，其输入的必备条件是什么等，这些都需要对电路进行分析。

下面举例说明组合逻辑电路的分析方法。

例 4.2.1　一组合逻辑电路如图 4.2.1 所示，试分析该电路的逻辑功能。

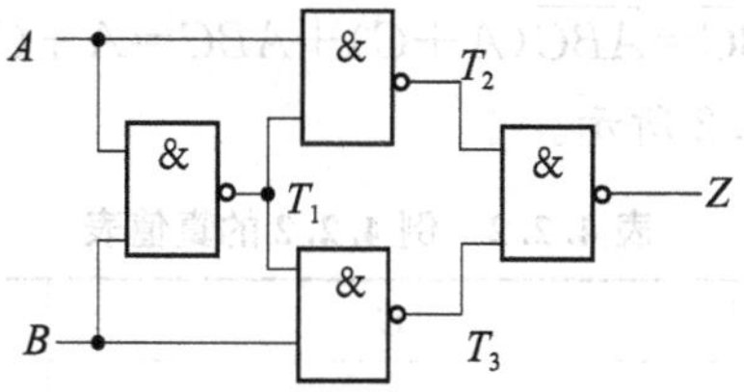

图 4.2.1　例 4.2.1 的逻辑图

解：①逐级写出输出函数的逻辑表达式。

$$T_1=\overline{AB}$$

$$T_2=\overline{A\overline{AB}}$$

$$T_3=\overline{B\overline{AB}}$$

$$Z=\overline{\overline{A\overline{AB}}\,\overline{B\overline{AB}}}$$

②进行逻辑变换和化简。

$$Z=\overline{\overline{A\overline{AB}}\,\overline{B\overline{AB}}}=A\overline{AB}+B\overline{AB}=A(\overline{A}+\overline{B})+B(\overline{A}+\overline{B})=A\overline{B}+\overline{A}B$$

③列出真值表，如表 4.2.1 所示。

表 4.2.1　例 4.2.1 的真值表

A	B	Z
0	0	0
0	1	1
1	0	1
1	1	0

④根据真值表说明该电路的逻辑功能。由真值表可知，图 4.2.1 所示的组合逻辑电路实现的逻辑功能是异或运算。

例 4.2.2　一组合逻辑电路如图 4.2.2 所示，试分析该电路的逻辑功能。

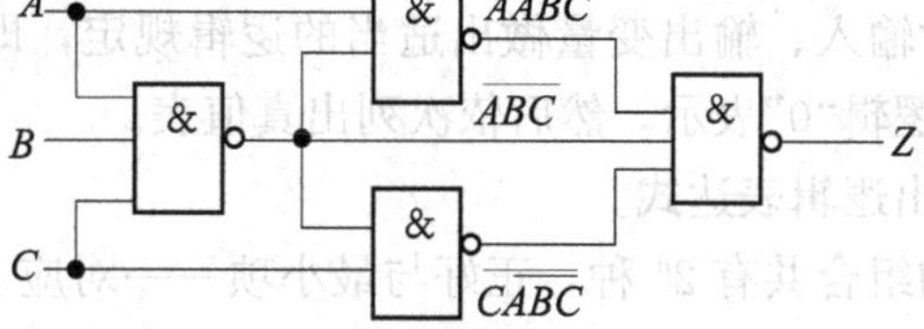

图 4.2.2　例 4.2.2 的电路

解：①由图 4.2.2 可写出输出函数的逻辑表达式。

$$Z=\overline{\overline{A\overline{ABC}}\cdot\overline{ABC}\cdot\overline{C\overline{ABC}}}$$

②进行逻辑变换和化简。

$$Z=A\overline{ABC}+ABC+C\overline{ABC}=\overline{ABC}(A+C)+ABC=A+C+ABC=A+C=\overline{\overline{A}\cdot\overline{C}}$$

③列出真值表，如表 4.2.2 所示。

表 4.2.2　例 4.2.2 的真值表

A	C	Z
0	0	0
0	1	1
1	0	1
1	1	1

④根据真值表可知，该电路实现的是或运算，电路可以改为图 4.2.3 所示电路。

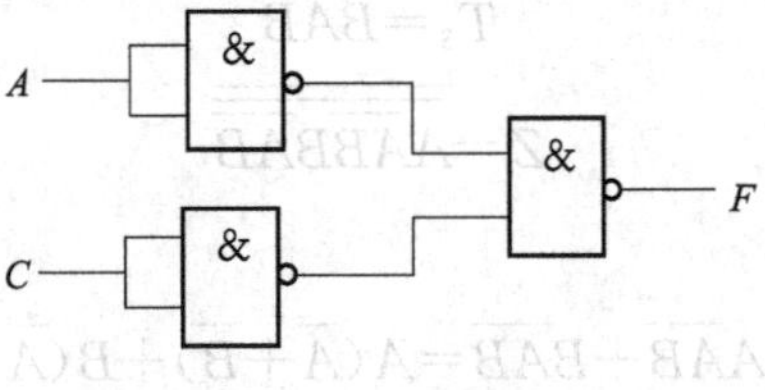

图 4.2.3　例 4.2.2 的改进电路

4.2.2　组合逻辑电路的设计方法

组合逻辑电路的设计是分析的逆过程，其目的是根据给定的具体逻辑问题，设计出尽可能简单的逻辑图。

这里所说的“尽可能简单”，是指电路所用的器件数和器件的种类尽可能少，而且器件之间的连线也尽可能少。

1. 组合逻辑电路的设计步骤

(1)仔细分析实际问题的设计要求，做出输入、输出变量的逻辑规定，列出符合逻辑要求的真值表。

设计的实际问题可能是一段文字说明或一个具体逻辑问题，分析的任务是确定实际问题中哪些是输入变量，哪些是输出函数，并确定它们之间的逻辑关系。在确定输入、输出之间的逻辑关系时，要对输入、输出变量做出适当的逻辑规定，即规定什么状态下用逻辑“1”表示，什么情况下用逻辑“0”表示，然后依次列出真值表。

(2)由真值表写出输出逻辑表达式。

真值表中输入变量的组合共有 2^n 种，正好与最小项一一对应。也可以直接填入卡诺图进行化简，化简后得到最简与或式。

(3)化简或变换输出逻辑表达式。

化简的目的是使用尽可能简单的电路实现预定的逻辑功能。对于单路输出电路，化至最简即可；对于多路输出组合电路，不能孤立地考虑使各输出函数化至最简，而应全面考虑使总体最简。变换的目的则是利用指定器件或现有器件来实现给定的逻辑功能。

(4)根据化简或变换后的逻辑表达式画出逻辑图。

2. 组合逻辑电路设计举例

例 4.2.3　试设计一个三人表决电路，若多数人同意，则提案通过；否则提案不通过。

解：①根据给定命题，设定参加表决提案的三人的意见分别为 A、B、C，作为输入变量，并规定同意提案为 1，不同意为 0；设提案通过与否用输出变量表示，规定通过为 1，不通过为 0。提案通过与否由参加表决的三人的意见决定，构成逻辑上的因果关系。列出输出和输入关系的真值表，如表 4.2.3 所示。

表 4.2.3　例 4.2.3 的真值表

A	B	C	Z
0	0	0	0
0	0	1	0
0	1	0	0
0	1	1	1
1	0	0	0
1	0	1	1
1	1	0	1
1	1	1	1

②由真值表写出输出逻辑表达式。

$$Z=\overline{A}BC+A\overline{B}C+AB\overline{C}+ABC$$

③化简或变换输出逻辑表达式。

可用卡诺图将输出逻辑表达式化简得到最简与或式，或变换成与非式，即

$$Z=BC+AC+AB$$

$$Z=\overline{\overline{AB}\cdot\overline{AC}\cdot\overline{BC}}$$

④根据化简或变换后的逻辑表达式画出组合逻辑电路，如图 4.2.4 所示。

图 4.2.4(a)所示是根据最简与或式画出的组合逻辑电路，需要两种类型的逻辑门。图 4.2.4(b)所示是根据与非门逻辑表达式画出的组合逻辑电路，只需要一种逻辑门——与非门。由此可见，最简的逻辑表达式用一定规格的集成器件实现时，其电路结构不一定是最简单和最经济的，这是工程设计与原理设计的不同之处。

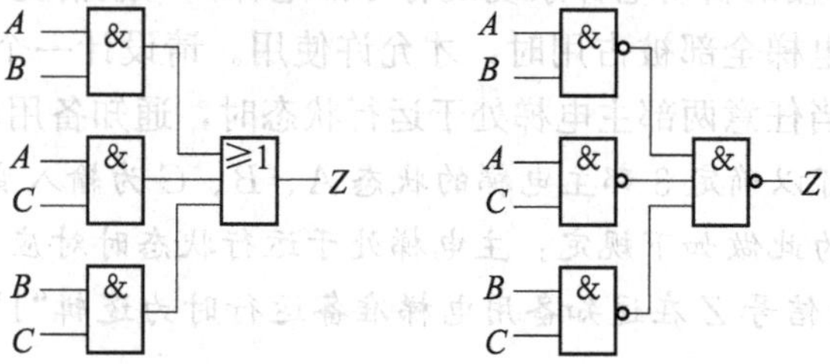

（a）与或门　　（b）与非门

图 4.2.4　例 4.2.3 的逻辑图

例 4.2.4 设计一个 8421 码的检码电路，要求当输入变量组合 $DCBA \leqslant 2$ 或 $DCBA > 7$ 时，电路输出 Z 为高电平，试用最少的 2 输入与非门设计该电路。

解： 4 个输入变量组合 $DCBA$ 作为 4 位二进制代码可表示 16 种状态，而 8421 码只需要前 10 种状态，后 6 种状态可视为无关项。根据题意列出真值表，如表 4.2.4 所示。

表 4.2.4 例 4.2.4 的真值表

D	C	B	A	Z
0	0	0	0	1
0	0	0	1	1
0	0	1	0	1
0	0	1	1	0
0	1	0	0	0
0	1	0	1	0
0	1	1	0	0
0	1	1	1	0
1	0	0	0	1
1	0	0	1	1
1	0	1	0	×
1	0	1	1	×
1	1	0	0	×
1	1	0	1	×
1	1	1	0	×
1	1	1	1	×

考虑无关项，利用卡诺图化简，得到最简与或式为

$$Z = \overline{CB} + \overline{CA}$$

由于题目要求使用 2 输入与非门设计电路，因此需要将上式变换为与非式，即

$$Z = \overline{C}(\overline{B} + \overline{A}) = \overline{\overline{CBA}}$$

其组合逻辑电路如图 4.2.5 所示。

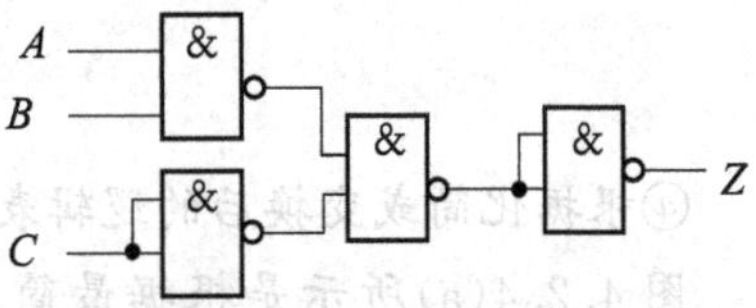

图 4.2.5 例 4.2.4 的逻辑图

例 4.2.5 某教学楼的自动电梯系统设有 4 部电梯，一般情况下只使用 3 部主电梯，而备用电梯只有在主电梯全部被占用时，才允许使用。请设计一个用与非门构成的主电梯监控逻辑图，要求当任意两部主电梯处于运行状态时，通知备用电梯准备运行。

解： ①根据要求可以确定 3 部主电梯的状态 A、B、C 为输入变量。通知备用电梯的信号为输出函数 Z。为此做如下规定：主电梯处于运行状态时对应变量为逻辑“1”，不运行时为逻辑“0”；输出信号 Z 在通知备用电梯准备运行时为逻辑“1”，不需要运行时为逻辑“0”。

依此可列出该逻辑问题的真值表，如表 4.2.5 所示。

表 4.2.5　例 4.2.5 的真值表

A	B	C	Z
0	0	0	0
0	0	1	0
0	1	0	0
0	1	1	1
1	0	0	0
1	0	1	1
1	1	0	1
1	1	1	1

②由真值表写出输出逻辑表达式为

$$Z=\overline{A}BC+A\overline{B}C+AB\overline{C}+ABC$$

③用卡诺图化简该逻辑函数表达式，如图 4.2.6 所示，并变换为与-非表达式。

化简为

$$Z=AB+AC+BC$$

变换为

$$Z=\overline{\overline{AB+AC+BC}}$$
$$=\overline{\overline{AB}\cdot\overline{AC}\cdot\overline{BC}}$$

④画出由与非门构成的主电梯监控逻辑图，如图 4.2.7 所示。

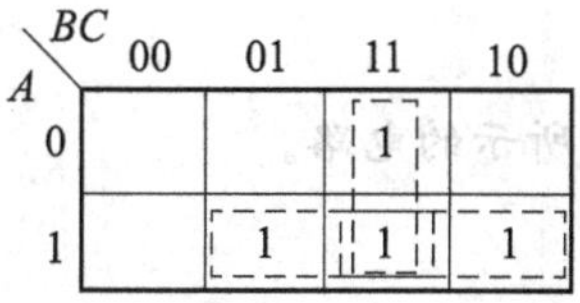

图 4.2.6　例 4.2.5 的卡诺图

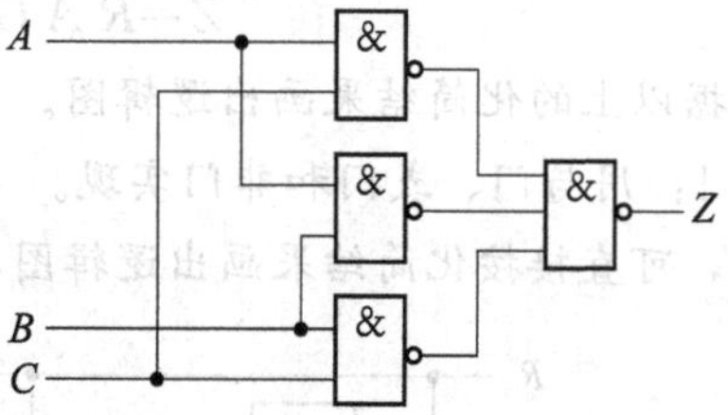

图 4.2.7　例 4.2.5 的逻辑图

例 4.2.6　设计一个监视交通信号灯工作状态的逻辑图。每一组交通信号灯均由红灯、黄灯、绿灯组成，如图 4.2.8 所示。正常工作状态下，任何时刻都有且只有一盏灯被点亮。而当出现其他 5 种点亮状态时，电路发生故障，这时要求发出故障信号，以提醒维护人员修理。

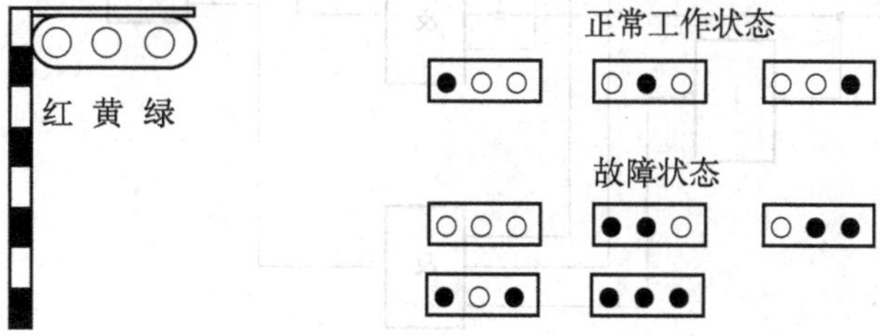

图 4.2.8　例 4.2.6 中的交通信号灯的正常工作状态与故障状态

解：①进行逻辑抽象。

取红灯、黄灯、绿灯3盏灯的状态为输入变量，分别用R、A、G表示，并规定灯亮时为1，不亮时为0。取故障信号为输出变量，用Z表示，并规定正常工作状态下Z为0，发生故障时Z为1。

根据题意可列出表4.2.6所示的真值表。

表4.2.6　例4.2.6的真值表

R	A	G	Z
0	0	0	1
0	0	1	0
0	1	0	0
0	1	1	1
1	0	0	0
1	0	1	1
1	1	0	1
1	1	1	1

②写出逻辑表达式。由表4.2.6知

$$Z=\overline{R}\,\overline{A}\,\overline{G}+\overline{R}AG+R\overline{A}G+RA\overline{G}+RAG$$

③选定器件类型为小规模集成门电路。

④利用卡诺图将上式化简后得到

$$Z=\overline{R}\,\overline{A}\,\overline{G}+RA+RG+AG$$

⑤根据以上的化简结果画出逻辑图。

方案1：用与门、或门和非门实现。

这时，可直接按化简结果画出逻辑图，得到图4.2.9所示的电路。

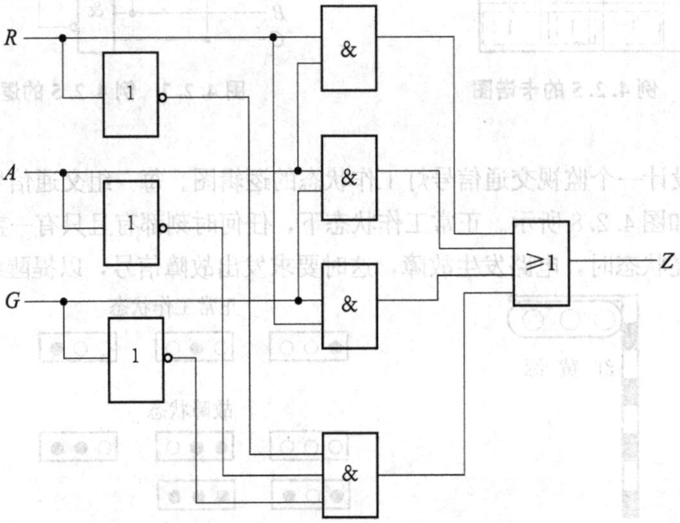

图4.2.9　例4.2.6的逻辑图(一)

方案 2：用与非门、非门实现。

将化简表达式变换为如下的与非-与非表达式，根据表达式可画出图 4.2.10 所示的逻辑图。

$$Z=\overline{\overline{\overline{R}\,\overline{A}\,\overline{G}}\cdot\overline{RA}\cdot\overline{RG}\cdot\overline{AG}}$$

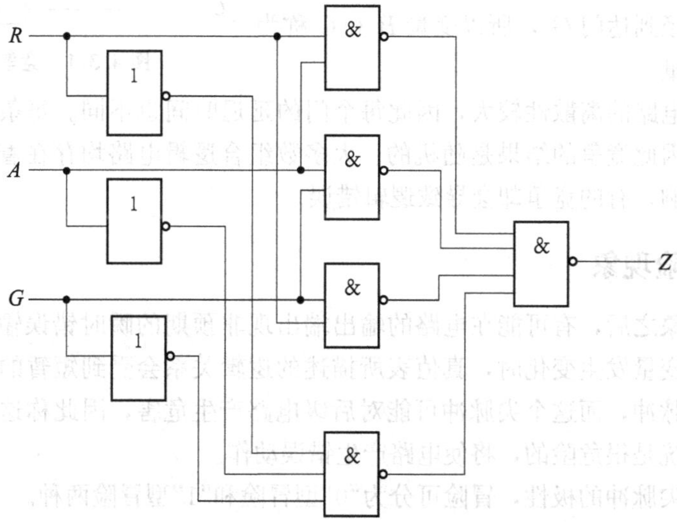

图 4.2.10　例 4.2.6 的逻辑图(二)

在组合逻辑电路的设计中，我们把门电路当作理想器件，没有考虑其延迟及其他因素，而且设计仅仅是逻辑上的理论性设计，没有考虑实际过程的工艺等问题。在实际设计中，这些因素通常都要考虑。

4.3　组合逻辑电路中的竞争与冒险

在前面讨论的组合逻辑电路的分析与设计中，着重研究了信号处于稳定状态时电路的输入与输出之间的逻辑关系，而没有专门研究信号处于非稳定状态或瞬时状态期间电路的输入与输出之间的逻辑关系。为了保证系统工作的可靠性，有必要研究当输入信号的逻辑电平发生变化的一瞬间电路的工作情况。

另外，我们已经知道，信号通过门电路时总是存在时间延迟，而且各级门电路的传输延迟时间也不完全相同。在前面的讨论中，我们往往忽略门电路的信号传输延迟，或者即使考虑了这种传输延迟影响，也常常是假定各级门的传输延迟时间完全相同。其实这样处理并不完全符合实际情况，或者说，以前的讨论是不全面的。本节将专门讨论组合逻辑电路在信号的瞬态变化过程中由于传输延迟所产生的问题及相应的处理方法。

4.3.1　竞争现象

在组合逻辑电路中，从信号输入到稳定输出需要一定的时间，若某个变量通过两条以上路径到达输出端，每条路径上门电路的级数或平均延迟时间的差异，使信号经过不同路径到达同一点时产生时差，则这种时差称为竞争。这种多路径的变量称为具有竞争能力的变量。

如图 4.3.1 所示，变量 A 有两条路径，一条路径是通过门 G_1、G_2 到达门 G_4 输出；另一条路径是通过门 G_3 到达门 G_4 输出。变量 A 通过两条路径到达输出端，故变量 A 具有竞争能力，而变量 B 和 C 各自仅有一条路径到达门 G_4，所以变量 B 和 C 称为无竞争能力的变量。

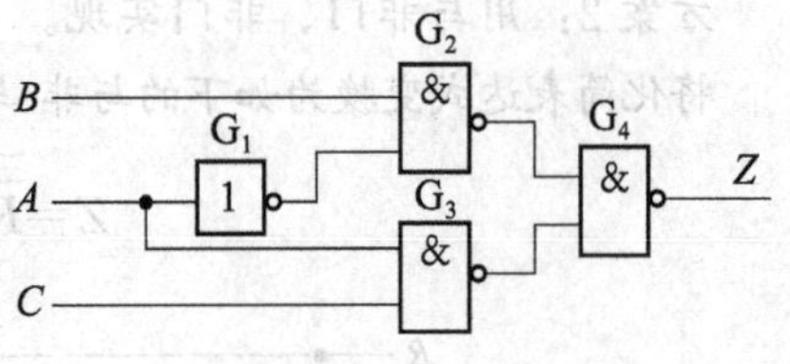

图 4.3.1 竞争的示意图

由于集成门电路的离散性较大，因此每个门的延迟时间也不同。每条路径的总延时由实际测量而定，因此竞争的结果是随机的。大多数组合逻辑电路均存在着竞争，有的竞争不会带来不良影响，有的竞争却会导致逻辑错误。

4.3.2 冒险现象

产生竞争现象之后，有可能在电路的输出端出现非预期的瞬时错误输出。当组合逻辑电路的某个输入变量发生变化时，真值表所描述的逻辑关系会受到短暂的破坏并在输出端出现不应有的尖脉冲，而这个尖脉冲可能对后级电路产生危害，因此称这种现象为冒险现象。尖脉冲对系统是很危险的，将使电路产生错误动作。

根据出现的尖脉冲的极性，冒险可分为“0”型冒险和“1”型冒险两种。

1.“0”型冒险，输出负脉冲

在图 4.3.1 中，函数 $Z=AC+\overline{A}B$，当输入变量 $B=C=1$ 时，函数为 $Z=A+\overline{A}$，表示对函数本身来说，无论 A 取何值，输出 Z 均应等于 1。但是当 A 变化时，由于传输路线的延时不同，在输出端将会出现短暂的负脉冲，如图 4.3.2 所示。图中，t_{pd} 是各个门的平均传输延迟时间。由图可见，当变量 A 由高电平突变到低电平时，输出 Z 产生一个负脉冲，宽度为 t_{pd}，这一负脉冲又称毛刺。但 A 变化不一定都会产生冒险现象，当 A 由低电平变到高电平时，就没有冒险现象产生。

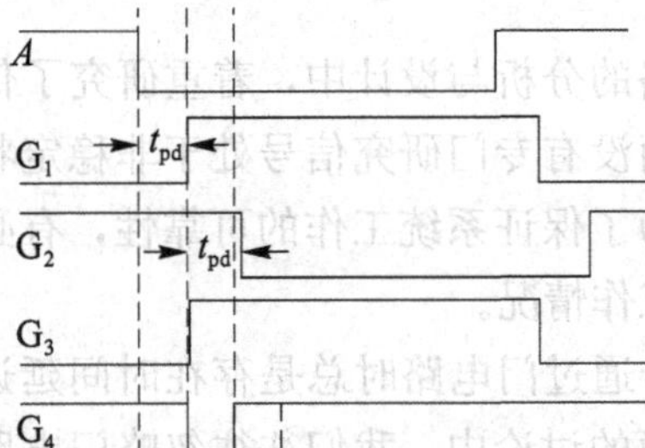

图 4.3.2 “0”型冒险的形成过程

2.“1”型冒险，输出正脉冲

如图 4.3.3(a)所示，逻辑表达式为 $Z=(B+C)(A+\overline{B})$，当 $A=C=0$ 时，函数 $Z=B\overline{B}$，应恒为 0。但变量 B 由低电平变为高电平时将会产生一宽度为 t_{pd} 的正脉冲，如图 4.4.3(b)所示。

注意：在图 4.3.2 和图 4.3.3(b)中，输出波形实线的负脉冲和正脉冲均是没有考虑门

G_4 的延时得到的结果，如果考虑门 G_4 的延时，输出波形应该是虚线所画出的波形。

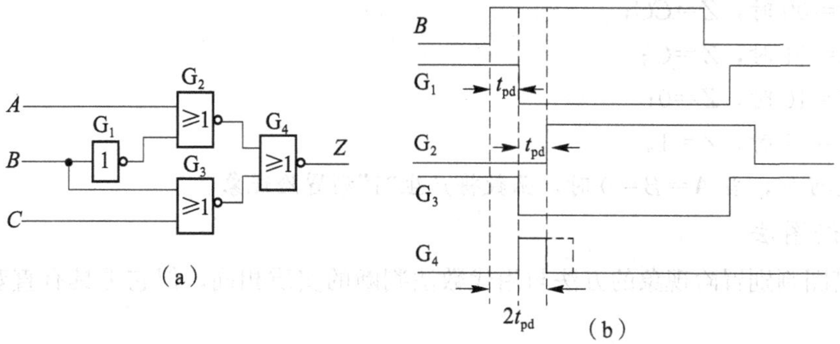

图 4.3.3 "1"型冒险的示例逻辑图及形成过程

4.3.3 冒险现象的判别

判别一个电路中是否存在冒险现象的方法有代数法和卡诺图法两种。

1. 代数法

首先找出具有竞争能力的变量，即在表达式中同时以原变量和反变量形式出现的变量，然后逐次改变其他变量的取值，若得到下列两种形式的表达式，则说明存在冒险现象。

(1)若得到 $Z=X+\overline{X}$ 形式的表达式，表示有"0"型冒险存在。

(2)若得到 $Z=X\overline{X}$ 形式的表达式，表示有"1"型冒险存在。

例 4.3.1 判断函数 $Z=AC+\overline{A}B+\overline{A}\overline{C}$ 是否存在冒险现象。

解：由函数可看出 A 和 C 具有竞争能力，为此将 B 和 C 取各种值代入表达式，得到：

当 $BC=00$ 时，$Z=\overline{A}$；

当 $BC=01$ 时，$Z=A$；

当 $BC=10$ 时，$Z=\overline{A}$；

当 $BC=11$ 时，$Z=A+\overline{A}$。

由上述可知，当 $BC=11$ 时，函数 $Z=AC+\overline{A}B+\overline{A}\overline{C}$ 将产生"0"型冒险现象。

同样将 A 和 B 取各种值代入表达式，得到：

当 $AB=00$ 时，$Z=\overline{C}$；

当 $AB=01$ 时，$Z=1$；

当 $AB=10$ 时，$Z=C$；

当 $AB=11$ 时，$Z=C$。

由上述可知，无论 A、B 取何值，函数 $Z=AC+\overline{A}B+\overline{A}\overline{C}$ 都不会产生冒险现象。

例 4.3.2 判断 $Z=(A+C)(\overline{A}+B)(B+\overline{C})$ 的冒险情况。

解：由函数可看出 A 和 C 具有竞争能力，冒险情况的判断如下：

当 $BC=00$ 时，$Z=A\overline{A}$；

当 $BC=01$ 时，$Z=0$；

当 $BC=10$ 时，$Z=A$；

当 $BC=11$ 时，$Z=1$。

由上述可知，当 $B=C=0$ 时，函数将产生“1”型冒险现象。

当 $AB=00$ 时，$Z=C\overline{C}$；

当 $AB=01$ 时，$Z=C$；

当 $AB=10$ 时，$Z=0$；

当 $AB=11$ 时，$Z=1$。

由上述可知，当 $A=B=0$ 时，函数将产生“1”型冒险现象。

2. 卡诺图法

用卡诺图判别冒险现象的方法与用代数法判断的实质相同，但它更具有直观性，具体如下。

画出逻辑函数的卡诺图，如果两个必要的包围圈(即为覆盖逻辑函数的最小项而必选的包围圈)存在“相切”关系，则该电路存在冒险现象。

例如，函数 $Z=AC+\overline{A}B$ 的卡诺图如图 4.3.4 所示。从图中可以看出两个包围圈相切，则会产生冒险现象。在 $\overline{A}B$ 和 AC 两个包围圈相切处有 $B=C=1$，当 A 变化时将产生冒险现象。

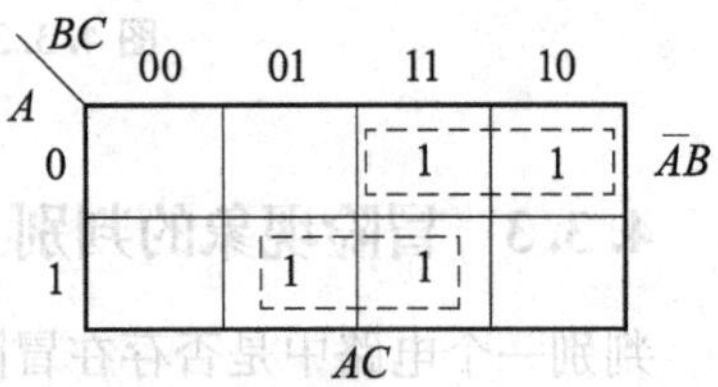

图 4.3.4　利用卡诺图判别冒险现象

4.3.4　消除冒险现象的方法

1. 接入滤波电容

由于竞争或冒险产生的尖脉冲一般都很窄(大多在几十纳秒内)，所以只要在输出端并接一个很小的滤波电容 C_f，就足以把尖脉冲的幅度消弱至门电路的阈值电压以下，如图 4.3.5 所示。在 TTL 门电路中，C_f 的数值通常在几十皮法至几百皮法的范围内。

这种方法的优点是简单易行，缺点是增加了输出电压波形的上升时间和下降时间，使波形变坏。

2. 增加选通电路

如图 4.3.6 所示，在组合逻辑电路的输出门增加一个输入端用于选通信号，可以有效消除任何冒险现象。当选通信号为“0”时，门 G_4 被封死，输出一直为 1，此时电路的冒险现象不能反映到输出端。只有待电路稳定时，才让选通信号为“1”，使输出门输出稳定状态的电平值。

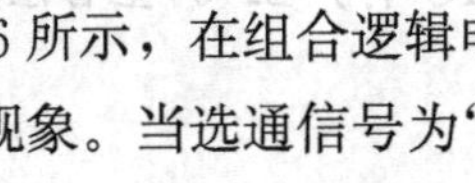

图 4.3.5　用滤波电容消除冒险现象

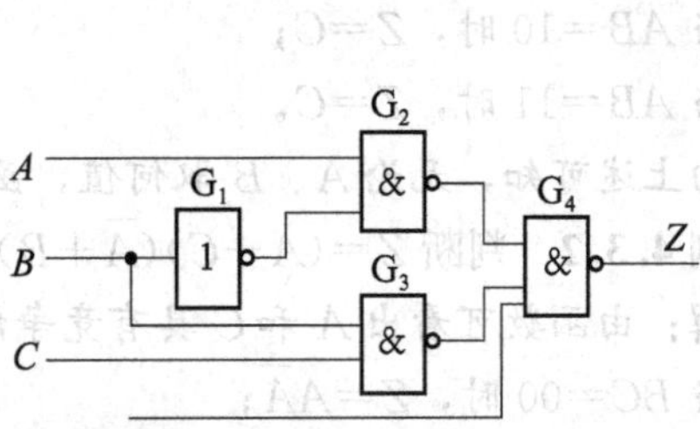

图 4.3.6　用选通脉冲消除冒险现象

3. 增加冗余项，修改逻辑设计

在卡诺图上增加一个多余圈，该多余圈应能够将原来存在的两个相切的必要圈连接起来，它对应的乘积项即为冗余项。在逻辑表达式中加上该冗余项即可消除原来存在的冒险现象，只不过这种消除方法以增加设备为代价。

如前述函数 $Z=AC+\overline{A}B$，当 $B=C=1$ 时，$Z=A+\overline{A}$ 将产生"0"型冒险现象。如果增加多余项 BC，当 $B=C=1$ 时，无论 A 如何改变，Z 恒为 1，从而消除了冒险现象。

4.4 编 码 器

4.4.1 二进制编码器

用来完成编码工作的逻辑电路称为编码器。常见的编码器有二进制编码器、二-十进制编码器等。将一般信号编为二进制代码的电路称为二进制编码器。

一般来说，n 位二进制代码有 2^n 种不同组合状态，可以用来表示 2^n 个一般信号。下面以 3 位二进制编码器为例说明二进制编码器的工作原理。

例如，要求把 0，1，2，…，7 这 8 个数编成二进制代码。用或门组成的 3 位二进制编码器的逻辑图如图 4.4.1 所示，其中 A_0，A_1，A_2，…，A_7 为电路的 8 个输入端，代表数 0～7；Y_0，Y_1，Y_2 为 3 个输出端，用来输出 3 位二进制代码。要求编码器正常工作时，各输入端是互相排斥的，即任意时刻，只允许 A_0，A_1，A_2，…，A_7 中某一个输入端有信号，其余输入端不能有信号。而对应于每一个输入信号都应有一组不同的代码输出。

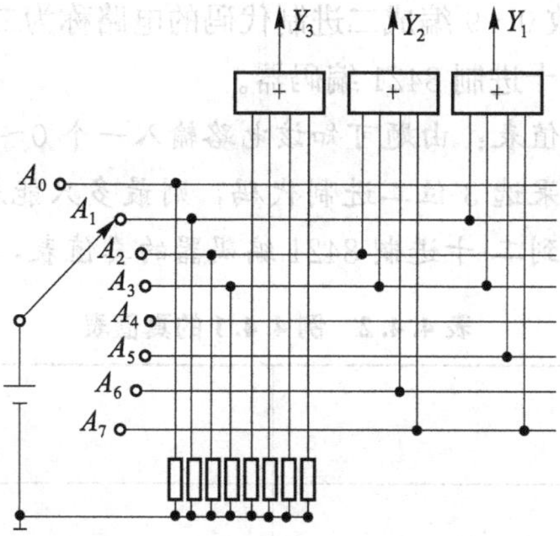

图 4.4.1　二进制编码器的逻辑图

对上述二进制编码器的分析如下。

(1)根据给定的逻辑图，写出输出逻辑函数的逻辑表达式。

$$Y_3=A_4+A_5+A_6+A_7$$

$$Y_2=A_2+A_3+A_6+A_7$$

$$Y_1=A_1+A_3+A_5+A_7$$

(2)化简或变换逻辑表达式。

以上3个表达式已经是最简与或式，所以不需要化简。

(3)列出真值表，如表4.4.1所示。

表4.4.1　真值表

十进制数 N	二进制代码 $Y_3Y_2Y_1$
$0(A_0)$	000
$1(A_1)$	001
$2(A_2)$	010
$3(A_3)$	011
$4(A_4)$	100
$5(A_5)$	101
$6(A_6)$	110
$7(A_7)$	111

(4)根据真值表说明电路的功能。

由真值表可以看出，电路实现的是3位二进制编码器，将0～7这8个数编为000～111 8组二进制代码。

4.4.2　二-十进制编码器

将十进制的10个基本数0～9编成二进制代码的电路称为二-十进制编码器。

例4.4.1　设计一个二-十进制8421编码器。

解：①分析问题列出真值表：由题可知该电路输入一个0～9的十进制数，输出端就相应得到一组二进制代码。如果选3位二进制代码，则最多只能表示8个不同的状态，故应选4位二进制代码。由此得到二-十进制8421编码器的真值表，如表4.4.2所示。

表4.4.2　例4.4.1的真值表

十进制数 N	8421码 $DCBA$
$0(A_0)$	0000
$1(A_1)$	0001
$2(A_2)$	0010
$3(A_3)$	0011
$4(A_4)$	0100
$5(A_5)$	0101
$6(A_6)$	0110

续表

十进制数 N	8421 码 DCBA
$7(A_7)$	0111
$8(A_8)$	1000
$9(A_9)$	1001

②由真值表求出逻辑表达式：

$$D=A_8+A_9$$
$$C=A_4+A_5+A_6+A_7$$
$$B=A_2+A_3+A_6+A_7$$
$$A=A_1+A_3+A_5+A_7+A_9$$

③化简或变换逻辑表达式：以上 4 个逻辑函数表达式均已经是最简与或式。如果用或门实现，则可以直接画出逻辑图。现在用与非门来实现上述逻辑功能，将逻辑表达式变换为

$$D=\overline{\overline{A}_8\cdot\overline{A}_9}$$
$$C=\overline{\overline{A}_4\cdot\overline{A}_5\cdot\overline{A}_6\cdot\overline{A}_7}$$
$$B=\overline{\overline{A}_2\cdot\overline{A}_3\cdot\overline{A}_6\cdot\overline{A}_7}$$
$$A=\overline{\overline{A}_1\cdot\overline{A}_3\cdot\overline{A}_5\cdot\overline{A}_7\cdot\overline{A}_9}$$

④画出逻辑图，如图 4.4.2 所示。

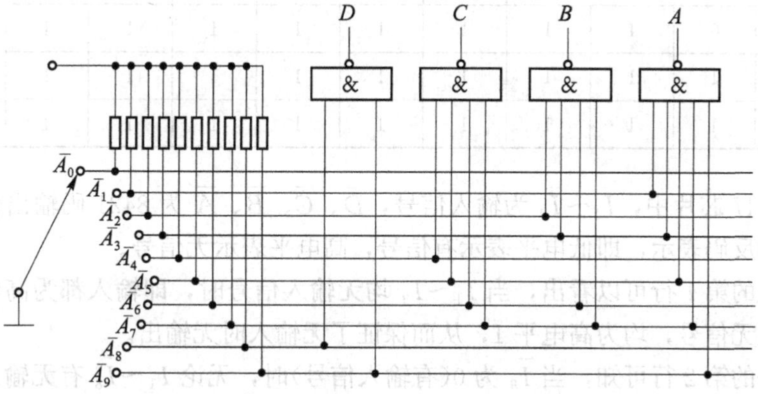

图 4.4.2　二-十进制 8421 编码器的逻辑图

4.4.3　优先级编码器

前面介绍的编码器在工作时，要求任意时刻只允许一个输入端有信号，其他输入端不允许有信号，如果有两个或多个输入端同时有信号，则输出端便会发生混乱，出现逻辑错误。

在实际使用中，编码器的输入端同时出现多个有效信号的情况是不可避免的。例如，计算机和外部设备进行信息交换时，多个外设(如打印机、磁盘机、磁带机)都要通过编码器向主机发出请求服务的信号，如果两个或两个以上设备同时发出请求服务的信号，并且仍用前面介绍的编码器，肯定会造成逻辑混乱。这就给编码器提出了新的要求，即要求编码器先响应最紧急的一个请求，然后响应其他的请求。也就是要求按轻重缓急进行排队，定出优先级别，然后按照优先级别分别响应，这样就不会发生逻辑错误，按照这种思想便产生了优先编码器。

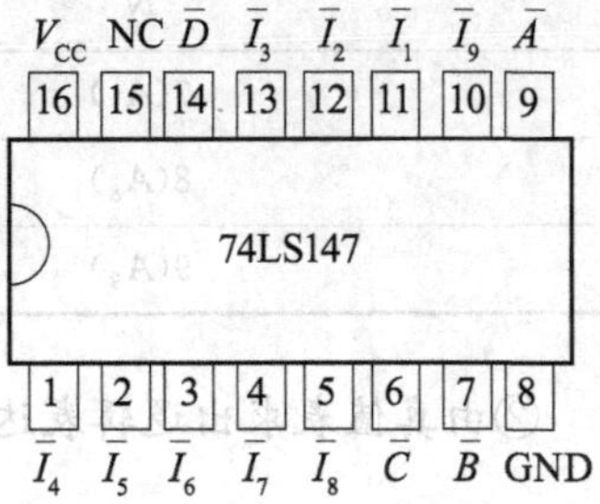

图 4.4.3　74LS147 的引脚排列

74LS147 中规模集成电路是一个二-十进制 8421 优先编码器，其引脚排列如图 4.4.3 所示，其中引脚 15 是一个空脚。其功能表如表 4.4.3 所示。

表 4.4.3　74LS147 的功能表

$\overline{I}_1$	$\overline{I}_2$	$\overline{I}_3$	$\overline{I}_4$	$\overline{I}_5$	$\overline{I}_6$	$\overline{I}_7$	$\overline{I}_8$	$\overline{I}_9$	$\overline{D}$	$\overline{C}$	$\overline{B}$	$\overline{A}$
1	1	1	1	1	1	1	1	1	1	1	1	1
×	×	×	×	×	×	×	×	0	0	1	1	0
×	×	×	×	×	×	×	0	1	0	1	1	1
×	×	×	×	×	×	0	1	1	1	0	0	0
×	×	×	×	×	0	1	1	1	1	0	0	1
×	×	×	×	0	1	1	1	1	1	0	1	0
×	×	×	0	1	1	1	1	1	1	0	1	1
×	×	0	1	1	1	1	1	1	1	1	0	0
×	0	1	1	1	1	1	1	1	1	1	0	1
0	1	1	1	1	1	1	1	1	1	1	1	0

在 74LS147 芯片中，$\overline{I}_1 \sim \overline{I}_9$ 为输入信号，$\overline{D}$、$\overline{C}$、$\overline{B}$、$\overline{A}$ 为 8421 码输出信号。输入与输出信号均用反码表示，即低电平表示有信号，高电平表示无信号。

由功能表的第 1 行可以看出，当 $\overline{I}_1 \sim \overline{I}_9$ 均无输入信号时，即输入都为高电平 1 时，编码器的输出也无信号，均为高电平 1，从而保证了无输入时无输出。

由功能表的第 2 行可知，当 $\overline{I}_9$ 为 0(有输入信号)时，无论 $\overline{I}_1 \sim \overline{I}_8$ 有无输入信号，编码器都输出 9 的 8421 码的反码 0110。

由功能表的第 3 行可知，当 $\overline{I}_9$ 为 1(无输入信号)时，若 $\overline{I}_8$ 为 0(有输入信号)，则无论 $\overline{I}_1 \sim \overline{I}_7$ 有无输入信号，编码器都输出 8 的 8421 码的反码 0111。

同样，只有当 $\overline{I}_7 \sim \overline{I}_9$ 都无输入信号时才对 $\overline{I}_6$ 进行编码……当 $\overline{I}_2 \sim \overline{I}_9$ 均无输入信号时，若 $\overline{I}_1$ 为 0(有输入信号)，这时编码器输出反码 1110，实际上也就是 I_1 的编码。

换句话说，当 $\overline{I}_9$ 有输入信号时，无论其他输入端是否有信号，编码器输出的总是 $\overline{I}_9$

的编码组合。只有当 $\overline{I}_9$ 无输入信号时，才能对 $\overline{I}_8$ 进行编码。依次类推，只有当 $\overline{I}_2\sim\overline{I}_9$ 都无输入信号时，才能对 $\overline{I}_1$ 进行编码。也就是说，$\overline{I}_9$ 的优先级最高，其次是 $\overline{I}_8$，$\overline{I}_1$ 的优先级最低。

74LS148 也是 8 线-3 线优先编码器，但该芯片提供了选通机制和扩展功能，引脚排列如图 4.4.4 所示，其中 $\overline{EI}$ 作为输入使能信号，扩展功能由扩展片优先编码输出信号 $\overline{GS}$ 和输出使能信号 $\overline{EO}$ 实现，$\overline{I}_0\sim\overline{I}_7$ 为输入信号，$\overline{A}_0\sim\overline{A}_2$ 为输出信号。当需要编码的信号数量多于 8 时，通过选通和扩展端与其他编码器级联构成更多位的编码器。

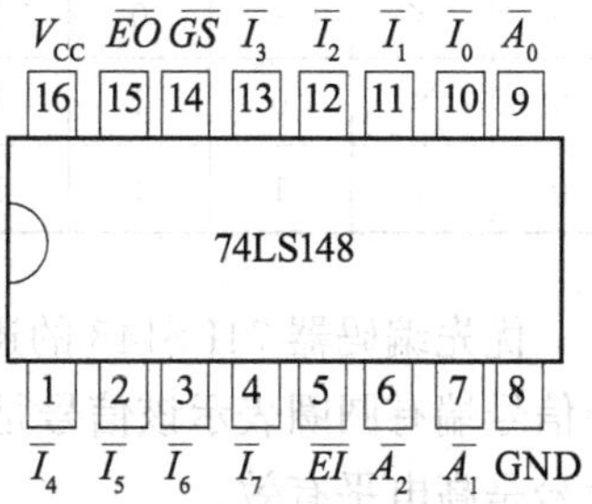

图 4.4.4　74LS148 的引脚排列

表 4.4.4 是 74LS148 的功能表，其输入和输出均用反码表示，通过分析此功能表可知，74LS148 的输出逻辑表达式为

$$\overline{A}_2=\overline{(I_4+I_5+I_6+I_7)\cdot EI}$$

$$\overline{A}_1=\overline{(I_2\overline{I}_4\overline{I}_5+I_3\overline{I}_4\overline{I}_5+I_6+I_7)\cdot EI}$$

$$\overline{A}_0=\overline{(I_1\overline{I}_2\overline{I}_4\overline{I}_6+I_3\overline{I}_4\overline{I}_6+I_5\overline{I}_6+I_7)\cdot EI}$$

输出使能信号 $\overline{EO}$ 的逻辑表达式为

$$\overline{EO}=\overline{\overline{I}_0\overline{I}_1\overline{I}_2\overline{I}_3\overline{I}_4\overline{I}_5\overline{I}_6\overline{I}_7EI}$$

当 $\overline{EI}=1$ 时，禁止编码，输出 $\overline{A}_2$、$\overline{A}_1$、$\overline{A}_0$ 全为 1(如表 4.4.4 第 1 行所示)。反之，当 $\overline{EI}=0$ 时，允许编码，在 $\overline{I}_0\sim\overline{I}_7$ 中，$\overline{I}_7$ 的优先级最高，优先编码，其余依次为 $\overline{I}_6$、$\overline{I}_5$、$\overline{I}_4$、$\overline{I}_3$、$\overline{I}_2$、$\overline{I}_1$、$\overline{I}_0$。

$\overline{EO}$ 在允许编码而本片又没有编码时为 0(如表 4.4.4 第 2 行所示)。

扩展片优先编码输出信号 $\overline{GS}$ 的逻辑表达式为

$$\overline{GS}=\overline{(I_0+I_1+I_2+I_3+I_4+I_5+I_6+I_7)\cdot EI}$$

$\overline{GS}$ 在允许编码且有编码输入时为 0(如表 4.4.4 第 3～10 行所示)；在允许编码而无编码输入时为 1(如表 4.4.4 第 2 行所示)；在不允许编码时，也为 1(如表 4.4.4 第 1 行所示)。

表 4.4.4　74LS148 的功能表

$\overline{EI}$	$\overline{I}_0$	$\overline{I}_1$	$\overline{I}_2$	$\overline{I}_3$	$\overline{I}_4$	$\overline{I}_5$	$\overline{I}_6$	$\overline{I}_7$	$\overline{A}_2$	$\overline{A}_1$	$\overline{A}_0$	$\overline{GS}$	$\overline{EO}$
1	×	×	×	×	×	×	×	×	1	1	1	1	1
0	1	1	1	1	1	1	1	1	1	1	1	1	0
0	×	×	×	×	×	×	×	0	0	0	0	0	1
0	×	×	×	×	×	×	0	1	0	0	1	0	1
0	×	×	×	×	×	0	1	1	0	1	0	0	1
0	×	×	×	×	0	1	1	1	0	1	1	0	1

续表

$\overline{EI}$	$\overline{I}_0$	$\overline{I}_1$	$\overline{I}_2$	$\overline{I}_3$	$\overline{I}_4$	$\overline{I}_5$	$\overline{I}_6$	$\overline{I}_7$	$\overline{A}_2$	$\overline{A}_1$	$\overline{A}_0$	$\overline{GS}$	$\overline{EO}$
0	×	×	×	0	1	1	1	1	1	0	0	0	1
0	×	×	0	1	1	1	1	1	1	0	1	0	1
0	×	0	1	1	1	1	1	1	1	1	0	0	1
0	0	1	1	1	1	1	1	1	1	1	1	0	1

优先编码器 74LS148 的逻辑符号如图 4.4.5 所示。图中信号端有圆圈表示该信号是低电平有效，无圆圈表示该信号是高电平有效。

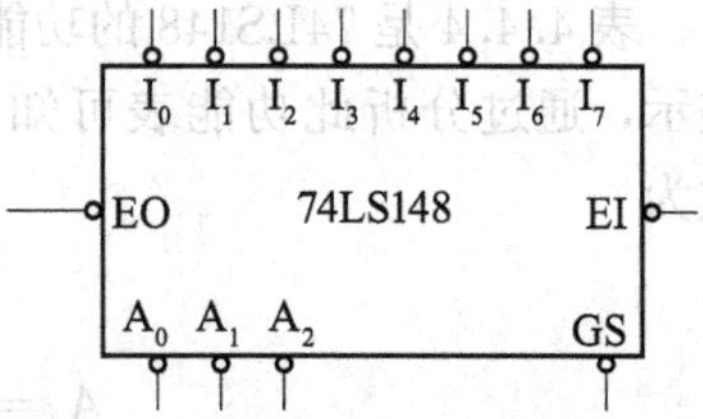

图 4.4.5　74LS148 的逻辑符号

输出使能端 $\overline{EO}$ 只有在 $\overline{EI}$ 为 0 且所有输入端都为 1 时，才为 0，否则为 1。因此，$\overline{EO}=0$ 表示在允许编码器工作，而编码器没有有效输入信号的情况下，它可与另一片同样器件的 $\overline{EI}$ 连接，以便扩展优先编码器的输入位数。图 4.4.6 为用两片 74LS148 优先编码器扩展为 16 线-4 线优先编码器的逻辑图。16 线-4 线优先编码器的工作原理如下。

(1)当 $\overline{EI}_2=1$ 时，$\overline{EO}_2=1$，从而使 $\overline{EI}_1=1$，这时 74LS148(Ⅰ)、74LS148(Ⅱ)均禁止编码，它们的输出端 $\overline{A}_2\overline{A}_1\overline{A}_0$ 都是 111，使 4 位二进制输出端 $DCBA=1111$。由逻辑图可知，$GS=\overline{GS}_1\cdot\overline{GS}_2=1$，表示此时整个电路的输出代码 $DCBA=1111$ 无效。

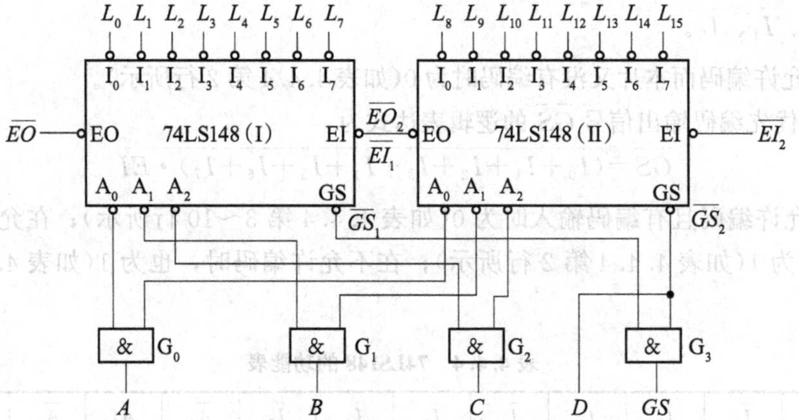

图 4.4.6　两片 74LS148 级联成 16 线-4 线优先编码器的逻辑图

(2)当 $\overline{EI}_2=0$ 时，高位芯片 74LS148(Ⅱ)允许编码，但若无有效输入信号，即高位芯片均无编码请求，则 $\overline{EO}_2=0$，从而使 $\overline{EI}_1=0$，允许低位芯片 74LS148(Ⅰ)编码。这时高位芯片 74LS148(Ⅱ)的 $\overline{A}_2\overline{A}_1\overline{A}_0=111$，使与门 $G_0\sim G_2$ 都打开，其输出 C、B、A 的状态取决于低位芯片 74LS148(Ⅰ)的 $\overline{A}_2\overline{A}_1\overline{A}_0$；而 $D=\overline{GS}_2$，总是等于 1，所以输出代码在

1111～1000 范围内变化，其反码为 0000～0111。如果 I_0 单独有效，则输出为 1111，反码为 0000；如果 I_7 及其他任意输入端同时有效，则因 I_7 的优先级最高，输出为 1000，反码为 0111。

(3)当 $\overline{EI}_2=0$ 且高位芯片 74LS148(Ⅱ)存在有效输入信号(至少一个输入为低电平)时，$\overline{EO}_2=1$，从而使 $\overline{EI}_1=1$，高位芯片 74LS148(Ⅱ)编码，低位芯片 74LS148(Ⅰ)禁止编码，低位芯片输入 $A_2A_1A_0=111$。此时 $D=\overline{GS}_2=0$，C、B、A 的状态取决于高位芯片的 $\overline{A}_2\overline{A}_1\overline{A}_0$，输出代码在 0111～0000 范围内变化，其反码为 1000～1111。显然，高位芯片 74LS148(Ⅱ)的编码级别优先于低位芯片 74LS148(Ⅰ)，而高位芯片 74LS148(Ⅱ)的 I_7 的优先级最高。

整个电路实现了 16 位输入 L_0～L_{15} 的优先编码，对应的 4 位二进制代码输出为 $DCBA$，其中 L_{15} 具有最高的优先级，优先级从 L_{15} 至 L_0 依次递减。

4.5　译　码　器

译码是编码的逆过程，即将每个代码的特定含义“翻译”出来的过程。能完成译码功能的逻辑电路称为译码器，常用的译码器也是二进制译码器与二-十进制译码器。

4.5.1　二进制译码器

将二进制代码的各种不同状态，按照原意翻译成相应输出信号的电路称为二进制译码器。例如，一个 3 位二进制译码器就是一个能将每一组 3 位二进制代码按照它的原意翻译成对应输出信号的组合电路。

1. 电路组成

图 4.5.1 为一个 3 位二进制译码器的逻辑图。译码器的输入是一组 3 位二进制代码，输出是二进制代码相对应的 8 个信号，通常称为 3 线-8 线译码器。它以 C、B、A 代表输入逻辑变量，Z_0～Z_7 代表输出逻辑函数。

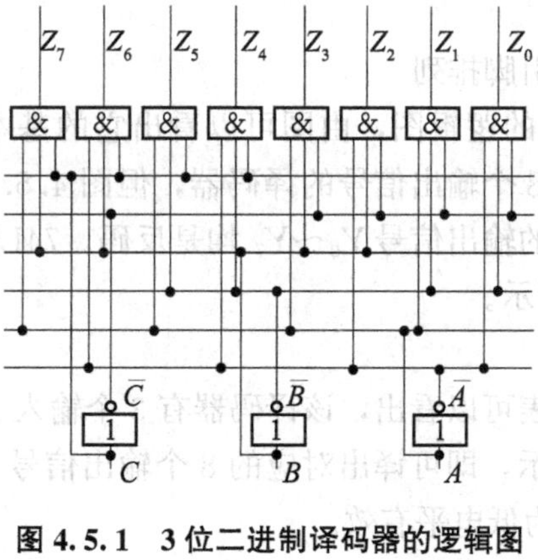

图 4.5.1　3 位二进制译码器的逻辑图

2. 逻辑功能分析

该译码器的分析如下。

根据图 4.5.1 列出的输出逻辑函数为 $Z_0=\overline{C}\,\overline{B}\,\overline{A}$；$Z_1=\overline{C}\,\overline{B}A$；$Z_2=\overline{C}B\overline{A}$；$Z_3=\overline{C}BA$；$Z_4=C\overline{B}\,\overline{A}$；$Z_5=C\overline{B}A$；$Z_6=CB\overline{A}$；$Z_7=CBA$。

这是一个能将 3 位二进制代码译成相应输出信号的组合电路。例如，当 CBA 为 000 时，3 位二进制代码代表 0，因此对应的输出 $Z_0=1$ 有信号，其他输出均无信号，为 0。同理，当 CBA 为 001 时，3 位二进制代码代表 1，只有对应的输出 $Z_1=1$ 有信号，其他输出均无信号，为 0。依次类推，Z_2、Z_3、Z_4、Z_5、Z_6、Z_7 均在输入相应的二进制代码时，对应的输出为 1。同时由于每次只能输入一组二进制代码，故任意时刻只有一个输出为 1，其余输出都为 0，所对应的真值表如表 4.5.1 所示。

表 4.5.1　3 位二进制译码器的真值表

C	B	A	Z_0	Z_1	Z_2	Z_3	Z_4	Z_5	Z_6	Z_7
0	0	0	1	0	0	0	0	0	0	0
0	0	1	0	1	0	0	0	0	0	0
0	1	0	0	0	1	0	0	0	0	0
0	1	1	0	0	0	1	0	0	0	0
1	0	0	0	0	0	0	1	0	0	0
1	0	1	0	0	0	0	0	1	0	0
1	1	0	0	0	0	0	0	0	1	0
1	1	1	0	0	0	0	0	0	0	1

3. 集成译码器

集成译码器的种类很多，若按用途来分，可分为变量译码器、码制变换译码器和显示译码器等。下面以中规模集成译码器 74LS138 为例来说明变量译码器的结构、特点及应用。

1)74LS138 的逻辑图和引脚排列

图 4.5.2(a)是 74LS138 的逻辑图，由图可以看出它的基本译码电路与图 4.5.1 相似，都是将 3 位二进制代码译成 8 个输出信号的译码器，但图 4.5.2(a)所示译码器的输出只经过一级与非门，因此译码器的输出信号 $Y_0 \sim Y_7$ 均是反码。74LS138 引脚排列和逻辑符号如图 4.5.2(b)和图 4.5.2(c)所示。

2)74LS138 的功能

从表 4.5.2 所示的功能表可以看出，该译码器有 3 个输入 A、B、C，它们共有 8 种状态的组合，由二进制代码表示，即可译出对应的 8 个输出信号 $Y_0 \sim Y_7$，所以该译码器称为 3 线-8 线译码器，输出信号为低电平有效。

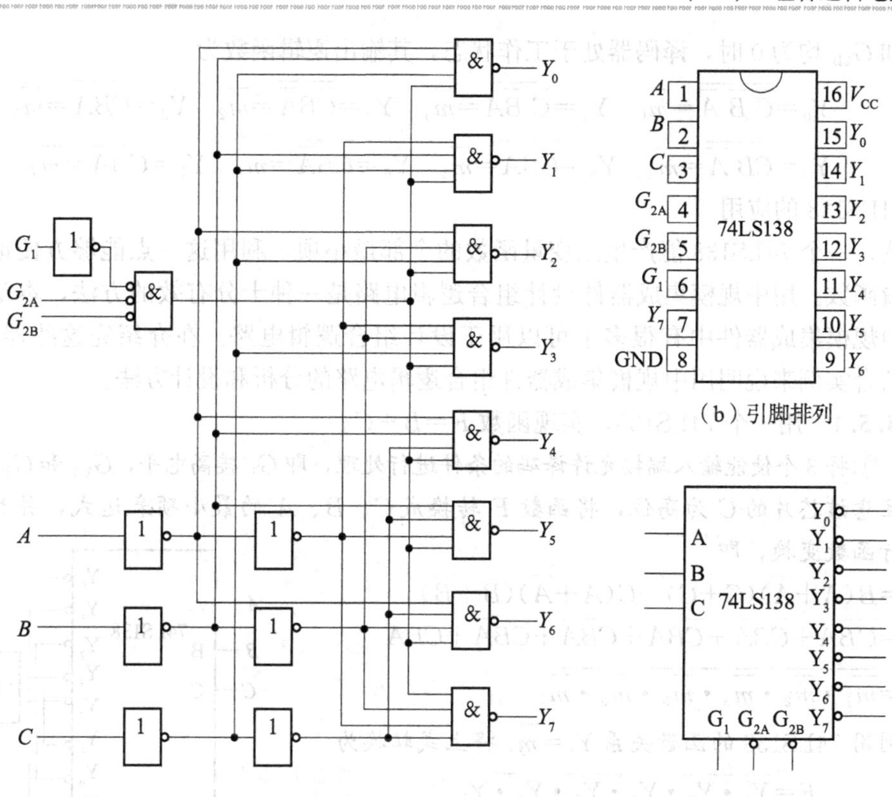

(a) 逻辑图　　(c) 逻辑符号

图 4.5.2　中规模集成译码器 74LS138

表 4.5.2　74LS138 的功能表

G_1	G_{2A}	G_{2B}	C	B	A	Y_0	Y_1	Y_2	Y_3	Y_4	Y_5	Y_6	Y_7
×	1	×	×	×	×	1	1	1	1	1	1	1	1
×	×	1	×	×	×	1	1	1	1	1	1	1	1
0	×	×	×	×	×	1	1	1	1	1	1	1	1
1	0	0	0	0	0	0	1	1	1	1	1	1	1
1	0	0	0	0	1	1	0	1	1	1	1	1	1
1	0	0	0	1	0	1	1	0	1	1	1	1	1
1	0	0	0	1	1	1	1	1	0	1	1	1	1
1	0	0	1	0	0	1	1	1	1	0	1	1	1
1	0	0	1	0	1	1	1	1	1	1	0	1	1
1	0	0	1	1	0	1	1	1	1	1	1	0	1
1	0	0	1	1	1	1	1	1	1	1	1	1	0

该译码器设置了 G_1、G_{2A} 和 G_{2B}3 个使能输入逻辑函数端，由功能表可知，当 G_1 为 1

且 G_{2A} 和 G_{2B} 均为 0 时，译码器处于工作状态，其输出逻辑函数为

$$Y_0=\overline{\bar{C}\,\bar{B}\,\bar{A}}=\overline{m_0}\quad Y_1=\overline{\bar{C}\,\bar{B}A}=\overline{m_1}\quad Y_2=\overline{\bar{C}B\bar{A}}=\overline{m_2}\quad Y_3=\overline{\bar{C}BA}=\overline{m_3}$$

$$Y_4=\overline{C\bar{B}\,\bar{A}}=\overline{m_4}\quad Y_5=\overline{C\bar{B}A}=\overline{m_5}\quad Y_6=\overline{CB\bar{A}}=\overline{m_6}\quad Y_7=\overline{CBA}=\overline{m_7}$$

3)74LS138 的应用

显然，一个 74LS138 能产生三变量函数的全部最小项，利用这一点能够方便地实现三变量逻辑函数。用中规模集成器件设计组合逻辑电路是一种十分有效的方法，本章所介绍的常用中规模集成器件中有很多个可以用于设计组合逻辑电路。在介绍完这些器件之后，我们将结合实例来说明用中规模集成器件组合逻辑电路的分析和设计方法。

例 4.5.1 用一个 74LS138，实现函数 $F=B+C$。

解： ①将 3 个使能输入端按允许译码的条件进行处理，即 G_1 接高电平，G_{2A} 和 G_{2B} 接地。

②注意该芯片的 C 为高位，将函数 F 转换成 C、B、A 的最小项表达式，并利用摩根定律进行函数变换，即

$$\begin{aligned}F&=B(A+\bar{A})(C+\bar{C})+C(A+\bar{A})(B+\bar{B})\\&=\bar{C}\bar{B}A+\bar{C}B\bar{A}+\bar{C}BA+C\bar{B}A+CB\bar{A}+CBA\\&=\overline{\overline{m_1}\cdot\overline{m_2}\cdot\overline{m_3}\cdot\overline{m_5}\cdot\overline{m_6}\cdot\overline{m_7}}\end{aligned}$$

③利用 74LS138 的函数关系 $Y_i=\overline{m_i}$ 将上式转换为

$$F=\overline{Y_1\cdot Y_2\cdot Y_3\cdot Y_5\cdot Y_6\cdot Y_7}$$

④将上式中的译码器输出端接入一个与非门，即可实现题目所要求的组合逻辑电路，如图 4.5.3 所示。

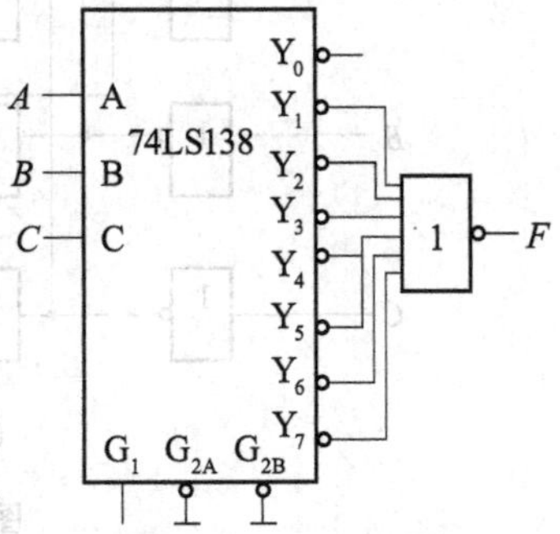

图 4.5.3 例 4.5.1 的逻辑图

例 4.5.2 用 74LS138 实现 8 路数据分配的功能。

解： 在数据传送中，有时需要将某一路数据分配到不同的数据通道上，实现这种功能的电路称为数据分配器。图 4.5.4 给出了 4 路数据分配器的功能示意图。

目前，市场上没有专用的数据分配器器件，因此在实际使用中，常用译码器来实现数据分配的功能，如图 4.5.5 所示。

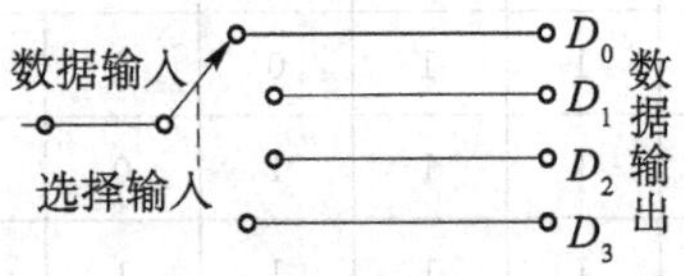

图 4.5.4 数据分配器的功能示意图

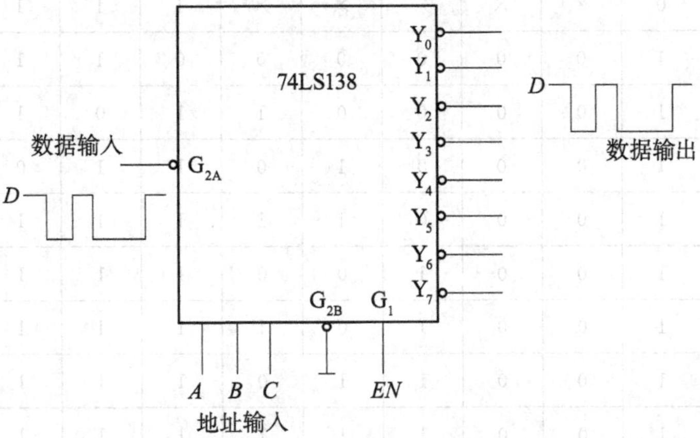

图 4.5.5 用 74LS138 作为 8 路数据分配器

由图 4.5.5 可以看出，74LS138 的 3 个输入 C、B、A 用作数据分配器的地址输入，8 个输出 Y_0～Y_7 用作 8 路数据的输出，3 个输入控制端中的 G_{2A} 用作数据输入端，G_{2B} 接地，G_1 用作使能端。当 $G_1=1$ 时，允许数据分配。若需要将输入数据 D 传送至输出端 Y_2，地址输入应为 $CBA=010$，可得

$$Y_2=\overline{(G_1\cdot G_{2A}\cdot G_{2B})\cdot\overline{C}\cdot B\cdot\overline{A}}=G_{2A}$$

而其余输出端均为高电平。因此，当地址 $CBA=010$ 时，只有输出端 Y_2 得到与输入端相同的数据 D。74LS138 译码器作为数据分配器的功能表如表 4.5.3 所示。

表 4.5.3　74LS138 译码器作为数据分配器的功能表

G_1	G_{2B}	G_{2A}	C	B	A	Y_0	Y_1	Y_2	Y_3	Y_4	Y_5	Y_6	Y_7
0	0	×	×	×	×	1	1	1	1	1	1	1	1
1	0	D	0	0	0	D	1	1	1	1	1	1	1
1	0	D	0	0	1	1	D	1	1	1	1	1	1
1	0	D	0	1	0	1	1	D	1	1	1	1	1
1	0	D	0	1	1	1	1	1	D	1	1	1	1
1	0	D	1	0	0	1	1	1	1	D	1	1	1
1	0	D	1	0	1	1	1	1	1	1	D	1	1
1	0	D	1	1	0	1	1	1	1	1	1	D	1
1	0	D	1	1	1	1	1	1	1	1	1	1	D

4.5.2　二-十进制译码器

二-十进制译码器是将 8421 码的 10 种代码翻译成相应的十进制数 0～9 的 10 个高、低电平信号的电路。下面设计一个能将 8421 码转换为十进制数的译码器，设计步骤按组合逻辑电路的一般设计步骤进行。

(1)列出输入 8421 码与对应的十进制数输出的真值表，如表 4.5.4 所示。

表 4.5.4　二-十进制译码器的真值表

A_3	A_2	A_1	A_0	Z_0	Z_1	Z_2	Z_3	Z_4	Z_5	Z_6	Z_7	Z_8	Z_9	十进制数
0	0	0	0	1	0	0	0	0	0	0	0	0	0	0
0	0	0	1	0	1	0	0	0	0	0	0	0	0	1
0	0	1	0	0	0	1	0	0	0	0	0	0	0	2
0	0	1	1	0	0	0	1	0	0	0	0	0	0	3
0	1	0	0	0	0	0	0	1	0	0	0	0	0	4
0	1	0	1	0	0	0	0	0	1	0	0	0	0	5
0	1	1	0	0	0	0	0	0	0	1	0	0	0	6
0	1	1	1	0	0	0	0	0	0	0	1	0	0	7

续表

A_3	A_2	A_1	A_0	Z_0	Z_1	Z_2	Z_3	Z_4	Z_5	Z_6	Z_7	Z_8	Z_9	十进制数
1	0	0	0	0	0	0	0	0	0	0	0	1	0	8
1	0	0	1	0	0	0	0	0	0	0	0	0	1	9
1	0	1	0	×	×	×	×	×	×	×	×	×	×	伪码（无关项）
1	0	1	1	×	×	×	×	×	×	×	×	×	×	
1	1	0	0	×	×	×	×	×	×	×	×	×	×	
1	1	0	1	×	×	×	×	×	×	×	×	×	×	
1	1	1	0	×	×	×	×	×	×	×	×	×	×	
1	1	1	1	×	×	×	×	×	×	×	×	×	×	

(2)由真值表写出的逻辑表达式为

$$Z_0=\overline{A}_3\overline{A}_2\overline{A}_1\overline{A}_0 \quad Z_5=\overline{A}_3A_2\overline{A}_1A_0$$

$$Z_1=\overline{A}_3\overline{A}_2\overline{A}_1A_0 \quad Z_6=\overline{A}_3A_2A_1\overline{A}_0$$

$$Z_2=\overline{A}_3\overline{A}_2A_1\overline{A}_0 \quad Z_7=\overline{A}_3A_2A_1A_0$$

$$Z_3=\overline{A}_3\overline{A}_2A_1A_0 \quad Z_8=A_3\overline{A}_2\overline{A}_1\overline{A}_0$$

$$Z_4=\overline{A}_3A_2\overline{A}_1\overline{A}_0 \quad Z_9=A_3\overline{A}_2\overline{A}_1A_0$$

(3)用卡诺图化简逻辑表达式。

从真值表中可以看到有 6 个无关项，填好卡诺图，如图 4.5.6 所示。

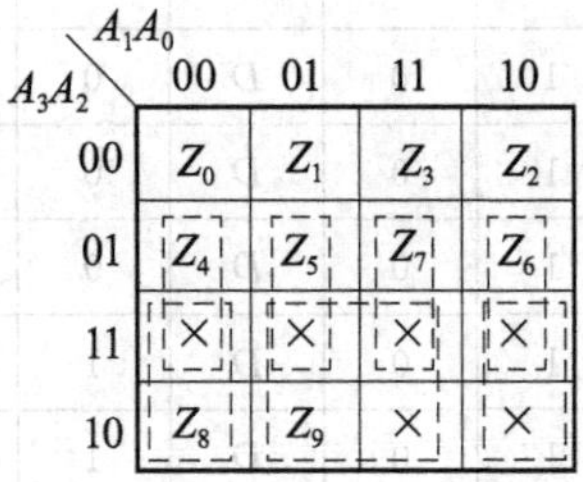

图 4.5.6　二-十进制译码器的卡诺图

利用卡诺图化简后得到的输出函数表达式为

$$Z_0=\overline{A}_3\overline{A}_2\overline{A}_1\overline{A}_0$$

$$Z_1=\overline{A}_3\overline{A}_2\overline{A}_1A_0$$

$$Z_2=\overline{A}_2A_1\overline{A}_0$$

$$Z_3=\overline{A}_2A_1A_0$$

$$Z_4=A_2\overline{A}_1\overline{A}_0$$

$$Z_5=A_2\overline{A}_1A_0$$

$$Z_6=A_2A_1\overline{A}_0$$

$$Z_7=A_2A_1A_0$$

$$Z_8=A_3\overline{A}_0$$

$$Z_9=A_3A_0$$

(4)由最简表达式画出逻辑图。

利用约束项化简后的 8421 码转换为十进制数的译码器的逻辑图如图 4.5.7 所示。这里设计的译码器能够输出原码，有的译码器能够输出反码。

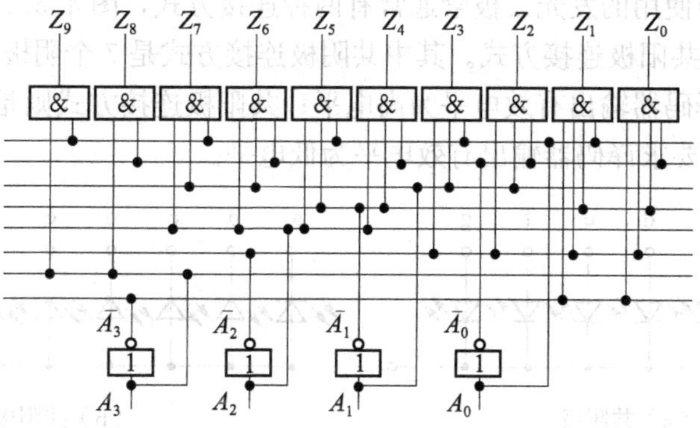

图 4.5.7　二-十进制译码器的逻辑图

4.5.3　显示译码器

在数字系统中，经常需要将数字、文字和符号的二进制代码翻译成人们习惯的形式并直接显示出来，以便查看。能实现这种功能的器件称为显示译码器。

1. 数字显示器

常用的数字显示器(简称数码管)是用来显示数字、文字或符号的器件，有半导体数码管、辉光数码管和液晶显示器等多种。其显示字形的方式有分段式显示、字形重叠式显示和点阵式显示等。常用的数字显示译码电路结构如图 4.5.8 所示。

图 4.5.8　数字显示译码电路结构

1)半导体数码管

半导体数码管大都是由 7 个做成条形的发光二极管排列成七段组合字形、以分段显示方式显示数字的半导体显示器件，其结构示意图及段组合显示字形如图 4.5.9 所示。它经常作为数字万用表、电子表等设备的显示器件。

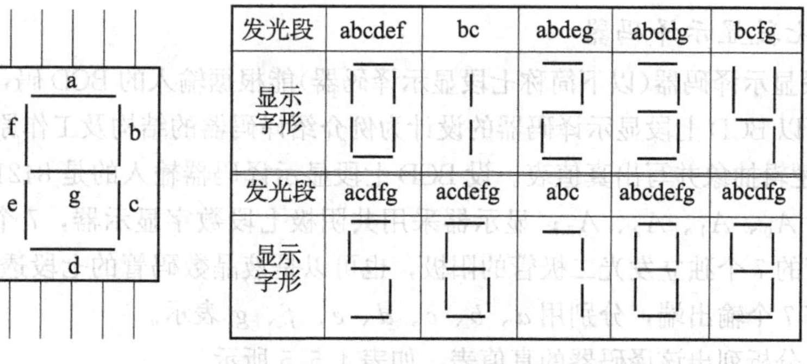

图 4.5.9　半导体数码管的结构示意图及段组合显示字形

半导体数码管中使用的发光二极管通常有两种连接方式，图 4.5.10(a)为共阴极连接方式，图 4.5.10(b)为共阳极连接方式。其中共阴极连接方式是 7 个阴极连在一起，而 7 个阳极互相独立，要求译码器输出有效电平为高电平；共阳极连接方式则是 7 个阳极连在一起，7 个阴极相互独立，要求译码器输出有效电平为低电平。

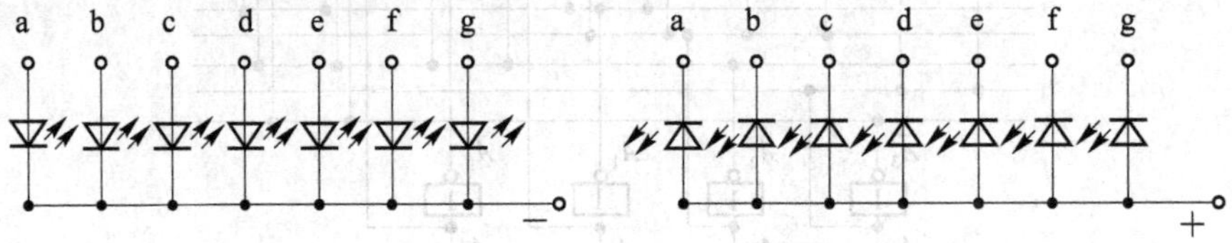

图 4.5.10 半导体数码管中发光二极管的两种连接方式

发光二极管的驱动电路可以用半导体三极管电路，也可以用 TTL(或 CMOS)与非门等门电路驱动。用发光二极管的 TTL 与非门的驱动电路如图 4.5.11 所示。

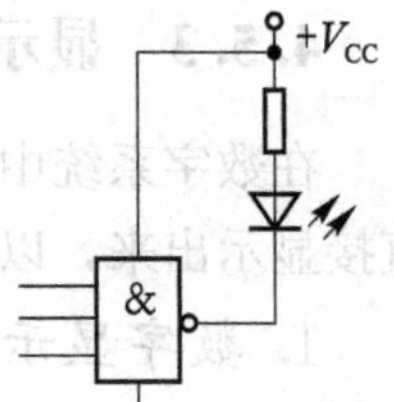

图 4.5.11 用发光二极管的 TTL 与非门的驱动电路

2)辉光数码管

辉光数码管是一种依靠玻璃管壳内所充惰性气体产生辉光放电来显示字形的显示器件，采用重叠显示方式。它的管内有一个公用阳极和 10 个(或 11 个)数字形状的相互绝缘的阴极，重叠放置。当辉光数码管的阳极与某一阴极之间的电压达到一定数值时，阳极与阴极间发生辉光放电，显示出该阴极的数字。

3)液晶显示器

液晶是一种既具有液体的流动性，又具有晶体的光学特性的有机化合物。利用其透明度和显示颜色受外加电场控制的特性，可制成液晶显示器件，在无外加电场时，液晶分子按一定方向整齐地排列，液晶呈现透明状态，入射光大部分由反射电极反射回来，显示器呈白色；在有外加电场作用时，液晶中因电离产生的正离子在电场作用下撞击液晶分子，液晶分子呈现混乱状态，入射光经散射后只有少量被反射回来，显示器呈现暗灰色。当电场消失后，液晶分子又恢复到原来整齐排列状态。如果将存放液晶的容器做成一定的形状，那么就可以显示不同的字形或图形。

2. BCD 七段显示译码器

BCD 七段显示译码器(以下简称七段显示译码器)能根据输入的 BCD 码，显示相应的十进制数。下面以 BCD 七段显示译码器的设计为例介绍译码器的结构及工作原理。

(1)进行逻辑抽象并写出真值表。设 BCD 七段显示译码器输入的是 8421 码，它的 4 个输入端分别为 A_0、A_1、A_2、A_3；显示器采用共阴极七段数字显示器，7 个发光段可以是半导体数码管的 7 个独立发光二极管的阳极，也可以是液晶数码管的七段透明电极。因此，该译码器应有 7 个输出端，分别用 a、b、c、d、e、f、g 表示。

经过以上分析列出该译码器的真值表，如表 4.5.5 所示。

表 4.5.5　七段显示译码器的真值表

A_3	A_2	A_1	A_0	a	b	c	d	e	f	g	显示字形
0	0	0	0	1	1	1	1	1	1	0	0
0	0	0	1	0	1	1	0	0	0	0	1
0	0	1	0	1	1	0	1	1	0	1	2
0	0	1	1	1	1	1	1	0	0	1	3
0	1	0	0	0	1	1	0	0	1	1	4
0	1	0	1	1	0	1	1	0	1	1	5
0	1	1	0	1	0	1	1	1	1	1	6
0	1	1	1	1	1	1	0	0	0	0	7
1	0	0	0	1	1	1	1	1	1	1	8
1	0	0	1	1	1	1	1	0	1	1	9

(2)由真值表写出各输出函数的逻辑表达式。由真值表可以发现，输出为 0 的状态远少于输出为 1 的状态，故可采用合并 0 求反函数的方式来获得较为简单的逻辑表达式。由此得到的逻辑表达式为

$$\overline{a}=\overline{A}_3\overline{A}_2\overline{A}_1A_0+\overline{A}_3A_2\overline{A}_1\overline{A}_0$$

$$\overline{b}=\overline{A}_3A_2\overline{A}_1A_0+\overline{A}_3A_2A_1\overline{A}_0$$

$$\overline{c}=\overline{A}_3\overline{A}_2A_1\overline{A}_0$$

$$\overline{d}=\overline{A}_3\overline{A}_2\overline{A}_1A_0+\overline{A}_3A_2\overline{A}_1\overline{A}_0+\overline{A}_3A_2A_1A_0$$

$$\overline{e}=\overline{A}_3\overline{A}_2\overline{A}_1A_0+\overline{A}_3\overline{A}_2A_1A_0+\overline{A}_3A_2\overline{A}_1\overline{A}_0+\overline{A}_3A_2\overline{A}_1A_0+\overline{A}_3A_2A_1A_0+A_3\overline{A}_2\overline{A}_1A_0$$

$$\overline{f}=\overline{A}_3\overline{A}_2\overline{A}_1A_0+\overline{A}_3\overline{A}_2A_1\overline{A}_0+\overline{A}_3\overline{A}_2A_1A_0+\overline{A}_3A_2A_1A_0$$

$$\overline{g}=\overline{A}_3\overline{A}_2\overline{A}_1\overline{A}_0+\overline{A}_3\overline{A}_2\overline{A}_1A_0+\overline{A}_3A_2A_1A_0$$

(3)利用卡诺图对上面 7 个逻辑表达式进行化简。

化简后的函数表达式为

$$\overline{a}=\overline{A}_3\overline{A}_2\overline{A}_1A_0+A_2\overline{A}_1\overline{A}_0$$

$$\overline{b}=A_2\overline{A}_1A_0+A_2A_1\overline{A}_0$$

$$\overline{c}=\overline{A}_2A_1\overline{A}_0$$

$$\overline{d}=\overline{A}_3\overline{A}_2\overline{A}_1A_0+A_2\overline{A}_1\overline{A}_0+A_2A_1A_0$$

$$\overline{e}=A_0+A_2\overline{A}_1$$

$$\overline{f}=\overline{A}_3\overline{A}_2A_0+A_1A_0+\overline{A}_2A_1$$

$$\overline{g}=\overline{A}_3\overline{A}_2\overline{A}_1+A_2A_1A_0$$

(4)根据化简后的函数表达式画出该七段显示译码器的逻辑图。由上述与-或表达式可画出用与门和非门实现的七段显示译码器的逻辑图，如图 4.5.12 所示。如果用与非门来完成译码功能，则需将化简后的函数表达式经过两次取反化成与非表达式。

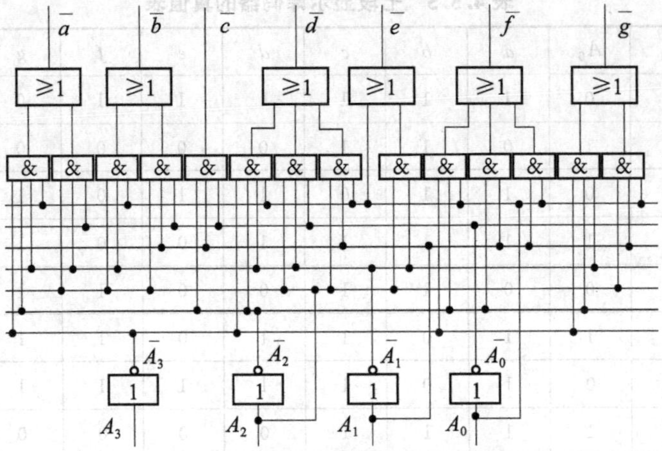

图 4.5.12　七段显示译码器的逻辑图

实际中已有中规模集成电路七段显示译码器的标准器件，其逻辑图较上述原理电路要复杂，除译码功能部分外，还有辅助控制电路，以完成一些辅助功能。

4.6　数据选择器

4.6.1　数据选择器的功能

数据选择器又称多路选择开关，它从多路数字信号中选择出其中所需要的一路信号输出，如图 4.6.1 所示。在选择输入的控制下，多路选择开关从多个数据输入通道中选择一个通道的数据传输到输出端。

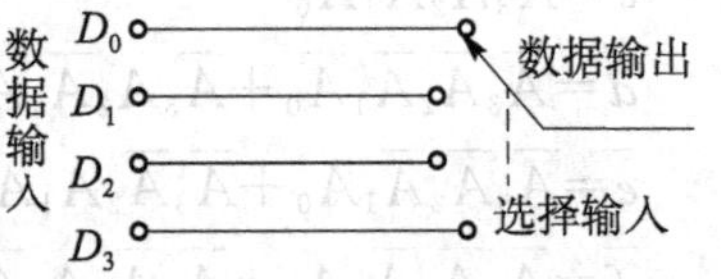

图 4.6.1　数据选择器的功能示意图

4.6.2　数据选择器的逻辑图

4 选 1 数据选择器的逻辑图如图 4.6.2 所示。由图可知，当使能端 $EN=1$ 时，$\overline{EN}=0$，各个与门都封闭，总的输出 $Z=0$；当使能端 $EN=0$ 时，各个与门开放，或门输出为

$$Z=[(\overline{A}_1\overline{A}_0)D_0+(\overline{A}_1A_0)D_1+(A_1\overline{A}_0)D_2+(A_1A_0)D_3]\overline{EN}$$

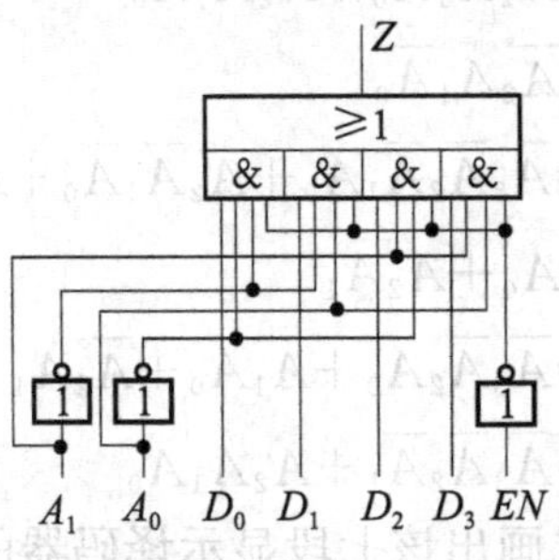

图 4.6.2　4 选 1 数据选择器的逻辑图

若用 m_i 表示选择输入变量 A_1、A_0 的最小项，并且设电路处于使能状态，则

$$Z=[(\overline{A}_1\overline{A}_0)D_0+(\overline{A}_1A_0)D_1+(A_1\overline{A}_0)D_2+(A_1A_0)D_3]\overline{EN}$$
$$=m_0D_0+m_1D_1+m_2D_2+m_3D_3$$

由此可列出该4选1数据选择器的真值表，如表4.6.1所示。

表4.6.1 4选1数据选择器的真值表

使能端 EN	选择输入 A_1 A_0	数据输入 D_0 D_1 D_2 D_3	输出 Z
1	× ×	× × × ×	0
0	0 0	D_0 × × ×	D_0
0	0 1	× D_1 × ×	D_1
0	1 0	× × D_2 ×	D_2
0	1 1	× × × D_3	D_3

4.6.3 数据选择器的应用

数据选择器不仅可以实现数据的选择传输，还可以实现其他功能，如逻辑函数的产生、并行数据到串行数据之间的转换等。下面以逻辑函数的产生为例说明数据选择器的其他用途。

例4.6.1 试用4选1数据选择器实现函数 $Z=\overline{A}\overline{B}+AB$。

解：4选1数据选择器的输出函数为

$$Z=[(\overline{A}_1\overline{A}_0)D_0+(\overline{A}_1A_0)D_1+(A_1\overline{A}_0)D_2+(A_1A_0)D_3]\overline{EN}$$

当 $EN=0$ 时，电路处于使能状态，此时上式为

$$Z=(\overline{A}_1\overline{A}_0)D_0+(\overline{A}_1A_0)D_1+(A_1\overline{A}_0)D_2+(A_1A_0)D_3$$

如果用输入 A、B 代替选择输入 A_1、A_0，则上式变为

$$Z=(\overline{A}\ \overline{B})D_0+(\overline{A}B)D_1+(A\overline{B})D_2+(AB)D_3$$

如果让数据输入 $D_0D_1D_2D_3$ 的取值为1001，则上式变为

$$Z=(\overline{A}\overline{B})\cdot 1+(\overline{A}B)\cdot 0+(A\overline{B})\cdot 0+(AB)\cdot 1$$
$$=\overline{A}\overline{B}+AB$$

结果与题目要求的函数相同，实际上也就是利用数据选择器产生了逻辑函数。画逻辑图时，只要将图4.6.2的 EN 接“0”，D_0、D_3 接“1”，D_1、D_2 接“0”即可。

例4.6.2 试用8选1数据选择器实现函数 $Y=\overline{A}\overline{B}\overline{C}+\overline{A}B\overline{C}+A\overline{B}C+ABC$。

解：由4选1数据选择器得到启发，可推出8选1数据选择器的输出为

$$Y=[m_0D_0+m_1D_1+m_2D_2+m_3D_3+m_4D_4+m_5D_5+m_6D_6+m_7D_7]\overline{EN}$$

式中，m_i 是由 A_2、A_1、A_0 构成的最小项；$D_i(i=0, 1, \cdots, 7)$ 是数据输入。当使能端 $EN=0$ 时，输出函数 Y 就是选择输入 A_2、A_1、A_0 和数据输入 $D_0\sim D_7$ 的与或函数，即

$$Y=m_0D_0+m_1D_1+m_2D_2+m_3D_3+m_4D_4+m_5D_5+m_6D_6+m_7D_7$$
$$=\sum_{i=0}^{7}(m_iD_i)$$

式中，当 $D_i=1$ 时，其对应的最小项 m_i 在与-或表达式中出现；当 $D_i=0$ 时，其对应的最小项则不在与-或表达式中出现。据此可方便地实现逻辑函数。

根据题中要求，只要将数据选择器的选择输入 A_2、A_1、A_0 作为函数的输入变量，数据输入 $D_0 \sim D_7$ 作为控制信号，使能端 EN 始终保持低电平，即可构成三变量逻辑函数发生器。

将题中的输出函数 $Y=\overline{A}\overline{B}\overline{C}+\overline{A}B\overline{C}+A\overline{B}C+ABC$ 写成标准和式：

$$
\begin{aligned}
Y &= m_0D_0+m_2D_2+m_5D_5+m_7D_7 \\
&= \sum(0,\ 2,\ 5,\ 7)
\end{aligned}
$$

取 D_0、D_2、D_5、D_7 都等于 1，式中未出现项所对应的 D_1、D_3、D_4、D_6 都等于 0。由此可画出 8 选 1 数据选择器产生逻辑函数的逻辑图，如图 4.6.3 所示。

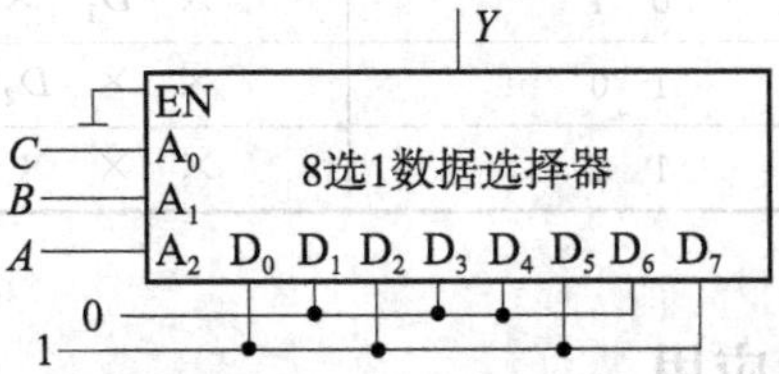

图 4.6.3　例 4.6.2 的逻辑图

74LS151 是一种典型的集成电路数据选择器，它有 3 个地址输入端 A_2、A_1、A_0，8 个输入信号端 $D_0 \sim D_7$，两个互补输出端，即同相输出端 Y 和反相输出端 $\overline{Y}$。其功能表如表 4.6.2 所示，使能端 $\overline{E}$ 为低电平有效。

表 4.6.2　74LS151 的功能表

$\overline{E}$	A_2	A_1	A_0	Y	$\overline{Y}$
1	×	×	×	0	1
0	0	0	0	D_0	$\overline{D_0}$
0	0	0	1	D_1	$\overline{D_1}$
0	0	1	0	D_2	$\overline{D_2}$
0	0	1	1	D_3	$\overline{D_3}$
0	0	0	0	D_4	$\overline{D_4}$
0	1	0	1	D_5	$\overline{D_5}$
0	1	1	0	D_6	$\overline{D_6}$
0	1	1	1	D_7	$\overline{D_7}$

如果将 74LS151 的使能端作为地址选择输入端，则可以将两片 74LS151 连接成一个 16 选 1 的数据选择器，其连接方式如图 4.6.4 所示。16 选 1 数据选择器的地址输入有 4 位，其中高位 D 与一个 8 选 1 数据选择器的使能端连接，经过非门后与另一个数据选择器的使能端连接。低 3 位地址选择输入端 C、B、A 由两片 74LS151 的地址输入端相对应连接而成。

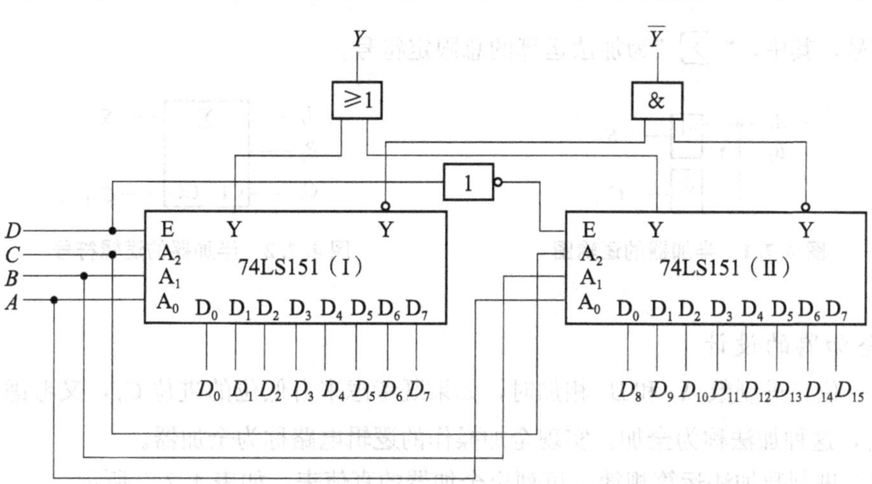

图 4.6.4 两片 74LS151 级联的 16 选 1 数据选择器的逻辑图

4.7 加 法 器

两个二进制数之间的算术运算如减、乘、除，在数字计算机中往往是转换为加法进行运算的。因此，加法器是计算机中构成算术运算器的基本单元。能实现两个一位二进制数相加功能的电路称为一位加法器。一位加法器有半加器与全加器之分。下面来设计一位加法器。

4.7.1 一位加法器

1. 半加器的设计

在两个一位二进制数相加时，如果不考虑来自低位的进位，这种加法称为半加。能实现半加操作的逻辑电路称为半加器。

设半加器的两个一位二进制数分别为 A_i 和 B_i，进行半加后产生的两个输出分别是本位和 S_i 与向高位的进位 C_{i+1}。半加器真值表如表 4.7.1 所示。

表 4.7.1 半加器的真值表

A_i	B_i	S_i	C_{i+1}
0	0	0	0
0	1	1	0
1	0	1	0
1	1	0	1

从真值表可得到半加器的逻辑表达式如下：

$$S_i=\overline{A}_iB_i+A_i\overline{B}_i$$

$$C_{i+1}=A_iB_i$$

根据以上逻辑表达式可以画出半加器的逻辑图，如图 4.7.1 所示。图 4.7.2 为半加器的逻辑符号，其中，“ $\sum$ ”为加法运算的总限定符号。

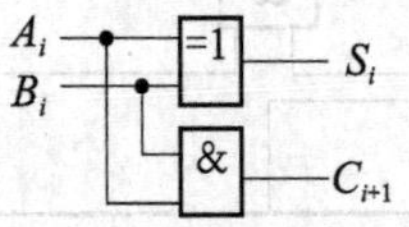

图 4.7.1　半加器的逻辑图

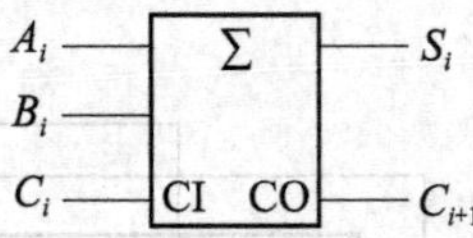

图 4.7.2　半加器的逻辑符号

2. 全加器的设计

两个一位二进制数 A_i 和 B_i 相加时，如果既考虑来自低位的进位 C_i，又考虑向高位的进位 C_{i+1}，这种加法称为全加。实现全加操作的逻辑电路称为全加器。

按照二进制数加法运算规律，可列出全加器的真值表，如表 4.7.2 所示。

表 4.7.2　全加器的真值表

A_i	B_i	C_i	S_i	C_{i+1}
0	0	0	0	0
0	0	1	1	0
0	1	0	1	0
0	1	1	0	1
1	0	0	1	0
1	0	1	0	1
1	1	0	0	1
1	1	1	1	1

由真值表可写出本位和 S_i 及向高位的进位 C_{i+1} 的逻辑表达式：

$$S_i = A_i\overline{B}_i\overline{C}_i + \overline{A}_iB_i\overline{C}_i + \overline{A}_i\overline{B}_iC_i + A_iB_iC_i$$
$$= (A_i\overline{B}_i + \overline{A}_iB_i)\overline{C}_i + (\overline{A}_i \cdot \overline{B}_i + A_iB_i)C_i$$
$$= A_i \oplus B_i \oplus C_i$$
$$C_{i+1} = A_iB_i\overline{C}_i + A_i\overline{B}_iC_i + \overline{A}_iB_iC_i + A_iB_iC_i$$
$$= (A_i\overline{B}_i + \overline{A}_iB_i)C_i + A_iB_i$$
$$= (A_i \oplus B_i)C_i + A_iB_i$$

由此可画出全加器的逻辑图，如图 4.7.3 所示。图 4.7.4 是全加器的逻辑符号。

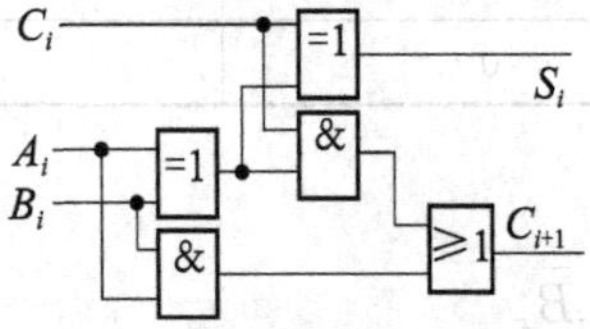

图 4.7.3　全加器的逻辑图

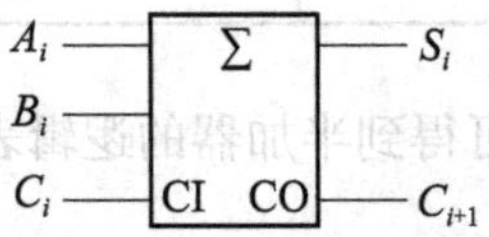

图 4.7.4　全加器的逻辑符号

4.7.2　多位加法器

1. 串行进位加法器

全加器只能进行一位二进制数相加。因此，当进行多位二进制数相加时，就必须使用多个全加器。只要依次将低位全加器的进位输出端 CO 接到高位全加器的进位输入端 CI，就可以构成多位加法器了。

图 4.7.5 所示就是根据上述原理接成的 4 位串行进位加法器，低位全加器的进位输出端 CO 和相邻高位全加器的进位输入端 CI 相连，最低位的进位输入端接地。显然，每一位的相加结果都必须等到低一位的进位产生以后才能建立起来，因此这种结构的电路称为串行进位加法器(或称为行波进位加法器)。

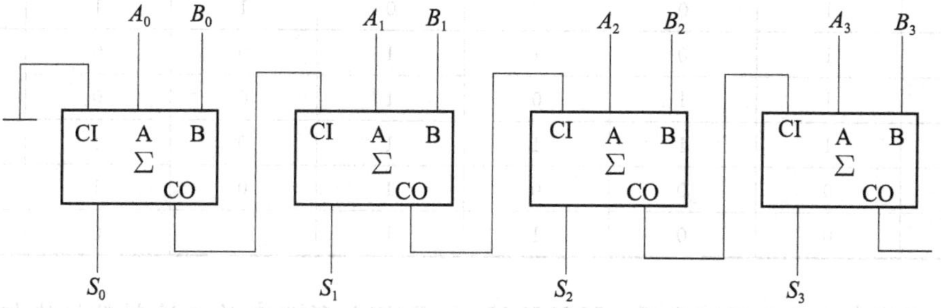

图 4.7.5　4 位串行进位加法器

这种加法器的运算速度慢。在一般情况下，做一次加法运算需要经过 4 个全加器的传输延迟时间(从输入加数到输出状态稳定建立起来所需要的时间)才能得到稳定可靠的运算结果。但考虑到串行进位加法器的电路结构比较简单，因而，在对运算速度要求不高的场合，这种加法器仍不失为一种可取的电路。当要求运算速度较高时，可采用超前进位加法器。

2. 超前进位加法器

为了提高加法的运算速度，必须设法减少进位信号逐级传递所耗费的时间，那么高位的进位输入信号能否在相加运算开始时就知道呢？

我们知道，加到第 i 位的进位输入信号是这两个加数第 i 位以下各位状态的函数，所以第 i 位的进位输入信号 C_i 由 $A_{i-1}A_{i-2}\cdots A_0$ 和 $B_{i-1}B_{i-2}\cdots B_0$ 唯一确定。根据这个原理，就可以通过逻辑电路得出每一位全加器的进位输入信号，而无须再从最低位开始向高位逐位传递进位信号了，这就有效提高了运算速度。采用这种结构形式的加法器称为超前进位加法器，也称为快速进位加法器。

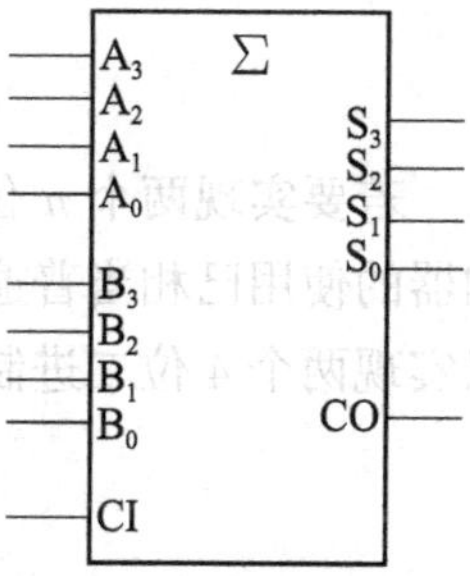

图 4.7.6　CT74LS283 的逻辑符号

图 4.7.6 所示为 4 位超前进位加法器 CT74LS283 的逻辑符号。图中，$A_3\sim A_0$ 和 $B_3\sim B_0$ 为两组 4 位二进制数的输入端；$S_3\sim S_0$ 为和数输出端；CI 为相邻低位进位输入端；CO 为进位输出端。

例 4.7.1 试用 4 位超前进位加法器 CT74LS283 设计一个代码转换电路，将十进制代码的 8421 码转换成余 3 码。

解： 以 8421 码为输入 $DCBA$，余 3 码为输出 $Y_3Y_2Y_1Y_0$，即可列出代码转换电路的真值表，如表 4.7.3 所示。

表 4.7.3 例 4.7.1 的真值表

D	C	B	A	Y_3	Y_2	Y_1	Y_0
0	0	0	0	0	0	1	1
0	0	0	1	0	1	0	0
0	0	1	0	0	1	0	1
0	0	1	1	0	1	1	0
0	1	0	0	0	1	1	1
0	1	0	1	1	0	0	0
0	1	1	0	1	0	0	1
0	1	1	1	1	0	1	0
1	0	0	0	1	0	1	1
1	0	0	1	1	1	0	0

仔细观察表 4.7.3 不难发现，$Y_3Y_2Y_1Y_0$ 和 $DCBA$ 所代表的二进制数始终相差 0011，即十进制数 3，故可得 $Y_3Y_2Y_1Y_0=DCBA+0011$。其实这也正是余 3 码的特征。根据所得式子，用一片 4 位超前进位加法器 CT74LS283 便可实现将 8421 码转换成余 3 码的代码转换电路，如图 4.7.7 所示。

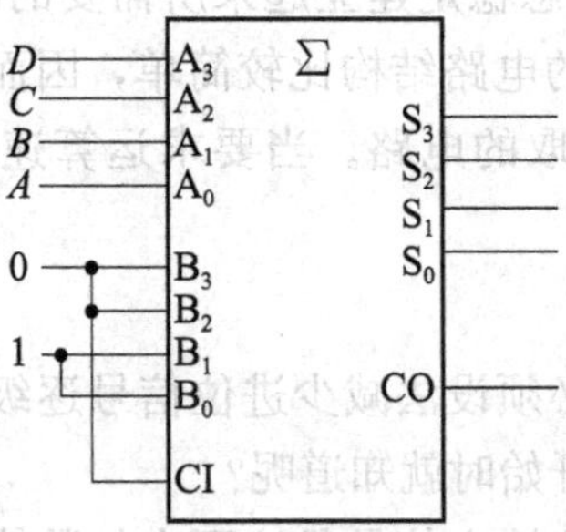

图 4.7.7 例 4.7.1 的代码转换电路

若要实现两个 n 位二进制数的加法运算，则需要 n 个全加器。在实际中，单片集成全加器的使用已相当普遍，例如中规模集成全加器 74LS83 是一个 4 位二进制数全加器，它可以实现两个 4 位二进制数的相加，其引脚排列如图 4.7.8 所示。

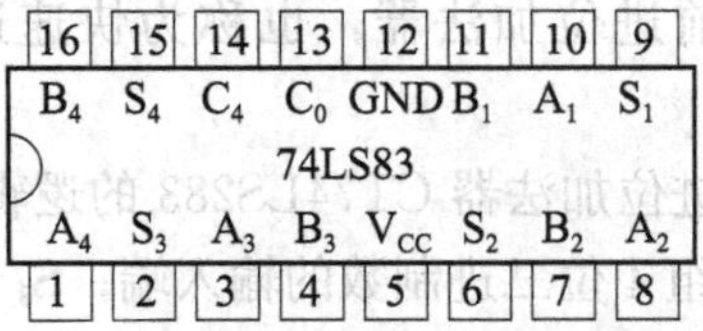

图 4.7.8 74LS83 的引脚排列

如果需要对两个 8 位二进制数进行加法运算，则可以将两片 74LS83 的进位端串联，如图 4.7.9 所示。

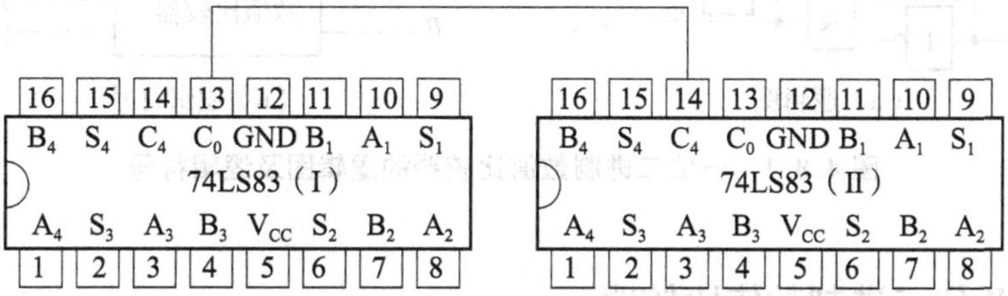

图 4.7.9 两片 74LS83 构成的 8 位二进制数加法器

4.8 数值比较器

在数字系统，特别是计算机中，经常需要对两个数进行大小比较，能实现两数大小比较的逻辑电路称为数值比较器。

数值比较器能实现两个 n 位二进制数 A、B 的比较，比较的结果只可能有 3 种情况：$A>B$，$A<B$，$A=B$。下面先来讨论两个一位二进制数进行比较的情况。

4.8.1 一位二进制数值比较器

一位二进制数值比较器是能实现两个一位二进制数 A 和 B 相比较的逻辑电路。

若 A 和 B 为两个一位二进制数，则比较的情况有以下 3 种可能：

(1)若 $A>B$(即 $A=1$、$B=0$)，则 $A\overline{B}=1$，$A>B$ 的输出信号用 $Y_{A>B}$ 表示；

(2)若 $A<B$(即 $A=0$、$B=1$)，则 $\overline{A}B=1$，$A<B$ 的输出信号用 $Y_{A<B}$ 表示；

(3)若 $A=B$(即 $A=B=1$ 或 $A=B=0$)，则 $AB+\overline{A}\,\overline{B}=1$，$A=B$ 的输出信号用 $Y_{A=B}$ 表示。

由此分析可列出一位二进制数值比较器的真值表，如表 4.8.1 所示。

表 4.8.1 一位二进制数值比较器的真值表

A	B	$Y_{A>B}$	$Y_{A<B}$	$Y_{A=B}$
0	0	0	0	1
0	1	0	1	0
1	0	1	0	0
1	1	0	0	1

由真值表可写出一位二进制数值比较器各输出量的逻辑表达式：

$$Y_{A>B}=A\overline{B}\quad Y_{A<B}=\overline{A}B\quad Y_{A=B}=AB+\overline{A}\,\overline{B}=A\odot B$$

由以上逻辑表达式可画出一位二进制数值比较器的逻辑图，如图 4.8.1(a)所示；图 4.8.1(b)是它的逻辑符号。

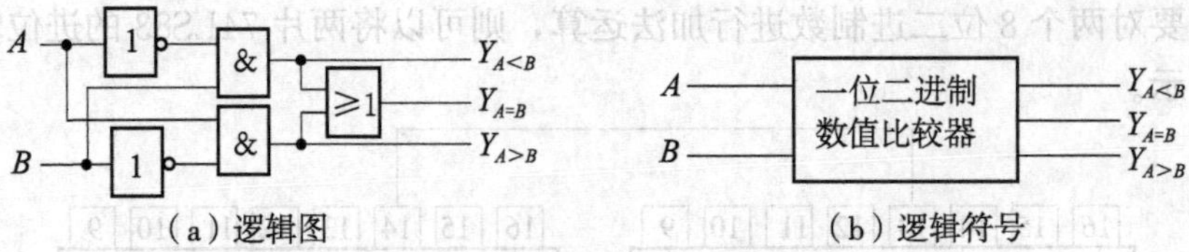

图 4.8.1　一位二进制数值比较器的逻辑图及逻辑符号

4.8.2　两位二进制数值比较器

两个多位数相比较时，总是先从高位开始比较，如果高位不相等，这时无论低位如何，其结果都是由高位的比较结果来确定；如果高位相等，则再比较次高位，依次类推就可以进行两个多位数的比较。下面以两个两位二进制数的比较为例，说明多位数的比较过程。

例如，比较两个两位二进制数 $A=A_1A_0$ 和 $B=B_1B_0$。根据上面所介绍的比较次序和一位二进制数值比较器的结果，可以列出两位二进制数值比较器的真值表，如表 4.8.2 所示。在表中为简化输出表示形式，将一位二进制比较器的输出直接作为变量使用。

表 4.8.2　两位二进制数值比较器的真值表

A_1B_1	A_0B_0	$Y_{A>B}$	$Y_{A<B}$	$Y_{A=B}$
$A_1>B_1$	×	1	0	0
$A_1<B_1$	×	0	1	0
$A_1=B_1$	$A_0>B_0$	1	0	0
	$A_0<B_0$	0	1	0
	$A_0=B_0$	0	0	1

由以上真值表可以写出两位二进制数值比较器各输出量的逻辑表达式：

$$Y_{A>B}=(A_1>B_1)+(A_1=B_1)(A_0>B_0)$$
$$Y_{A<B}=(A_1<B_1)+(A_1=B_1)(A_0<B_0)$$
$$Y_{A=B}=(A_1=B_1)(A_0=B_0)$$

根据以上逻辑表达式可以画出两位二进制数值比较器的逻辑图，如图 4.8.2 所示。

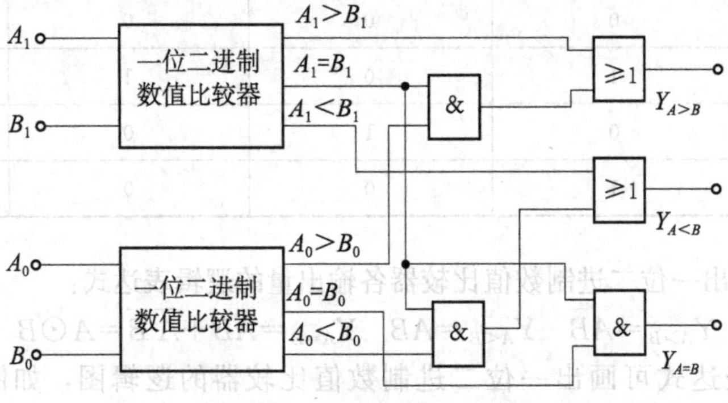

图 4.8.2　两位二进制数值比较器的逻辑图

集成数值比较器 74LS85 是 4 位数值比较器。两个 4 位数 A 和 B 的比较是从最高位 A_3 和 B_3 开始的，如果它们不相等，则该位的比较结果可以作为两数的比较结果；如果 $A_3=B_3$，则再比较次高位 A_2 和 B_2，以此类推。显然，如果两数相等，那么比较步骤必须进行到最低位才能得到结果。74LS85 的功能表如表 4.8.3 所示。

表 4.8.3 74LS85 的功能表

数码输入				级联输入			输出		
$A_3\ B_3$	$A_2\ B_2$	$A_1\ B_1$	$A_0\ B_0$	$I_{A>B}$	$I_{A<B}$	$I_{A=B}$	$F_{A>B}$	$F_{A<B}$	$F_{A=B}$
$A_3>B_3$	×	×	×	×	×	×	1	0	0
$A_3>B_3$	×	×	×	×	×	×	0	1	0
$A_3=B_3$	$A_2>B_2$	×	×	×	×	×	1	0	0
$A_3=B_3$	$A_2<B_2$	×	×	×	×	×	0	1	0
$A_3=B_3$	$A_2=B_2$	$A_1>B_1$	×	×	×	×	1	0	0
$A_3=B_3$	$A_2=B_2$	$A_1<B_1$	×	×	×	×	0	1	0
$A_3=B_3$	$A_2=B_2$	$A_1=B_1$	$A_0>B_0$	×	×	×	1	0	0
$A_3=B_3$	$A_2=B_2$	$A_1=B_1$	$A_0<B_0$	×	×	×	0	1	0
$A_3=B_3$	$A_2=B_2$	$A_1=B_1$	$A_0=B_0$	1	0	0	1	0	0
$A_3=B_3$	$A_2=B_2$	$A_1=B_1$	$A_0=B_0$	0	1	0	0	1	0
$A_3=B_3$	$A_2=B_2$	$A_1=B_1$	$A_0=B_0$	0	0	1	0	0	1

74LS85 的引脚图和逻辑符号如图 4.8.3 所示。

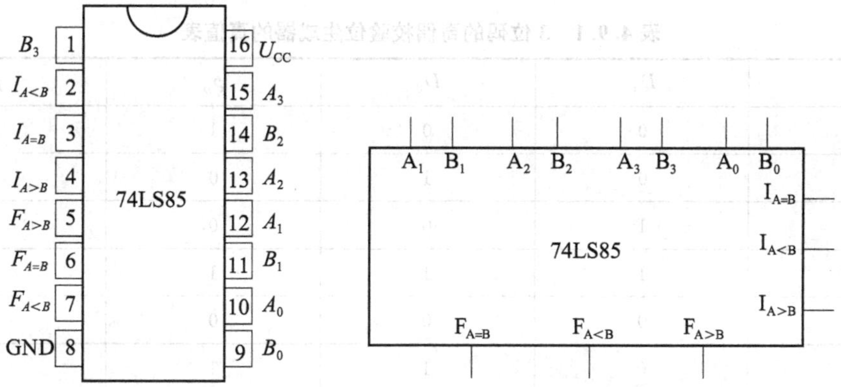

(a)引脚图 (b)逻辑符号

图 4.8.3 74LS85 的引脚图和逻辑符号

用两片 74LS85 构成 8 位数值比较器，如图 4.84 所示。74LS85(C_0)为低 4 位数值比较器，级联输入 $I_{A>8}$、$I_{A<8}$、$I_{A=B}$ 分别接 $I_{A>B}=I_{A<B}=0$，$I_{A=B}=1$，其输出端 $F_{A>B}$、$F_{A<B}$、$F_{A=B}$ 分别接高 4 位数值比较器 74LS85(C_1)的级联输入端 $I_{A>B}$、$I_{A<B}$、$I_{A=B}$，74LS85(C_1)的 $F_{A>B}$、$F_{A<B}$、$F_{A=B}$ 为 8 位数值比较器的输出。对于两个 8 位数，若高 4 位相同，它们的大小则由低 4 位比较器的比较结果确定。因此，低 4 位的比较结果应作为高 4

位的条件，即低 4 位比较器的输出端应分别与高 4 位比较器的级联输入端连接。

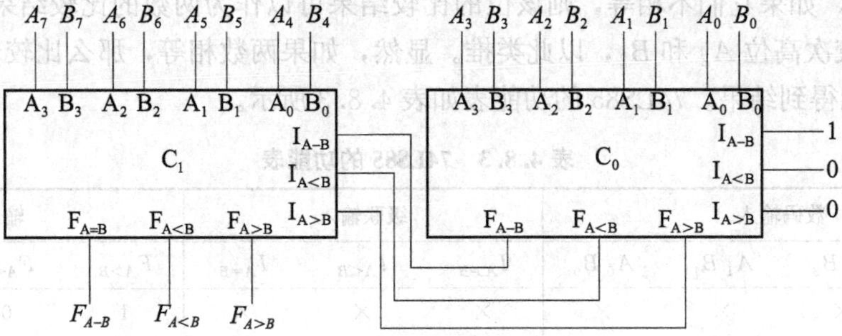

图 4.8.4 8 位二进制数值比较器的逻辑图

4.9 奇偶校验电路

当数据从发送端传送到另一端时，人们希望能知道在接收端得到的数据是否正确。最简单的检测错误的方法是在传输数据后面添加一位附加位，该附加位称为奇偶校验位。

目前正在使用的两种不同的错误检测系统是偶校验系统和奇校验系统。在偶校验系统中，选取奇偶校验位的值，使被传输的码中 1 的个数为偶数；在奇校验系统中，添加的奇偶校验位保证所传输的码中 1 的个数为奇数。

3 位码的奇偶校验位生成器的真值表如表 4.9.1 所示，$D_2 \sim D_0$ 表示传输数据，p_o 和 p_e 表示产生的奇偶校验位。

表 4.9.1 3 位码的奇偶校验位生成器的真值表

D_2	D_1	D_0	p_o	p_e
0	0	0	1	0
0	0	1	0	1
0	1	0	0	1
0	1	1	1	0
1	0	0	0	1
1	0	1	1	0
1	1	0	1	0
1	1	1	0	1

由真值表可直接得到 p_e 和 p_o 的逻辑表达式分别为

$$p_e = \overline{D_2}\,\overline{D_1}D_0 + \overline{D_2}D_1\overline{D_0} + D_2\overline{D_1}\,\overline{D_0} + D_2D_1D_0 = D_2 \oplus D_1 \oplus D_0$$

$$p_o = \overline{D_2 \oplus D_1 \oplus D_0}$$

图 4.9.1 是一个四输入偶校验电路，根据组合逻辑电路的分析方法对该电路的分析如下。

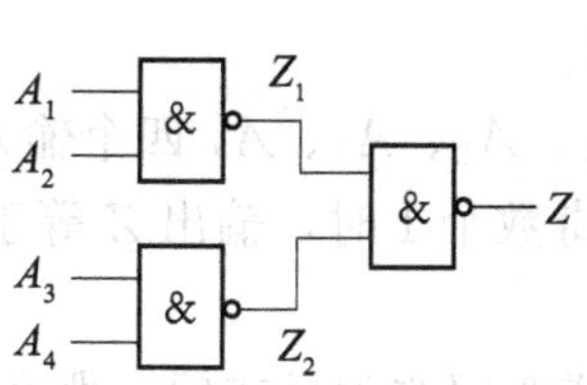

图 4.9.1 四输入偶校验电路

(1)逐级写出输出函数的逻辑表达式。

$$Z_1=\overline{A_1\cdot A_2}=\overline{A_1}\cdot\overline{A_2}+A_1A_2$$

$$Z_2=\overline{A_3\cdot A_4}=\overline{A_3}\cdot\overline{A_4}+A_3A_4$$

$$Z=\overline{Z_1\cdot Z_2}$$

$$=\overline{Z_1}\cdot\overline{Z_2}+Z_1Z_2$$

$$=A_1A_2A_3A_4+A_1A_2\overline{A_3}\cdot\overline{A_4}+\overline{A_1}\cdot\overline{A_2}A_3A_4+\overline{A_1}\cdot\overline{A_2}\cdot\overline{A_3}\cdot\overline{A_4}$$

$$+A_1\overline{A_2}A_3\overline{A_4}+A_1\overline{A_2}\cdot\overline{A_3}A_4+\overline{A_1}A_2A_3\overline{A_4}+\overline{A_1}A_2\overline{A_3}A_4$$

(2)列出真值表。将输入变量 A_1、A_2、A_3、A_4 的 16 种可能的取值组合列出，为方便计算，表中增加了中间变量 Z_1 和 Z_2，根据每一组变量的取值组合情况，分别求出 Z_1、Z_2 和 Z 的值，并填入表 4.9.2 中。

表 4.9.2 真值表

输入				中间输出		输出
A_1	A_2	A_3	A_4	Z_1	Z_2	Z
0	0	0	0	1	1	1
0	0	0	1	1	0	0
0	0	1	0	1	0	0
0	0	1	1	1	1	1
0	1	0	0	0	1	0
0	1	0	1	0	0	1
0	1	1	0	0	0	1
0	1	1	1	0	1	0
1	0	0	0	0	1	0
1	0	0	1	0	0	1
1	0	1	0	0	0	1
1	0	1	1	0	1	0
1	1	0	0	1	1	1
1	1	0	1	1	0	0
1	1	1	0	1	0	0
1	1	1	1	1	1	1

(3)根据真值表说明逻辑功能。

分析真值表可以看出，当 A_1、A_2、A_3、A_4 四个输入变量中有偶数个 1 或全为 0 时，输出 Z 等于 1；当输入变量中有奇数个 1 时，输出 Z 等于 0。因此，这是一个四输入偶校验器。

如果将这个逻辑电路中的与或非门改为异或门，那么经过同样的分析可知电路实现的是四输入奇校验器。

本章学习目的和要求

本章主要介绍了数字系统中两大类型电路之一的组合逻辑电路，重点讨论了组合逻辑电路的基本特点、分析方法和设计方法；同时介绍了常用的中规模集成器件的工作原理及应用，这些器件包括编码器、译码器、数据选择器、加法器、数值比较器、奇偶校验电路等；并对组合逻辑电路中存在的竞争与冒险现象做了简要说明。

(1)明确组合逻辑电路的基本特点。

(2)掌握组合逻辑电路的分析方法和设计方法。

(3)学会判别组合逻辑电路中存在的竞争与冒险现象的方法，并能采取相应的方法消除冒险。

(4)理解分析常用中规模集成器件的逻辑功能应从器件的功能表入手，而不是从器件的逻辑图入手。

实验 1　用基本门电路实现异或逻辑功能

一、实验目的

(1)加深对基本门电路逻辑功能的认识。

(2)会用与非门设计其他逻辑功能的电路。

二、实验内容

(1)根据 74LS00 中与非门的输入和输出之间的逻辑关系，测试各与非门能否正常工作，记录测试结果。

(2)测试 74LS00 中的一个与非门，即当一个输入端悬空时输入和输出之间的逻辑关系。

(3)用 74LS00、74LS04，按实验图 4.1.1 所示逻辑电路接线，将输入和输出之间的逻辑关系分别填入实验表 4.1.1，依据实验结果说明实验图 4.1.1 所示逻辑电路的输入与输出之间的逻辑关系。

(4)根据 74LS86 中异或门的输入与输出之间的逻辑关系，检验各异或门能否正常工作。

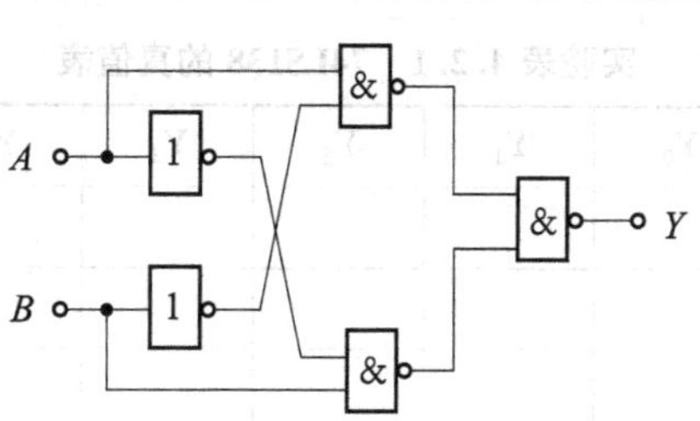

实验图 4.1.1　实验电路

实验表 4.1.1　实验电路真值表

A	B	Y
0	0	
0	1	
1	1	
1	1	

实验 2　译码器及数据分配器逻辑功能的验证

一、实验目的

(1)掌握译码器的使用方法。

(2)测试数据分配器的逻辑功能。

二、实验内容

1. 掌握译码器的使用方法

3 线-8 线译码器 74LS138 的详细功能参考 4.5 节中的相关内容来了解，其引脚排列如实验图 4.2.1 所示。将该译码器的 3 个输入端 C、B、A 分别接逻辑电平开关置数，输出端 Y_0、Y_1、Y_2、Y_3、Y_4、Y_5、Y_6、Y_7 分别接发光二极管，3 个使能输入端 G_{2A}、G_{2B}、G_1 分别接 0、0、1，74LS138 及逻辑电平开关、接同一路+5 V 电源。验证其译码功能，并将输出结果填入实验表 4.2.1，如果 G_{2A}、G_{2B}、G_1 不是 0、0、1，则译码器不工作。

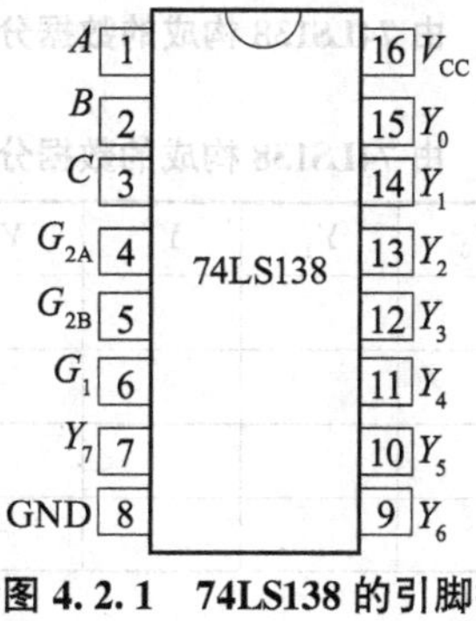

实验图 4.2.1　74LS138 的引脚排列

实验表 4.2.1　74LS138 的真值表

C	B	A	Y_0	Y_1	Y_2	Y_3	Y_4	Y_5	Y_6	Y_7
0	0	0								
0	0	1								
0	1	0								
0	1	1								
1	0	0								
1	0	1								
1	1	0								
1	1	1								

2. 验证由 74LS138 构成的数据分配器的逻辑功能

数据分配器的逻辑图如实验图 4.2.2 所示。D 为数据分配器的数据输入端，Y_0、Y_1、Y_2、Y_3、Y_4、Y_5、Y_6、Y_7 为数据分配器的输出端。将地址输入端 A、B、C 分别接 3 个逻辑电平开关，G_{2B} 接地，EN 接高电平，D 接另外一个逻辑电平开关，Y_0、Y_1、Y_2、Y_3、Y_4、Y_5、Y_6、Y_7 分别接 8 个发光二极管，74LS138 及逻辑电平开关、发光二极管接同一路＋5 V 电源。按照实验表 4.2.2 验证其数据分配器的逻辑功能，并将输出结果填入实验表 4.2.2。

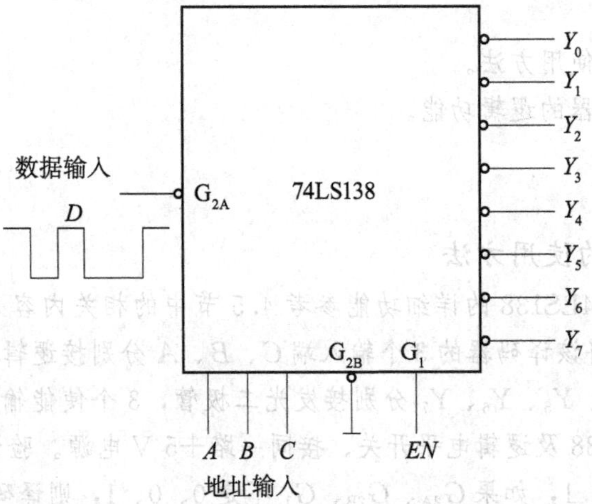

实验图 4.2.2　由 74LS138 构成的数据分配器的逻辑图

实验表 4.2.2　由 74LS138 构成的数据分配器的真值表

C	B	A	D	Y_0	Y_1	Y_2	Y_3	Y_4	Y_5	Y_6	Y_7
0	0	0	0								
0	0	1	0								
0	1	0	0								
0	1	1	0								

续表

C	B	A	D	Y_0	Y_1	Y_2	Y_3	Y_4	Y_5	Y_6	Y_7
1	0	0	0								
1	0	1	0								
1	1	0	0								
1	1	1	0								
0	0	0	1								
0	0	1	1								
0	1	0	1								
0	1	1	1								
1	0	0	1								
1	0	1	1								
1	1	0	1								
1	1	1	1								

实验 3　数据选择器逻辑功能的验证

一、实验目的

熟悉中规模集成数据选择器的逻辑功能及其测试方法。

二、实验内容

数据选择器选用中规模集成芯片 74LS153，它是双 4 选 1 数据选择器，引脚排列如实验图 4.3.1 所示。其中 $D_0 \sim D_3$ 为 4 个数据输入端，Y 为输出端，A_1、A_0 为控制输入端(或称地址端)，同时控制两个 4 选 1 数据选择器的工作，G 为使能端(或称工作状态选择端)，1G 为下标为 1 的数据选择器的使能端，2G 为下标为 2 的数据选择器的使能端。

通过使能端 G 从两个数据选择器中任选一个(1G 和 2G 哪个接低电平，则选中哪个对应的数据选择器)做实验，将选中的数据选择器的数据输入端 D_0、D_1、D_2、D_3，地址端 A_1、A_0 接逻辑电平开关，输出端 Y 接发光二极管，74LS153 及逻辑电平开关、发光二极管接同一路+5 V 电源。按表 4 逐项进行实验，并将输出结果填入实验表 4.3.1。

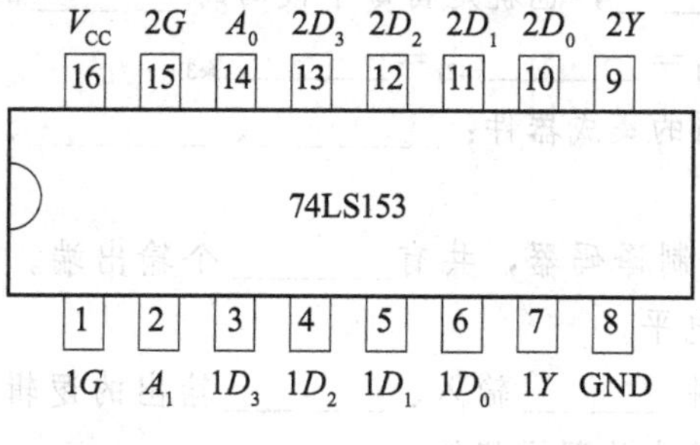

实验图 4.3.1　74LS153 的引脚排列

实验表 4.3.1　74LS153 真值表

G	A_1	A_0	D_0	D_1	D_2	D_3	Y
1	×	×	×	×	×	×	
0	0	0	D_0	D_1	D_2	D_3	
0	0	1	D_0	D_1	D_2	D_3	
0	1	0	D_0	D_1	D_2	D_3	
0	1	1	D_0	D_1	D_2	D_3	

习　题　4

4.1　填空题

1. 常用的组合逻辑电路的逻辑功能表示方法有________、________、逻辑图和________共 4 种。

2. 判别一个电路中是否存在冒险现象的方法有________和________两种。

3. 一位加法器有________和________两种。

4. 实际组合逻辑电路中，门电路存在延时，使信号经过不同路径到达同一点时会产生时差，这种时差称为________。它有可能使电路的输出产生错误，这种使电路产生错误输出的现象称为组合逻辑电路的________，消除这一问题的方法有________、________、________。

5. 将含有特定意义的数字或符号信息用二进制代码表示的过程称为________，实现该功能的电路称为________。

6. 将二进制代码表示的信息翻译出来的过程称为________，实现该功能的电路称为________。

7. 将多路输入数据在________信号的控制下，有选择地传送到输出端的过程称为数据选择，实现数据选择功能的电路称为________。

8. 对于优先编码器，当一位以上输入同时有效时，只对________的输入进行编码。

9. 译码器除具有译码功能外，还可以构成________。

10. 数据选择器除具有数据选择的功能外，还可以构成________和实现________功能。

11. 数据比较器对两个 n 位二进制数是由________位到________位逐位进行比较的。

12. 译码是编码的________，也就是将每个代码的________的过程。

13. $(011010000010)_{8421}=$________$_{5421}=$________$_{余3}$。

14. 试列举出 5 种常用的集成器件：________、________、________、________、________。

15. n 个输入端的二进制译码器，共有________个输出端。对于每一组输入代码，有________个输出端为有效电平。

16. 数据选择器是一种________输入、________输出的逻辑部件；数据分配器是一种________输入、________输出的逻辑部件。

17. 4 选 1 数据选择器中，A、B 为地址信号，$D_0=D_3=1$，$D_1=C$，$D_2=\overline{C}$，当 $AB=00$ 时，输出 $Z=$________；当 $AB=10$ 时，输出 $Z=$________。

4.2　选择题

1. 组合逻辑电路的特点是(　　)。

A. 含有记忆元件　　B. 输出、输入间有反馈通路

C. 电路输出与以前状态有关　　D. 全部由门电路构成

2. 函数 $F=\overline{A}C+AB+\overline{BC}$，当变量取值为(　　)，不会出现冒险现象。

A. $B=C=1$　　B. $B=C=0$　　C. $A=1$，$C=0$　　D. $A=B=0$

3. 下列器件中，属于组合逻辑电路的有(　　)。

A. 计数器和全加器　　B. 寄存器和比较器

C. 全加器和比较器　　D. 计数器和寄存器

4. 16 选 1 数据选择器有(　　)位地址(选择)输入端。

A. 1　　B. 2　　C. 4　　D. 8

5. 8 路数据分配器的地址输入端有(　　)个。

A. 4　　B. 3　　C. 2　　D. 1

6. 用 4 选 1 数据选择器实现函数 $Y=A_1A_0+A_1\overline{A}_0$，应使(　　)。

A. $D_0=D_2=0$，$D_1=D_3=1$　　B. $D_0=D_2=1$，$D_1=D_3=0$

C. $D_0=D_1=0$，$D_2=D_3=1$　　D. $D_0=D_1=1$，$D_2=D_3=0$

7. 一个译码器若有 100 个译码输出端，则应有(　　)译码输入端。

A. 5 个　　B. 6 个　　C. 7 个　　D. 8 个

4.3　判断题(正确的打√，错误的打×)

1. 组合逻辑电路在逻辑功能上的特点是，任意时刻的输出，仅仅取决于该时刻的输入信号，而与输入信号作用前电路的历史状态无关。(　　)

2. 有竞争的存在，就一定会产生冒险。(　　)

3. 组合逻辑电路输出、输入间有反馈通路。(　　)

4. 二进制译码器相当于一个最小项发生器，便于实现组合逻辑电路。(　　)

5. 优先编码器的编码信号是相互排斥的，不允许多个编码信号同时有效。(　　)

6. 组合逻辑电路中，数据选择器可实现并行数据向串行数据的转换。(　　)

4.4　解答题

1. 分析习题 4.4.1 图所示的各电路的逻辑功能。

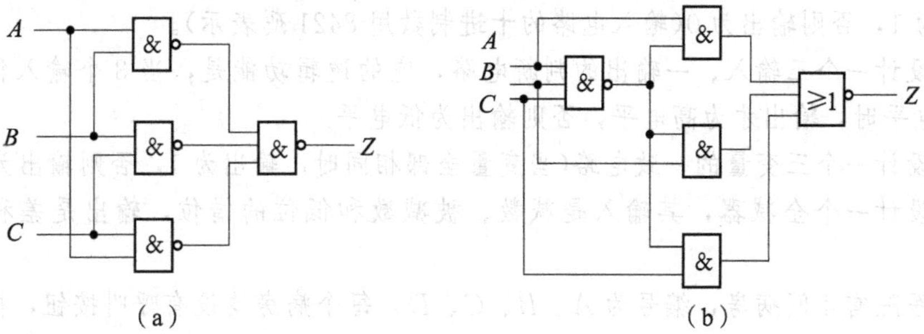

习题 4.4.1 图

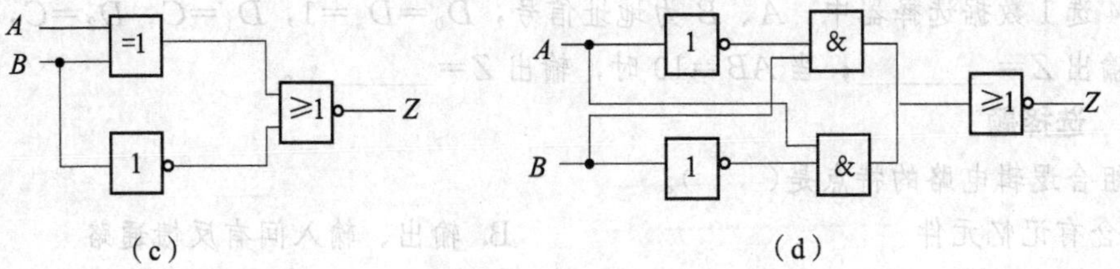

习题 4.4.1 图(续)

2. 试分析习题 4.4.2 图所示的电路是否合理，并写出最简与或式。

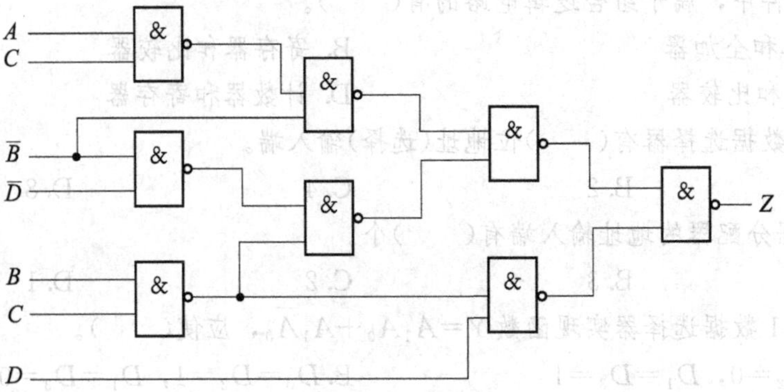

习题 4.4.2 图

3. 试分析习题 4.4.3 图所示电路的逻辑功能。写出输出逻辑表达式，并用最少的与非门实现该电路。

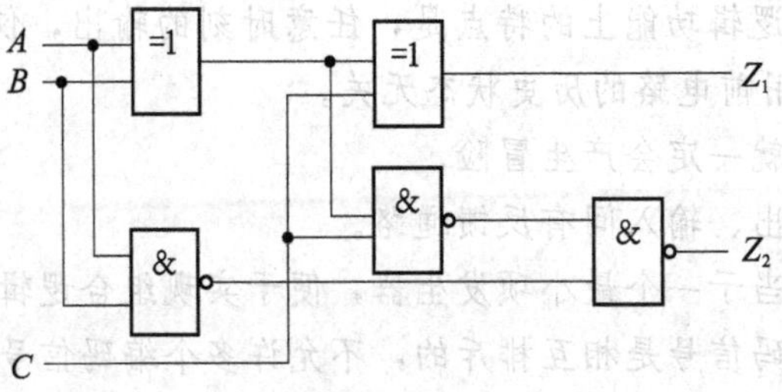

习题 4.4.3 图

4. 用与非门设计一个一位数值范围指示器，当输入电路的十进制数大于或等于 5 时，电路输出为 1，否则输出为 0(输入电路的十进制数用 8421 码表示)。

5. 试设计一个三输入、一输出的判断电路，它的逻辑功能是，当 3 个输入信号中有奇数个为高电平时，输出才为高电平，否则输出为低电平。

6. 试设计一个三变量的一致电路(当变量全部相同时，输出为 1，否则输出为 0)。

7. 试设计一个全减器，其输入是减数、被减数和低位的借位，输出是差和向高位的借位。

8. 某医院有 4 间病房，编号为 A、B、C、D，每个病房均设有呼叫按钮，按下呼叫按钮后，值班室对应的指示灯亮。现要求 A 病房的呼叫按钮被按下后，无论其他病房的呼叫按钮是否被按下，值班室只有与 A 病房对应的指示灯亮；当 A 病房的呼叫按钮没有被按下，而 B 病房的呼叫按钮被按下时，无论其他病房的呼叫按钮是否被按下，值班室只有与 B 病房对应的指示灯亮；当 A、B 病房的呼叫按钮均未被按下而 C 病房的呼叫按钮被按下时，无论 D 病房的呼叫按钮是否被按下，值班室只有与 C 病房对应的指示灯亮；当 A、B、C 病房的呼叫按钮均未被按下而 D 病房的呼叫按钮被按下时，值班室只有与 D 病房对应的指示灯亮。试设计一个满足上述要求的控制逻辑电路。

9. 试设计一个故障指示电器，要求如下：两台电动机同时工作时，绿灯亮；一台电动机发生故障时，黄灯亮；两台电动机同时发生故障时，红灯亮。

10. 试用 4 选 1 数据选择器 74LS153 产生下列函数：

(1)$Z=A\oplus B$；

(2)$Z=\sum m(0,2,4,5)$；

(3)$Z=\sum m(0,3,12,13,14)$。

11. 试用 8 选 1 数据选择器产生下列函数：

(1)$Z=C+\overline{A}\,\overline{B}+AB$；

(2)$Z=\sum m(1,2,5,7)$；

(3)$Z=\sum m(0,2,5,7,8,9,10,13,15)$；

(4)$Z=\sum m(2,3,6,10,15)$；

(5)$Z=\sum m(0,2,7,8,13)$。

12. 试用数据选择器 74LS153 实现习题 4.4.12 表所示的逻辑功能。

习题 4.4.12 表

A	B	Z
0	0	CD
0	1	$\overline{CD}$
1	0	$\overline{C+D}$
1	1	$C+D$

13. 试设计一个伪码检验电路，当输入的 4 位二进制码为 8421 伪码时，输出为 1，否则输出为 0。

14. 试用 3 线-8 线译码器 74LS138 实现下列逻辑函数：

$$Z_1=A\overline{C}+\overline{A}BC+A\overline{B}C$$

$$Z_2=B\overline{C}+\overline{A}\,\overline{B}C$$

15. 试用 74LS138 译码器设计一个三输入奇偶校验器。

16. 已知函数 $Z(A,B,C,D)=\sum m(6,7,10,11,12,13,14,15)$，试分别用以下几种组件实现 Z。

(1)8 选 1 数据选择器；

(2)4 线-16 线译码器和与非门(译码器输出低电平有效)；

(3)与非门。

17. 设计一个能实现两个 2 位二进制数乘法的组合逻辑电路。

18. 试用 8 选 1 数据选择器和与非门分别设计一个三变量多数表决器。

19. 试用一位二进制数值比较器设计一个 3 位二进制数值比较器。

20. 试用 74LS153 设计一个 8 选 1 数据选择器。

21. 试用两片 74LS153 和 74LS138 译码器实现一个 16 选 1 数据选择器。

第5章 触 发 器

前面介绍了逻辑门及由它们组成的组合逻辑电路，这些电路有一个共同的特点，就是某一时刻的输出信号完全取决于该时刻的输入信号，电路没有记忆功能。但在数字系统中，常常需要存储二进制编码信息，这就需要使用触发器作为存储元件，构成较复杂、实用的、具有记忆功能的时序逻辑电路。

本章主要介绍各种触发器的结构、逻辑功能，以及各种触发器间的相互转换。

5.1 概 述

1. 触发器的基本性质

触发器是能够存储一位二进制码的逻辑电路，它有两个输出端 Q 和 $\overline{Q}$，正常情况下它们以互补形式出现，输出状态由 Q 端定义，它不仅与输入有关，还与原先的输出状态有关。在控制信号的作用下，它可以被置成“0”状态，也可以被置成“1”状态，在控制信号不起作用时，触发器的状态保持不变，因而具有记忆功能。

2. 触发器的类型

根据触发器的基本特点，人们研制出了多种电路结构特点及控制方式不同的触发器。按逻辑功能来划分，有RS触发器、D触发器、JK触发器、T触发器和T′触发器；按有无时钟控制来划分，有基本触发器和时钟触发器；按具有克服空翻现象的电路结构来划分，有主从触发器、维持阻塞触发器、边沿触发器；按器件材料来划分，有TTL集成触发器和CMOS集成触发器等。

3. 触发器逻辑功能的描述方法

触发器的逻辑功能是指触发器的下一个输出状态(称为次态，用 Q^{n+1} 表示)和现在输出状态(称为现态，用 Q^n 表示)及输入信号之间的逻辑关系。描述触发器的逻辑功能，通常采用以下4种方法。

1)特性转换表

特性转换表(又称状态转换真值表)是表示次态与现态及输入信号之间逻辑关系的表格。

2)特性方程

特性方程是表示次态与现态及输入信号之间逻辑关系的逻辑表达式。

3)状态转换图

状态转换图用图形的方式描述触发器状态转换的规律。其方法是用两个圆圈分别代表触发器的两种状态，即现态和次态，用箭头表示状态转换的方向，在箭头旁用文字注明转换的条件。

4)时序图

时序图用波形图的方式来反映触发器次态与时钟脉冲、输入信号及现态之间的对应关系。

5.2 基本RS触发器

1. 逻辑图、逻辑符号及工作原理

基本RS触发器的电路由两个与非门(或或非门)交叉耦合而成。下面以两个与非门交叉耦合而成的基本RS触发器为例，分析其工作原理。其逻辑图和逻辑符号如图5.2.1所示。

图5.2.1中，两输入$\overline{S}$、$\overline{R}$上的非号“—”表示低电平有效(逻辑符号中用小圆圈表示)，即低电平表示有信号输入，高电平则表示无信号输入。Q和$\overline{Q}$是触发器的两个输出端，触发器正常工作时，Q与$\overline{Q}$总是互反的。通常用Q的状态表示触发器的状态，当$Q=0$、$\overline{Q}=1$时，称触发器为“0”态；当$Q=1$、$\overline{Q}=0$时，称触发器为“1”态，下面根据与非逻辑关系讨论基本RS触发器的工作原理。

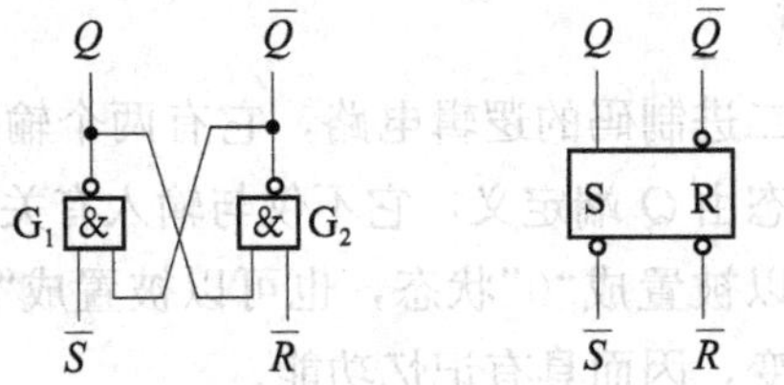

图5.2.1 基本RS触发器的逻辑图及逻辑符号

根据与非门的逻辑关系，可直接写出触发器的状态输出表达式：

$$Q^{n+1}=\overline{\overline{S}\cdot\overline{Q^n}} \tag{5.2.1}$$

$$\overline{Q^{n+1}}=\overline{\overline{R}Q^n} \tag{5.2.2}$$

下面根据输入信号与触发器初态的不同情况来分析输入与输出之间的逻辑关系。

1)无输入信号作用($\overline{S}=\overline{R}=1$)的情况

(1)若$Q^n=0$，$\overline{Q^n}=1$，由式(5.2.1)和式(5.2.2)可得触发器新的状态为$Q^{n+1}=0$，$\overline{Q^{n+1}}=1$。

(2)若$Q^n=1$，$\overline{Q^n}=0$，同样由式(5.2.1)和式(5.2.2)可得触发器新的状态为$Q^{n+1}=1$，$\overline{Q^{n+1}}=0$。

可见，当两个输入端均无信号作用时，触发器维持原来的状态不变。

2)两个输入端中只有一个有信号的情况

(1)若$\overline{S}=0$，$\overline{R}=1$，此时，由式(5.2.1)和式(5.2.2)可知无论触发器的原来的状态是什么，次态$Q^{n+1}=1$，$\overline{Q^{n+1}}=0$。

(2)若 $\overline{S}=1$，$\overline{R}=0$，同样可得出触发器的次态 $Q^{n+1}=0$，$\overline{Q^{n+1}}=1$。

可见，当 $\overline{S}=0$ 时，无论触发器原来的状态是0还是1，都能将触发器的状态置为1，故称 $\overline{S}$ 端为置1端或置位端；当 $\overline{R}=0$ 时，可以将触发器的状态置为0，故称 $\overline{R}$ 端为置0端或复位端。

3)$\overline{S}$、$\overline{R}$ 两个输入端均有信号作用($\overline{S}=\overline{R}=0$)的情况

此时，由式(5.2.1)和式(5.2.2)可知，无论触发器原来的状态如何，均有 $Q^{n+1}=1$，$\overline{Q^{n+1}}=1$，这就破坏了触发器两输出互非的逻辑关系，也就失去了触发器的意义；另外，当两输入信号同时消失后，由于门 G_1 和门 G_2 传输时间的差异，触发器新的状态要看门 G_1、门 G_2 翻转的速度，来决定究竟是1还是0，无法确定。因此，实际工作中是不允许出现这种情况的，即两输入端不能同时传送信号。

综上，基本RS触发器在输入信号的控制下，其状态可以置成“0”态也可置成“1”态；在没有输入信号作用下，维持其原来的状态不变。

2. 逻辑功能描述

由前面介绍的内容可知，触发器逻辑功能的描述方法通常有4种，下面对基本RS触发器的逻辑功能分别用这4种方法来描述。

1)特性转换表

根据以上对基本RS触发器工作原理的分析，可列出其特性转换表，如表5.2.1所示。

表5.2.1 基本RS触发器的特性转换表

$\overline{R}$	$\overline{S}$	Q^n	Q^{n+1}	说明
0	0	0	×	状态不定
0	0	1		
0	1	0	0	置“0”态
0	1	1		
1	0	0	1	置“1”态
1	0	1		
1	1	0	0	保持原来的状态不变
1	1	1	1	

2)特性方程

由表5.2.1可画出图5.2.2所示的卡诺图。利用约束条件 $RS=0$($\overline{R}$、$\overline{S}$ 不能同时为0)，Q^{n+1} 的逻辑表达式可化简为

$$Q^{n+1}=S+\overline{R}Q^n$$

即基本RS触发器的特性方程可表示为

$$\begin{cases}Q^{n+1}=S+\overline{R}Q^n\\ RS=0(\text{约束条件})\end{cases}$$

注意：约束条件是为了避免触发器状态不定而给数据输入规定的限制条件。

3)状态转换图

根据基本 RS 触发器的特性转换表或工作原理，可画出基本 RS 触发器的状态转换图，如图 5.2.3 所示。

利用图 5.2.3 可直观形象地将基本 RS 触发器的逻辑功能描述出来。

注意：图中"×"可以表示 0 也可以表示 1。

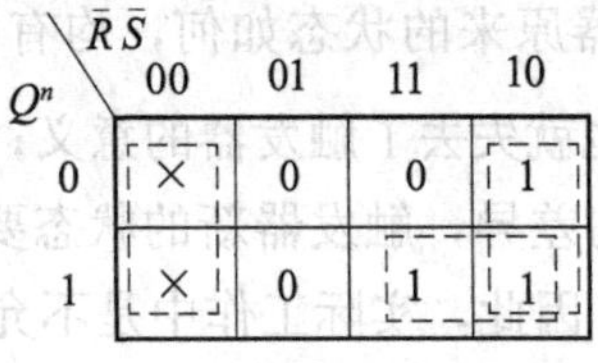

图 5.2.2 基本 RS 触发器 Q^{n+1} 的卡诺图

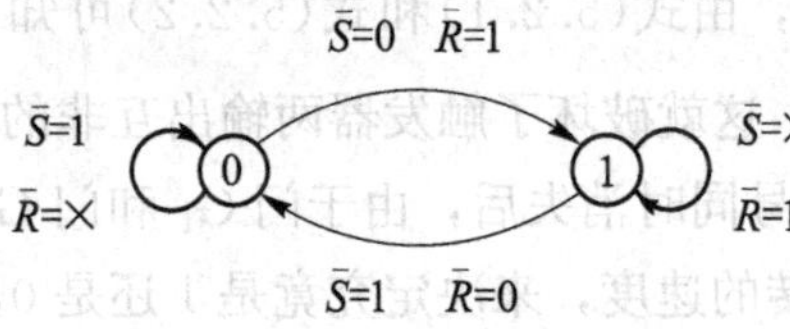

图 5.2.3 基本 RS 触发器的状态转换图

4)时序图

时序图是反映触发器输入信号与输出状态之间关系的图形，通常是在给定输入波形的情况下，画出与之对应的输出波形。基本 RS 触发器的时序图可根据其工作原理或以上 3 种逻辑功能表示方法之一画出。假定 $\overline{S}$、$\overline{R}$ 的波形如图 5.2.4(a)所示，可画出图 5.2.4(b)所示的输出波形。

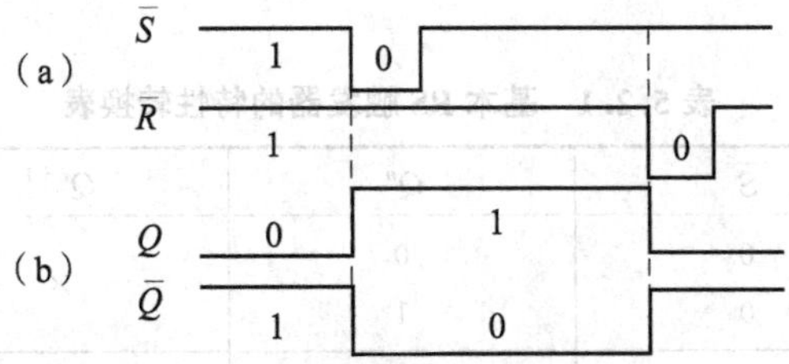

图 5.2.4 基本 RS 触发器的时序图

应当指出的是，触发器的特性转换表、特性方程、状态转换图、时序图只是表达触发器逻辑功能的形式，它们的实质是一致的，只要记住其中的一种形式，就可推出其他形式。

5.3 时钟触发器

前面介绍的基本 RS 触发器，只要输入信号发生变化，触发器的状态就会根据逻辑功能发生相应变化，这在某些应用中有许多不便之处。在实际应用中，常常要求触发器按一定的时间节拍动作，即只有当接收到"指令脉冲"后，输入数据才能存入触发器并反映到输出端，而在没有"指令脉冲"作用时，尽管加了输入信号，触发器也不会动作。为此，有必要在基本 RS 触发器的基础上加一触发引导电路，构成时钟控制的触发器，简称时钟触发器。下面逐一介绍各种时钟触发器。

5.3.1 同步 RS 触发器

1. 逻辑图及逻辑符号

同步 RS 触发器的逻辑图及逻辑符号如图 5.3.1 所示。可见，同步 RS 触发器是在基本 RS 触发器的基础上外加两个与非门 G_3、G_4 组成的，这两个门同时受 CP 信号控制。

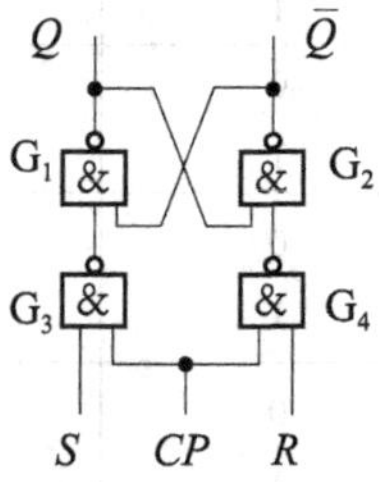

（a）逻辑图

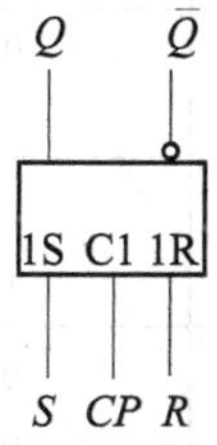

（b）逻辑符号

图 5.3.1 同步 RS 触发器的逻辑图及逻辑符号

2. 工作原理

(1)当 $CP=0$ 时，控制门 G_3、G_4 封锁，R、S 信号不能通过，即无论 R、S 为何值，G_3、G_4 的输出结果恒为 1，所以此时触发器保持原来的状态不变。

(2)当 $CP=1$ 时，控制门 G_3、G_4 被打开，R、S 信号可以通过 G_3、G_4 作用于 G_1、G_2 形成的基本 RS 触发器，此时触发器按照基本 RS 触发器的逻辑关系工作。

①若 $R=S=0$，触发器保持原来的状态。

②若 $R=0$，$S=1$，触发器置 1。

③若 $R=1$，$S=0$，触发器置 0。

④若 $R=S=1$，触发器为不定状态(不允许出现)。

3. 逻辑功能描述

由以上分析可知，同步 RS 触发器在时钟脉冲有效($CP=1$)时，逻辑功能与基本 RS 触发器一致。此时同步 RS 触发器的特性转换表、特性方程、状态转换图与基本 RS 触发器是完全相同的，但在 $CP=0$ 时，无论 R、S 输入信号是什么，同步 RS 触发器均保持原来的状态不变。同步 RS 触发器的逻辑功能描述此处不再详细介绍。下面直接给出其特性方程、特性转换表、状态转换图。

同步 RS 触发器的特性方程为

$$\begin{cases} Q^{n+1}=S+\overline{R}Q^{n}\text{（}CP=1\text{时有效）} \\ RS=0\text{（约束条件）} \end{cases}$$

同步 RS 触发器的特性转换表如表 5.3.1 所示。

根据表 5.3.1，同步 RS 触发器的逻辑功能可总结如下。

(1)当 $CP=0$ 时，无论 R、S 的值为高电平还是低电平，触发器始终保持原来的状态不变，如表 5.3.1 第 1 行所示。

(2)当 $CP=1$ 时，若 $R=S=0$，则触发器保持原来的状态不变，如表 5.3.1 第 2 行所示。

(3)当 $CP=1$ 时，若 $R\neq S$，则触发器的状态与 S 相同，如表 5.3.1 第 3、4 行所示。

(4)当 $CP=1$ 时，若 $R=S=1$，则触发器的状态不定，如表 5.3.1 第 5 行所示。

表 5.3.1　同步 RS 触发器的特性转换表

CP	R	S	Q^n	Q^{n+1}	说明
0	×	×	0	0	保持原来的状态不变
			1	1	
1	0	0	0	0	保持原来的状态不变
	0	0	1	1	
1	0	1	0	1	输出与 S 相同
	0	1	1		
1	1	0	0	0	
	1	0	1		
1	1	1	0	×	状态不定
	1	1	1	×	

可见，同步 RS 触发器在 CP 和输入信号的作用下具有置 0、置 1、保持的功能。

同步 RS 触发器的状态转换图如图 5.3.2 所示。

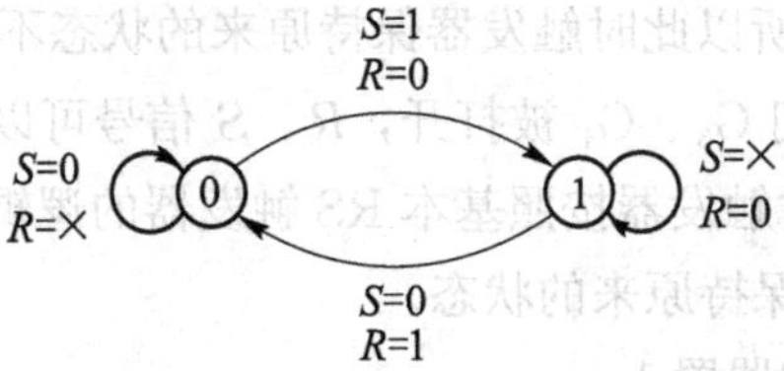

图 5.3.2　同步 RS 触发器的状态转换图

4. 同步 RS 触发器的特点

(1)优点：选通控制。当 $CP=1$ 时，触发器使能；当 $CP=0$ 时，触发器禁止，并且状态不受输入信号的影响，保持原来的状态不变。

(2)缺点：在 $CP=1$ 期间，输入信号 R、S 仍然直接控制着触发器的输出状态，若 R、S 改变，则触发器的输出状态也要随之改变，其结果可能会引起“空翻”现象(即在一个时钟脉冲作用下，触发器的输出状态发生了两次或两次以上的翻转)。“空翻”意味着失控，也就是说触发器的输出不能严格地按时钟节拍动作。此外，同步 RS 触发器的输入信号 R、S 之间仍存在约束关系。

具有“空翻”现象的触发器不能用作计数单元，也不能构成移位寄存器。

为了彻底解决输入信号直接控制触发器输出状态的问题，即为了克服“空翻”现象，人们在同步 RS 触发器的基础上设计了主从 RS 触发器。

5.3.2　主从 RS 触发器

1. 逻辑图及逻辑符号

主从 RS 触发器的逻辑图及逻辑符号如图 5.3.3 所示。该电路是由两个同步 RS 触发器组成的，上面为从触发器，下面为主触发器，前者的时钟脉冲是后者时钟脉冲的反相。

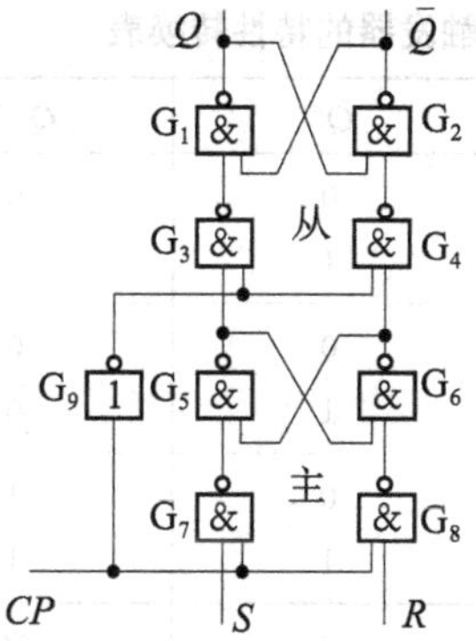

（a）逻辑图

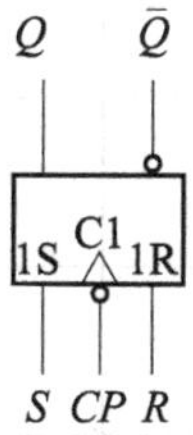

（b）逻辑符号

图 5.3.3 主从 RS 触发器的逻辑图及逻辑符号

2. 工作原理

(1)当 $CP=1$ 时，根据同步 RS 触发器的工作原理，此时主触发器工作，接收输入信号 S、R；从触发器由于其 $CP=0$ 禁止工作，保持原来的状态不变。可见，当 $CP=1$ 时，外界信号通过输入端 R、S 存入主触发器。

(2)当 $CP=0$ 时，主触发器禁止工作，输入信号 S、R 不能送入主触发器，主触发器维持原来的状态不变($CP=1$ 时的状态)；从触发器此时工作，接收主触发器在 $CP=1$ 时保存的信息。

综上，主从 RS 触发器工作时，在 CP 的一个变化周期内分两步完成。第 1 步，在 $CP=1$ 期间，主触发器工作，将输入信号存入其中，所以此时对主触发器来说有 $Q^{n+1}=S+\overline{R}Q^n(RS=0)$；从触发器不工作，保持原来的状态不变(所以此时整个主从 RS 触发器的状态不变)。第 2 步，当 CP 的下降沿(CP 由 1 变 0)到来时，主触发器不工作，保持原来 $CP=1$ 时存入的状态不变；从触发器工作，接收主触发器在 $CP=1$ 时存入的信息，从而更新了整个触发器的状态，即此时对整个触发器来说有 $Q^{n+1}=S+\overline{R}Q^n$(主触发器的两个输出即从触发器的两个互反输入，故有 $Q_{从}=Q_{主}$)。因此，在 CP 变化的一个周期内，主从 RS 触发器的状态只改变一次。

由于主从 RS 触发器只在 CP 的下降沿到来时状态才发生变化，故称为下降沿触发型触发器，为了与上升沿触发器区别，图 5.3.3(b)中用 CP 端加小圆圈以示区别。

3. 逻辑功能描述

根据主从 RS 触发器的上述工作原理，可列出其特性转换表，如表 5.3.2 所示。

根据表 5.3.2，主从 RS 触发器的逻辑功能可总结如下：

(1)当 CP 下降沿到来时，若 $R=S=0$，则触发器保持原来的状态不变，如表 5.3.2 第 1 行所示；

(2)当 CP 下降沿到来时，若 $R\neq S$，则触发器的状态与 S 相同，如表 5.3.2 第 2、3 行所示；

(3)当 CP 下降沿到来时，若 $R=S=1$，触发器的状态不定，如表 5.3.2 第 4 行所示；

(4)当 CP 下降沿未到来时，无论 R、S 为高电平还是低电平，触发器始终保持原来的状态不变，如表 5.3.2 第 5 行所示。

表 5.3.2　主从 RS 触发器的特性转换表

CP	S	R	Q^n	Q^{n+1}	说明
↓	0 0	0 0	0 1	0 1	$Q^{n+1}=Q^n$
↓	0 0	1 1	0 1	0 0	$Q^{n+1}=S$
↓	1 1	0 0	0 1	1 1	
↓	1 1	1 1	0 1	× ×	状态不定
下降沿未到来时	×	×	0 1	0 1	$Q^{n+1}=Q^n$

可见，主从 RS 触发器在 CP 和输入信号的作用下具有置 0、置 1、保持的功能。

由表 5.3.2 或主从 RS 触发器的工作过程可列出主从 RS 触发器的特性方程为

$$\begin{cases}Q^{n+1}=S+\overline{R}Q^n\text{（}CP\text{ 下降沿到来时有效）}\\ RS=0\text{（约束条件）}\end{cases}$$

根据表 5.3.2 可以画出主从 RS 触发器的状态转换图，如图 5.3.4 所示。

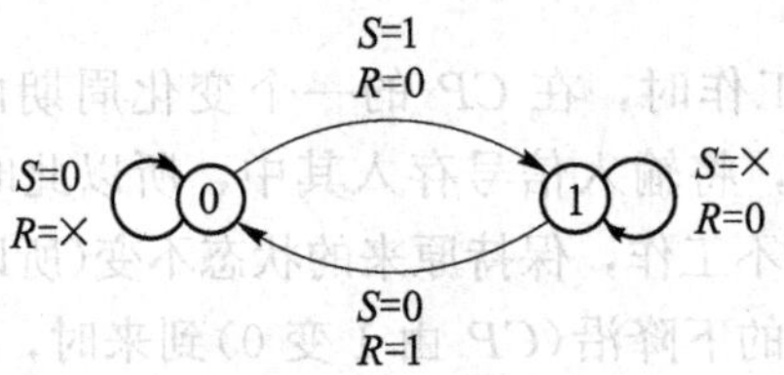

图 5.3.4　主从 RS 触发器的状态转换图

假定 CP、S、R 的波形已知，根据主从 RS 触发器的逻辑功能，得其状态输出波形如图 5.3.5 所示。

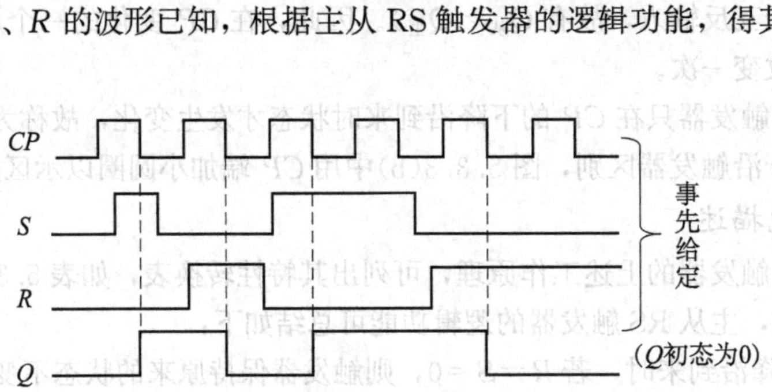

图 5.3.5　主从 RS 触发器的时序图

4. 主从 RS 触发器的特点

(1)优点：从根本上解决了“空翻”问题，即在一个时钟脉冲作用下，从触发器的状态最多改变一次，具有 $CP=1$ 期间接收信号、CP 下降沿触发翻转的特点。

(2)缺点：在 $CP=1$ 时，R、S 之间仍存在约束关系。

5.3.3 主从 JK 触发器

为了克服主从 RS 触发器在 $CP=1$ 时，若 $R=S=1$，主触发器的输出端将会出现 $Q^n=\overline{Q^n}=1$ 这种不允许出现的情况，即 R、S 之间的约束情况，人们在主从 RS 触发器的基础上改进得到了主从 JK 触发器。

1. 逻辑图及逻辑符号

将主从 RS 触发器的两个互补输出端 Q 和 $\overline{Q}$ 分别反馈到门 G_7、G_8 的输入端，使在 $CP=1$ 期间，门 G_7、G_8 的输出不可能同时为 0，进而使从触发器的输入不可能同时为 1，这样就克服了输入存在约束的问题。为了与主从 RS 触发器相区别，将这种改进后的触发器输入端用 J、K 表示，于是这种触发器称为主从 JK 触发器，如图 5.3.6 所示。这种触发器当然也属于下降沿触发型。

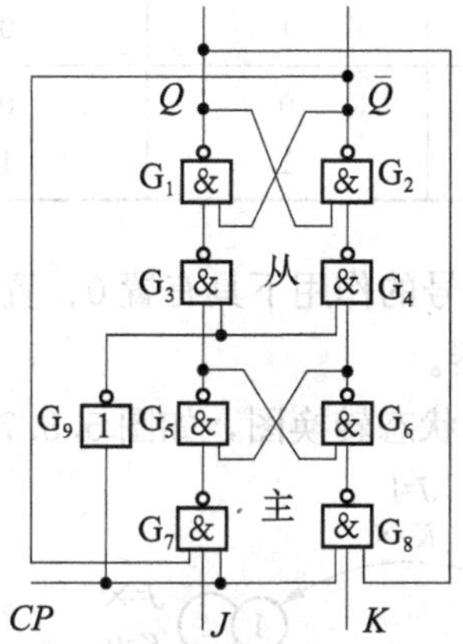

(a) 逻辑图

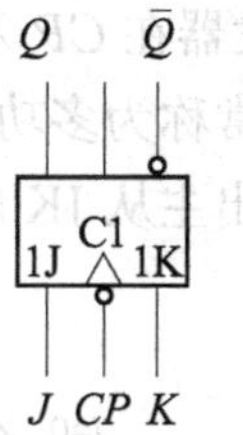

(b) 逻辑符号

图 5.3.6 主从 JK 触发器的逻辑图及逻辑符号

2. 逻辑功能描述

由于主从 JK 触发器是由主从 RS 触发器稍加改动得到的，所以其工作原理和主从 RS 触发器的基本相同。通过与图 5.3.3 比较可得，若把该电路继续看成主从 RS 触发器，那么该电路 $S=J\overline{Q^n}$，$R=KQ^n$。将 $S=J\overline{Q^n}$、$R=KQ^n$ 代入主从 RS 触发器的特性方程中可得到主从 JK 触发器的特性方程：

$$Q^{n+1}=J\overline{Q^n}+\overline{K}Q^n\text{（}CP\text{ 下降沿到来时有效）}$$

根据特性方程可列出主从 JK 触发器的特性转换表，如表 5.3.3 所示。

根据表 5.3.3，主从 JK 触发器的逻辑功能可总结如下：

(1)当 CP 下降沿到来时，若 $J=K=0$，则触发器保持原来的状态不变，如表 5.3.3 第 1 行所示；

(2)当 CP 下降沿到来时，若 $J\neq K$，则触发器的状态与 J 相同，如表 5.3.3 第 2 行所示；

(3)当 CP 下降沿到来时，若 $J=K=1$，则触发器的状态翻转，如表 5.3.3 第 3 行所示；

(4)当 CP 下降沿未到来时，无论 J、K 为高电平还是低电平，触发器始终保持原来的状态不变，如表 5.3.3 第 4 行所示。

表 5.3.3 主从 JK 触发器的特性转换表

CP	J	K	Q^n	Q^{n+1}	说明
↓	0 0	0 0	0 1	0 1	$Q^{n+1}=Q^n$
↓	0 0 1 1	1 1 0 0	0 1 0 1	0 0 1 1	$Q^{n+1}=J$
↓	1 1	1 1	0 1	1 0	$Q^{n+1}=\overline{Q^n}$
下降沿 未到来时	× ×	× ×	0 1	0 1	$Q^{n+1}=Q^n$

可见，主从 JK 触发器在 CP 和输入信号的作用下具有置 0、置 1、保持和翻转的功能，是一种全功能触发器，常称为多功能触发器。

根据表 5.3.3 可画出主从 JK 触发器的状态转换图，如图 5.3.7 所示。

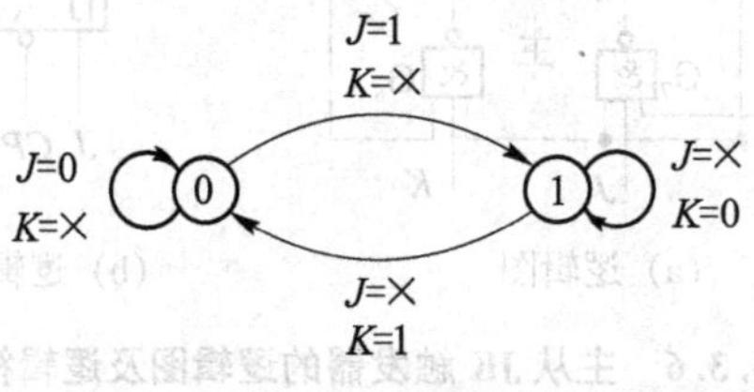

图 5.3.7 主从 JK 触发器的状态转换图

假定 J、K、CP 的波形如图 5.3.8(a)所示，根据主从 JK 触发器的逻辑功能可画出其输出波形，如图 5.3.8(b)所示。

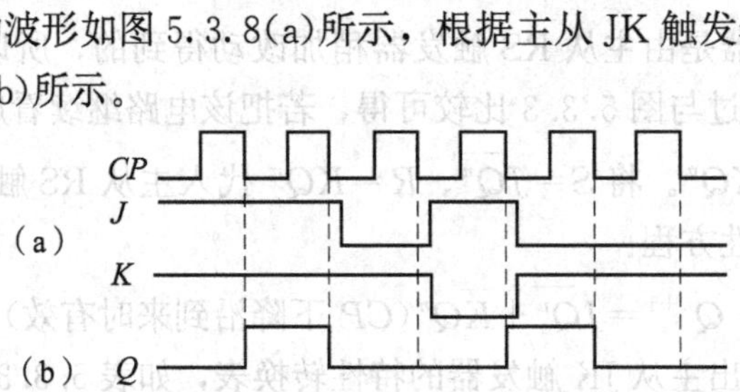

图 5.3.8 主从 JK 触发器的时序图

3. 主从 JK 触发器的特点

(1)优点：J、K 间无约束，性能优良，是一种被广泛使用的触发器。

(2)缺点：存在一次变化问题，即在 $CP=1$ 期间，主触发器能且仅能翻转一次(包括正常翻转或受干扰引起的错误翻转)。产生一次变化问题的原因是主从 JK 触发器的互补输出 Q 和 $\overline{Q}$(设 $Q=0$，$\overline{Q}=1$)是交叉反馈到主触发器的输入端的，因此输入端的两个门中必有一个门(如门 G_8)被封锁，一个门(如门 G_7)被打开。当门 G_7 的输入信号 J(是正常输入也好还是因干扰引起的输入也好)引起主触发器翻转后，要使其翻转回来，必须使门 G_8 的输入信号 K 也起作用，但此时门 G_8 仍被封锁(因为从触发器状态未变)，因此主触发器只会翻转一次，而翻转不回来。因此，在 $CP=1$ 期间，若有干扰信号，则可能造成主触发器的误动作，当 CP 下降沿到来时，从触发器的输出可能发生错误。这就要求主从 JK 触发器在 $CP=1$ 的全部时间里，J 和 K 的状态始终不能变化。

5.3.4 T触发器和T′触发器

1. T 触发器

T 触发器是在主从 JK 触发器的基础上，将 J 和 K 连在一起且改为 T 构成的。其逻辑图及逻辑符号如图 5.3.9 所示。

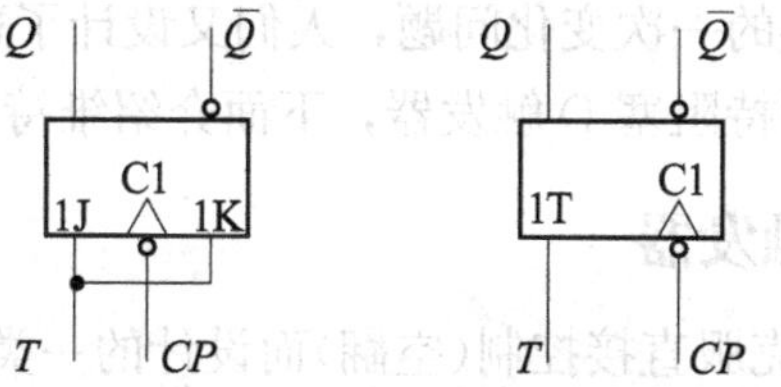

(a) 逻辑图　　(b) 逻辑符号

图 5.3.9　T触发器的逻辑图及逻辑符号

T 触发器可看成主从 JK 触发器在 $J=K=T$ 条件下的特例。将 $J=T$、$K=T$ 代入主从 JK 触发器特性方程可得 T 触发器的特性方程：

$$Q^{n+1}=T\overline{Q^n}+\overline{T}Q^n\text{（}CP\text{ 下降沿到来时有效）}$$

根据特性方程可列出 T 触发器的特性转换表，如表 5.3.4 所示。

表 5.3.4　T触发器的特性转换表

CP	T	Q^n	Q^{n+1}	说明
↓	0	0	0	$Q^{n+1}=Q^n$
	0	1	1	
↓	1	0	1	$Q^{n+1}=\overline{Q^n}$
	1	1	0	
下降沿未到来时	×	0	0	$Q^{n+1}=Q^n$
	×	1	1	

可见，T 触发器的逻辑功能如下：当 $T=0$ 时，保持原来的状态不变；当 $T=1$ 时，若 CP 下降沿到来，则状态翻转一次。因而 T 触发器具有状态保持功能和翻转(计数)功能。

T 触发器的状态转换图如图 5.3.10 所示。

假定 T 和 CP 的波形如图 5.3.11(a)所示，则根据其逻辑功能可画出 T 触发器的输出波形，如图 5.3.11(b)所示。

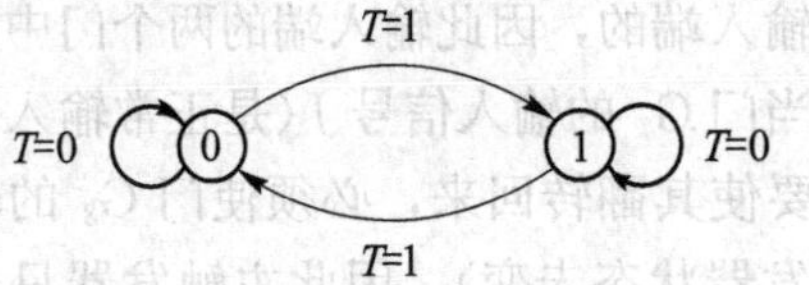

图 5.3.10　T 触发器的状态转换图

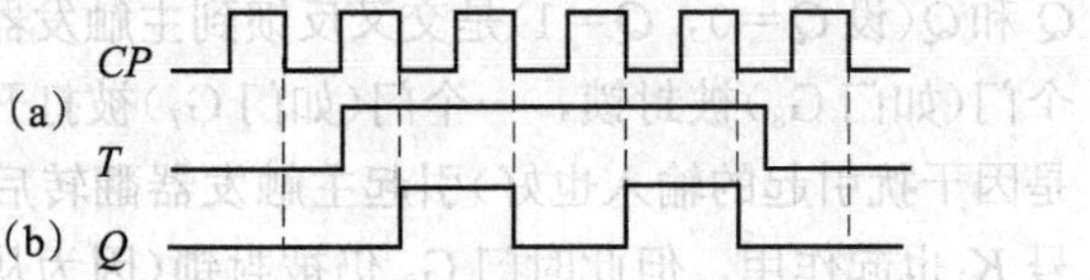

图 5.3.11　T 触发器的时序图

2. T′触发器

将主从 JK 触发器的 J 和 K 输入端都接高电平，就构成了 T′触发器。这种触发器是 JK 触发器 $J=K=1$ 时的特例，故 T′触发器的特性方程为

$$Q^{n+1}=\overline{Q^n}\text{（}CP\text{ 下降沿到来时有效）}$$

T′触发器的特性转换表只是主从 JK 触发器 $J=K=1$ 的部分。

可见，T′触发器只具有翻转功能，即计数功能。

为了解决主从 JK 触发器的一次变化问题，人们又设计了边沿触发器。通常使用的边沿触发器有边沿 JK 触发器和维持阻塞 D 触发器，下面介绍维持阻塞 D 触发器。

5.3.5　维持阻塞 D 触发器

维持阻塞 D 触发器是为克服直接控制(空翻)而设计的一类触发器。

1. 逻辑图及逻辑符号

维持阻塞 D 触发器的逻辑图及逻辑符号如图 5.3.12 所示，它是在同步 RS 触发器的基础上增加了维持阻塞结构(与非门 G_5、G_6 和两对维持阻塞置 0、置 1 线)构成的，数据由 D 端输入。

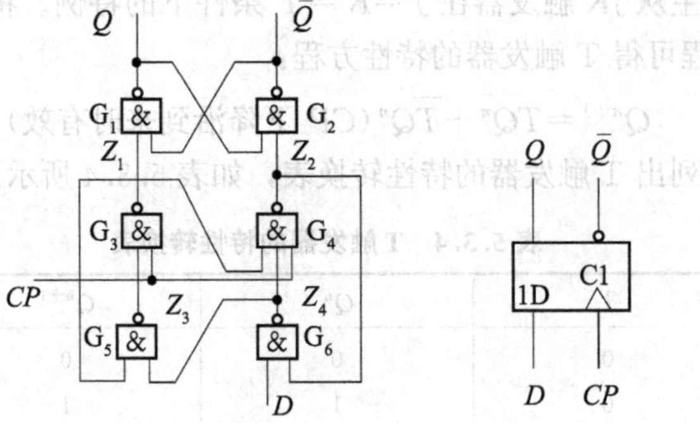

（a）逻辑图　　（b）逻辑符号

图 5.3.12　维持阻塞 D 触发器的逻辑图及逻辑符号

2. 工作原理

下面仍按时钟脉冲 CP 的几个不同阶段对维持阻塞 D 触发器的工作原理分别加以讨论。

(1)当 $CP=0$ 时，门 G_3、G_4 被封锁，$Z_1=Z_2=1$，无论 D 为什么，输出均保持原来的状态。与此同时，由于 Z_1、Z_2 分别反馈到门 G_5、G_6 的输入端，使门 G_5、G_6 开启，因此输入信号 D 可通过门 G_5、G_6，从而 $Z_4=\overline{DZ_2}=\overline{D}$，$Z_3=\overline{Z_4Z_1}=D$。

(2)当 CP 上升沿到来($CP=1$)时，门 G_3、G_4 开启，接收门 G_5、G_6 的输出信号。$Z_1=\overline{CP Z_3}=\overline{D}$，$Z_2=\overline{Z_1 Z_4 CP}=D$，即 Z_1、Z_2 由输入信号 D 的状态决定。

此时若 $D=1$，则 $Z_1=0$，$Z_2=1$。$Z_1=0$ 有 3 个去向：一是使触发器置 1；二是封锁门 G_4，阻止 Z_2 变成低电平，即阻塞置 0 信号的产生；三是封住门 G_5，保证 $Z_3=1$，以维持 $CP=1$ 期间 $Z_1=0$，也就是维持置 1 信号。只要这种维持置 1、阻塞置 0 的作用一旦发挥，在 $CP=1$ 期间，D 的任何变化将不会影响触发器的置 1。

此时若 $D=0$，则 $Z_1=1$，$Z_2=0$。同样，$Z_2=0$ 有两个去向：一是使触发器置 0；二是通过维持置 0、阻塞置 1 作用使在 $CP=1$ 期间，D 的任何变化将不会影响触发器的置 0。

综上，在 CP 的上升沿到来时，触发器的输出状态与此时刻输入信号 D 的状态相同。而且由于电路的维持阻塞作用，使在 $CP=1$ 的全部时间里，D 的状态的改变将不会影响触发器的输出状态。维持阻塞 D 触发器具有置 0、置 1 的功能。

3. 逻辑功能描述

1)特性方程

由上述可知，当 CP 上升沿到来时，若数据输入端 $D=0$，则触发器置 0；若 $D=1$，则触发器置 1，故维持阻塞 D 触发器的特性方程为

$$Q^{n+1}=D(CP\ \text{上升沿到来时有效})$$

2)特性转换表

由维持阻塞 D 触发器的工作原理可列出其特性转换表，如表 5.3.5 所示。

表 5.3.5 维持阻塞 D 触发器的特性转换表

CP	D	Q^n	Q^{n+1}	说明
上升沿到来时	0	×	0	$Q^{n+1}=D$
	1	×	1	
上升沿未到来时	×	0	0	$Q^{n+1}=Q^n$
	×	1	1	

3)状态转换图

根据维持阻塞 D 触发器的逻辑功能可画出其状态转换图，如图 5.3.13 所示。

4)时序图

维持阻塞 D 触发器的时序图如图 5.3.14 所示。

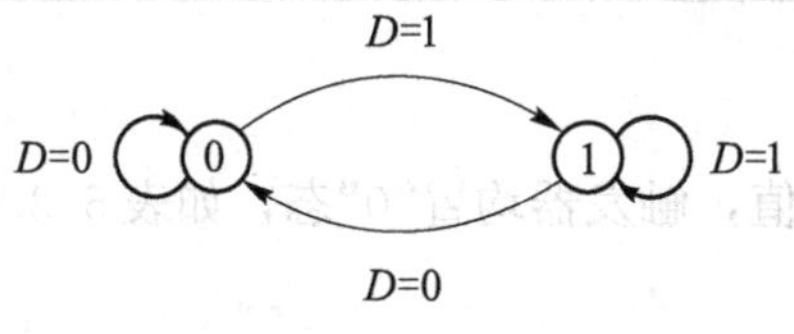

图 5.3.13 维持阻塞 D 触发器的状态转换图

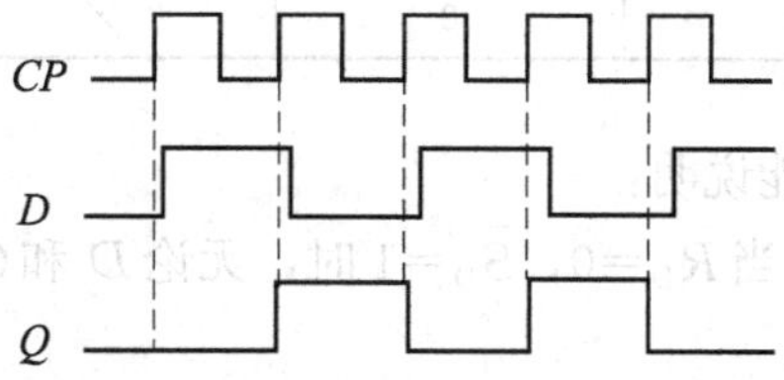

图 5.3.14 维持阻塞 D 触发器的时序图

进一步分析可知，当维持阻塞作用产生之后，输入信号 D 将失去作用，在此期间输入信

号发生变化，不会影响触发器的状态，这种阻塞作用一直维持到 CP 下降沿到来为止。因此，这种触发器的抗干扰能力强；另外，这种触发器的输入端只有 D，也不存在约束问题。

5.3.6 集成触发器

实际中使用的集成触发器与上述各触发器电路稍有区别。通常一块集成块内可能有多个触发器单元；另外，为了使初态设置方便，一般集成触发器均设有直接置位端 S_D 和直接复位端 $\overline{R}_D$。集成触发器产品有很多，下面以常用的 74LS74 和 74LS76 为例介绍集成触发器。

1. 74LS74 的功能

74LS74 的引脚排列如图 5.3.15 所示。

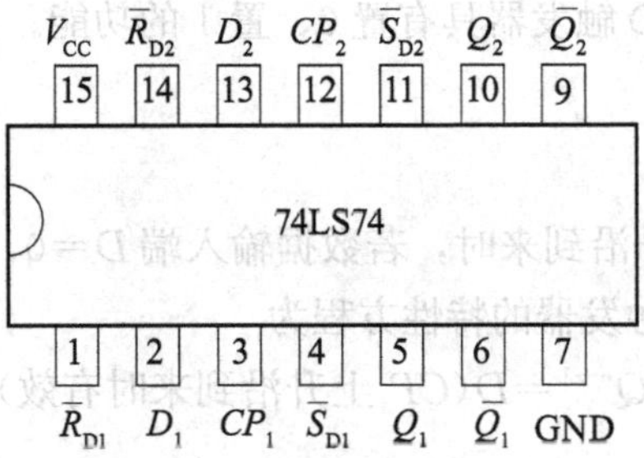

图 5.3.15 74LS74 的引脚排列

该芯片内包含两个 D 触发器，$\overline{S}_{D1}$、$\overline{R}_{D1}$ 分别为第 1 个触发器的置位端和复位端；D_1 为第 1 个触发器的输入端；CP_1 为第 1 个触发器的时钟输入端；Q_1 和 $\overline{Q}_1$ 为第 1 个触发器的输出端；V_{CC} 和 GND 为该芯片的电源引脚；其他为第 2 个触发器的引脚。该芯片的功能表如表 5.3.6 所示。

表 5.3.6 74LS74 的功能表

$\overline{R}_D$	$\overline{S}_D$	D	CP	Q	$\overline{Q}$
0	1	×	×	0	1
1	0	×	×	1	0
1	1	1	↑	1	0
1	1	0	↑	0	1
0	0	×	×	1	1

功能说明：

(1)当 $\overline{R}_D=0$，$\overline{S}_D=1$ 时，无论 D 和 CP 为何值，触发器均置“0”态，如表 5.3.6 中第 1 行所示。

(2)当 $\overline{R}_D=1$，$\overline{S}_D=0$ 时，无论 D 和 CP 为何值，触发器均置“1”态，如表 5.3.6 中第 2 行所示。

(3)当 $\overline{R}_D=\overline{S}_D=1$，$CP$ 上升沿到来时，触发器的状态与 D 相同，如表 5.3.6 中第 3、

4 行所示。

(4)当 $\overline{R}_D$、$\overline{S}_D$ 的低电平同时消失时，Q 和 $\overline{Q}$ 的状态不定。

2. 74LS76 的功能

74LS76 的引脚排列如图 5.3.16 所示。

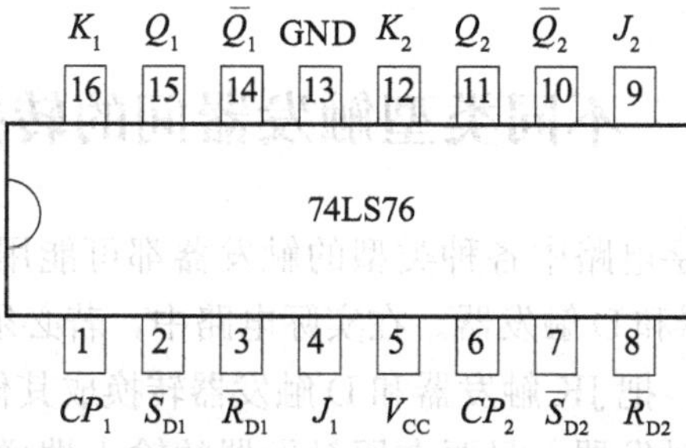

图 5.3.16 74LS76 的引脚排列

该芯片是带有预置和清零功能的双 JK 触发器，内部有两个 JK 触发器。$\overline{S}_{D1}$、$\overline{R}_{D1}$ 分别为第 1 个触发器的置位端和复位端；J_1、K_1 为第 1 个触发器的输入端；CP_1 为第 1 个触发器的时钟输入端；Q_1、$\overline{Q}_1$ 为第 1 个触发器的输出端；V_{CC} 和 GND 为该芯片的电源引脚；其他为第 2 个触发器的引脚。该芯片的功能表如表 5.3.7 所示。

功能说明：

(1)当 $\overline{R}_D=0$，$\overline{S}_D=1$ 时，无论 J、K 和 CP 为何值，触发器均置“0”态，如表 5.3.7 中第 1 行所示。

(2)当 $\overline{R}_D=1$，$\overline{S}_D=0$ 时，无论 J、K 和 CP 为何值，触发器均置“1”态，如表 5.3.7 中第 2 行所示。

(3)当 $\overline{R}_D=\overline{S}_D=1$，$J=K=0$，$CP$ 上升沿到来时，触发器保持原来的状态不变，如表 5.3.7 中第 3 行所示。

(4)当 $\overline{R}_D=\overline{S}_D=1$，$J\neq K$，$CP$ 上升沿到来时，触发器的状态与 J 相同，如表 5.3.7 中第 4、5 行所示。

(5)当 $\overline{R}_D=\overline{S}_D=1$，$J=K=1$，$CP$ 上升沿到来时，触发器的状态翻转，如表 5.3.7 中第 6 行所示。

(6)当 $\overline{R}_D=\overline{S}_D=0$ 时，触发器的两输出 Q 和 $\overline{Q}$ 均为 1，当 $\overline{R}_D$、$\overline{S}_D$ 的低电平同时消失时，Q 和 $\overline{Q}$ 的状态不定，如表 5.3.7 中第 7 行所示。

表 5.3.7 74LS76 的功能表

$\overline{R}_D$	$\overline{S}_D$	J	K	CP	Q	$\overline{Q}$
0	1	×	×	×	0	1
1	0	×	×	×	1	0
1	1	0	0	↑	Q	$\overline{Q}$
1	1	0	1	↑	0	1
1	1	1	0	↑	1	0

续表

$\overline{R}_D$	$\overline{S}_D$	J	K	CP	Q	$\overline{Q}$
1	1	1	1	↑	$\overline{Q}$	Q
0	0	×	×	×	×	×

5.4 不同类型触发器间的转换

触发器的种类较多，数字电路中各种类型的触发器都可能用到，但市场上销售的产品大多是性能优越的JK触发器和D触发器。在实际电路中，若必须用其他触发器，则可利用触发器逻辑功能的转换方法，把JK触发器和D触发器转换成其他类型的触发器。

要将原触发器转换成新触发器，只要在原触发器的输入端增加转换逻辑电路即可。因此，转换的要求就是设法求出转换逻辑电路，即设法求出原触发器的驱动电路，如图5.4.1所示。

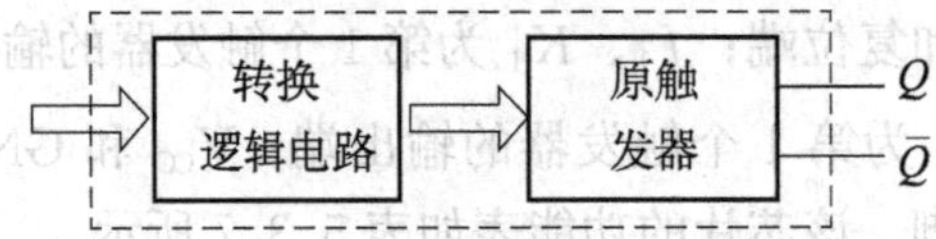

图5.4.1 触发器间的转换示意图

触发器逻辑功能的表示方法也有多种，因而转换的方法也有多种，最常用的方法是特性方程联立法：将原触发器和新触发器的特性方程联系起来，找出它们输入信号之间的函数关系，然后根据此关系画出新触发器的逻辑图。这种方法简便，易于理解，这里仅使用此方法。

1. JK触发器转换成其他类型的触发器

1)JK触发器转换成D触发器

原触发器的特性方程为

$$Q^{n+1}=J\overline{Q^n}+\overline{K}Q^n$$

新触发器的特性方程为

$$Q^{n+1}=D=DQ^n+D\overline{Q^n}$$

对比以上两式，可得新、原触发器的输入信号的逻辑关系为

$$J=D$$

$$K=\overline{D}$$

此逻辑关系正是已知JK触发器的驱动方程，根据此方程可画出JK触发器转换成D触发器的转换逻辑电路，如图5.4.2所示。

2)JK触发器转换成T触发器

原触发器的特性方程为

$$Q^{n+1}=J\overline{Q^n}+\overline{K}Q^n$$

新触发器的特性方程为

$$Q^{n+1}=T\overline{Q^n}+\overline{T}Q^n$$

对比以上两式，可得新、原触发器的输入信号的逻辑关系为

$$J=T$$
$$K=T$$

根据此逻辑关系可画出JK触发器转换成T触发器的转换逻辑电路，如图5.4.3所示。

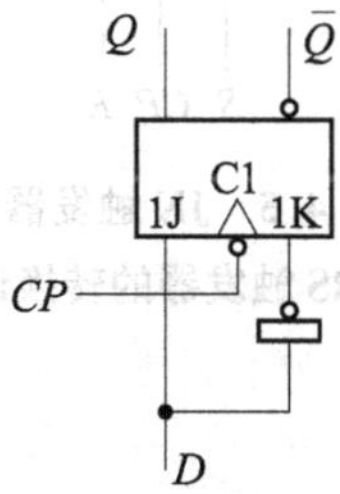

图5.4.2　JK触发器转换成D触发器的转换逻辑电路

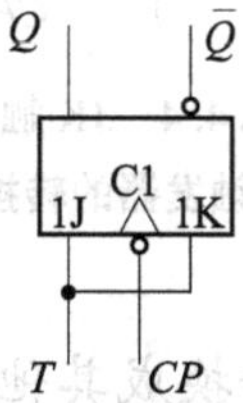

图5.4.3　JK触发器转换成T触发器的转换逻辑电路

3)JK触发器转换成T′触发器

原触发器的特性方程为

$$Q^{n+1}=J\overline{Q^n}+\overline{K}Q^n$$

新触发器的特性方程为

$$Q^{n+1}=\overline{Q^n}$$
$$=\overline{Q^n}+0\cdot Q^n$$

对比以上两式，可得新、原触发器的输入信号的逻辑关系为

$$J=1$$
$$K=1$$

由以上逻辑关系可画出JK触发器转换成T′触发器的转换逻辑电路，如图5.4.4所示。

4)JK触发器转换成主从RS触发器

主从RS触发器的特性方程为

$$Q^{n+1}=S+\overline{R}Q^n$$
$$=S(Q^n+\overline{Q^n})+\overline{R}Q^n$$
$$=S\overline{Q^n}+(S+\overline{R})Q^n$$

利用约束条件$RS=0$得

$$Q^{n+1}=S\overline{Q^n}+\overline{S}\overline{R}+\overline{RSQ^n}$$

主从RS触发器的特性方程可进一步化简为

$$Q^{n+1}=S\overline{Q^n}+\overline{R}Q^n$$

将上式与JK触发器的特性方程$Q^{n+1}=J\overline{Q^n}+\overline{K}Q^n$对比，得

$$J=S$$
$$K=R$$

由上式可画出 JK 触发器转换成主从 RS 触发器的转换逻辑电路，如图 5.4.5 所示。

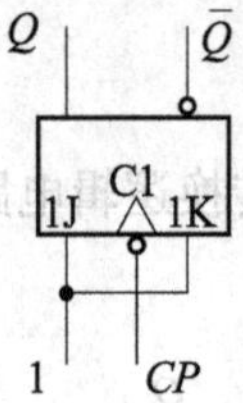

图 5.4.4　JK 触发器转换成 T′触发器的转换逻辑电路

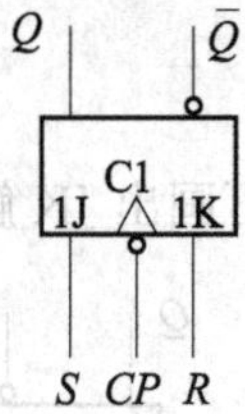

图 5.4.5　JK 触发器转换成主从 RS 触发器的转换逻辑电路

2. D 触发器转换成其他类型的触发器

1)D 触发器转换成 JK 触发器

原触发器的特性方程为

$$Q^{n+1}=D$$

新触发器的特性方程为

$$Q^{n+1}=J\overline{Q^n}+\overline{K}Q^n$$

联立得转换逻辑表达式为

$$D=J\overline{Q^n}+\overline{K}Q^n=\overline{\overline{J\overline{Q^n}}\cdot\overline{\overline{K}Q^n}}$$

由上式可画出 D 触发器转换成 JK 触发器的转换逻辑电路，如图 5.4.6 所示。

2)D 触发器转换成主从 RS 触发器

原触发器的特性方程为

$$Q^{n+1}=D$$

新触发器的特性方程为

$$Q^{n+1}=S+\overline{R}Q^n$$

联立得

$$D=S+\overline{R}Q^n=\overline{\overline{S}\cdot\overline{\overline{R}Q^n}}$$

由上式可画出 D 触发器转换成主从 RS 触发器的转换逻辑电路，如图 5.4.7 所示。

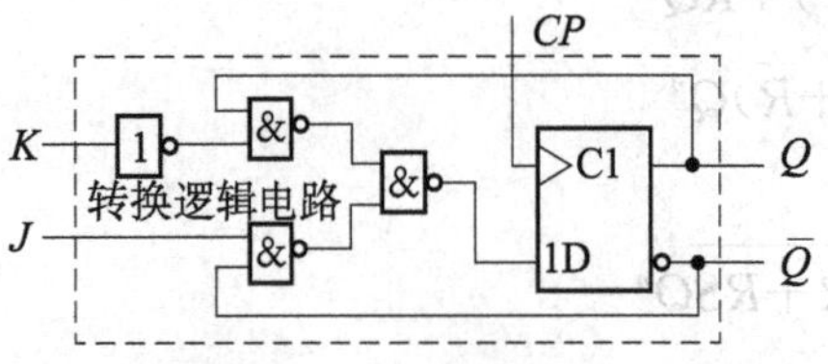

图 5.4.6　D 触发器转换成 JK 触发器的转换逻辑电路

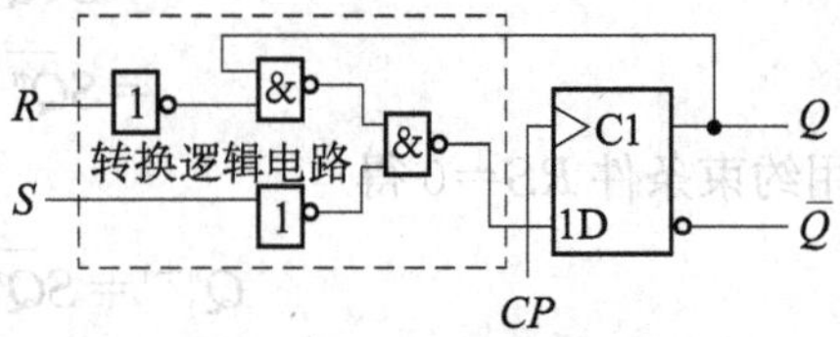

图 5.4.7　D 触发器转换成主从 RS 触发器的转换逻辑电路

3)D触发器转换成T触发器

D触发器和T触发器的特性方程分别为

$$Q^{n+1}=D$$

$$Q^{n+1}=T\overline{Q^n}+\overline{T}Q^n$$

联立得

$$D=T\overline{Q^n}+\overline{T}Q^n==\overline{\overline{T\overline{Q^n}}\cdot\overline{\overline{T}Q^n}}$$

由上式可画出D触发器转换成T触发器的转换逻辑电路，如图5.4.8所示。

4)D触发器转换成T′触发器

由D触发器和T′触发器的特性方程联立得出$D=\overline{Q^n}$，可画出图5.4.9所示的转换逻辑电路。

上面讨论的将JK触发器和D触发器转换成其他类型触发器的方法，同样适用于将T触发器、RS触发器、T′触发器转换成其他类型的触发器。需指出的是，转换后的新触发器，其触发方式与原触发器的相同。

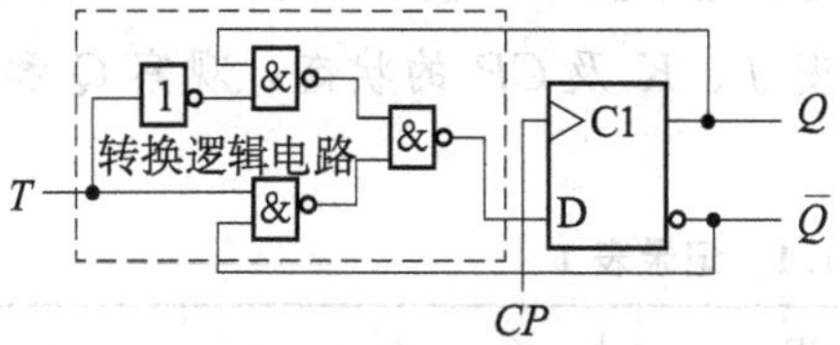

图5.4.8 D触发器转换成T触发器的转换逻辑电路

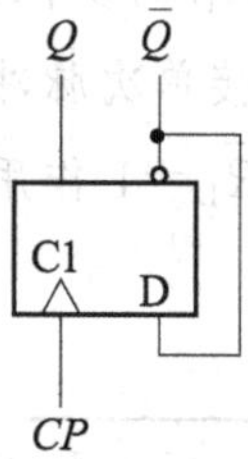

图5.4.9 D触发器转换成T′触发器的转换逻辑电路

本章学习目的和要求

(1)了解基本RS触发器、同步RS触发器、主从RS触发器、主从JK触发器及维持阻塞D触发器的逻辑图，熟悉它们的工作原理及动作特点，掌握它们的逻辑功能分析方法。

(2)熟练运用特性转换表、特性方程、状态转换图及时序图描述各种触发器的逻辑功能。

(3)掌握各种触发器之间逻辑功能的转换方法。

实验 JK触发器、D触发器逻辑功能的测试

一、实验目的

熟悉JK触发器、D触发器的外形、引脚排列和逻辑功能。

二、实验内容

1.JK触发器逻辑功能的测试

JK触发器选用双JK触发器74LS76，其逻辑图如实验图5.1.1所示。其中下标为1的

是第 1 个 JK 触发器的引脚，下标为 2 的是第 2 个 JK 触发器的引脚。

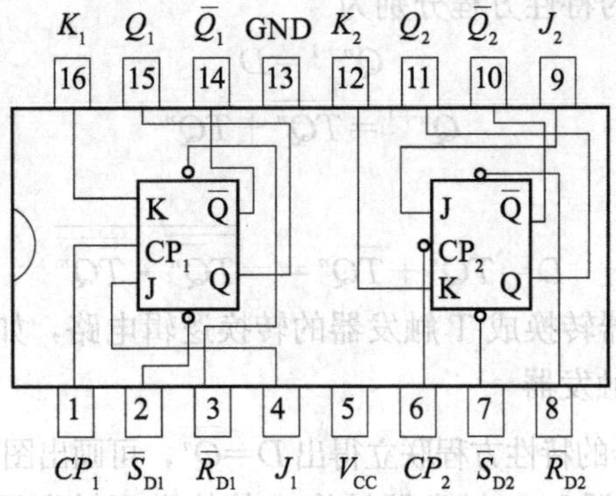

实验图 5.1.1　74LS76 的逻辑图

(1)测试$\overline{R}_D$、$\overline{S}_D$ 的复位、置位功能。任取一个 JK 触发器，$\overline{R}_D$、$\overline{S}_D$、J、K 端接逻辑电平开关，CP 端接单次脉冲，Q、$\overline{Q}$ 端接逻辑电平显示，按实验表 5.1.1 要求在$\overline{R}_D=0$，$\overline{S}_D=1$ 或$\overline{S}_D=0$，$\overline{R}_D=1$ 作用期间，任意改变 J、K 及 CP 的状态，观察 Q 和 $\overline{Q}$ 的状态，记录数据。

实验表 5.1.1　记录表 1

$\overline{R}_D$ $\overline{S}_D$	J K	CP	Q	$\overline{Q}$
0 1	× ×	×		
1 0	× ×	×		

(2)测试 JK 触发器的逻辑功能。按实验表 5.1.2 要求改变 J、K、CP 的状态，观察 Q、$\overline{Q}$ 的状态变化，观察触发器状态的更新是否发生在 CP 的下降沿(即 CP 由 1 变到 0)，记录数据。

实验表 5.1.2　记录表 2

J K	CP	Q^{n+1}	
		$Q^n=0$	$Q^n=1$
0 0	0→1		
	1→0		
0 1	0→1		
	1→0		
1 0	0→1		
	1→0		
1 1	0→1		
	1→0		

(3)将JK触发器的J、K端连在一起，构成T触发器。用逻辑电平显示观察Q的变化情况，完成实验表5.1.3。

实验表5.1.3 记录表3

T	CP	Q^{n+1}	
		$Q^n=0$	$Q^n=1$
0	0→1		
	1→0		
1	0→1		
	1→0		

2. 双D触发器74LS74逻辑功能的测试

74LS74的逻辑图如实验图5.1.2所示。

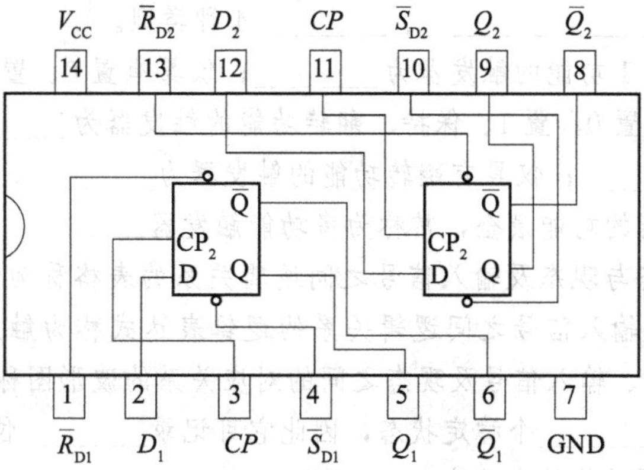

实验图5.1.2 74LS74的逻辑图

(1)测试$\overline{R}_D$、$\overline{S}_D$的复位、置位功能。测试方法同实验内容1.(1)，完成实验表5.1.4。

实验表5.1.4 记录表4

$\overline{R}_D$ $\overline{S}_D$	D	CP	Q	$\overline{Q}$
0 1	×	×		
1 0	×	×		

(2)测试双D触发器的逻辑功能。按实验表5.1.5要求进行测试，并观察触发器状态的更新是否发生在CP的上升沿(即由0变到1)，记录数据。

实验表5.1.5 记录表5

D	CP	Q^{n+1}	
		$Q^n=0$	$Q^n=1$
0	0→1		
	1→0		

续表

D	CP	Q^{n+1}	
		$Q^n=0$	$Q^n=1$
1	0→1		
	1→0		

习 题 5

5.1 填空题

1. 主从JK触发器的特性方程是________；T触发器的特性方程是________。

2. 按电路结构形式划分，触发器有________和________两大类；按逻辑功能划分，触发器有________、________、________、________4种类型。

3. 仅具有置0、置1功能的触发器为________；仅具有置0、置1、保持功能的时钟触发器为________；具有置0、置1、保持、翻转功能的触发器为________；仅具有保持和翻转功能的触发器为________；仅具有翻转功能的触发器为________。

4. ________触发器的功能最全，常称为多功能触发器。

5. 表示触发器次态与现态及输入信号之间逻辑关系的表格称为触发器的________；表示触发器次态与现态及输入信号之间逻辑关系的逻辑表达式称为触发器的________；反映触发器次态与时钟脉冲、输入信号及现态之间的对应关系的波形图称为触发器的________。

6. 由于触发器有________个稳定状态，因此它可记录________位二进制码。

7. 描述触发器逻辑功能的方法有________、________、________、________等。

8. 电位式触发器的状态会随着输入信号的改变而多次翻转，这种现象称为________。为防止这种现象的发生，可采用________结构或________结构的触发器。

9. 对于T触发器，若现态为$Q^n=0$，要使次态为$Q^{n+1}=1$，则输入$T=$________。

10. 对于D触发器，要使$Q^{n+1}=Q^n$，则输入$D=$________。

11. 对于JK触发器，若$J=K$，则可完成________触发器的逻辑功能。

12. 对于主从RS触发器，若$R=\overline{S}$，则可完成________触发器的逻辑功能。

13. 对于JK触发器，要使$Q^{n+1}=\overline{Q^n}$，则输入$J=K=$________，或者$J=$________，$K=$________。

14. 对于T触发器，要使$Q^{n+1}=\overline{Q^n}$，则输入$T=$________。

5.2 选择题

1. 下列触发器中存在空翻现象的有(　　)。

A. 维持阻塞D触发器　　B. 主从JK触发器

C. 同步RS触发器　　D. 边沿JK触发器

2. 下列触发器中，输入间没有约束条件的是(　　)。

A. 基本RS触发器　　B. 主从RS触发器

C. 同步 RS 触发器　　D. 边沿 D 触发器

3. 下列说法中，不正确的是(　　)。

A. T 触发器可由 JK 触发器转换而成

B. 主从 RS 触发器的输入 R、S 之间存在约束关系

C. 主从 JK 触发器的输入 J、K 之间无约束

D. T′触发器一定是下降沿有效的触发器

4. 对于 T 触发器，若现态 $Q^n=1$，欲使次态 $Q^{n+1}=1$，应使输入 $T=$(　　)。

A. 0　　B. 1

C. Q^n　　D. $\overline{Q^n}$

5. 欲使 JK 触发器按 $Q^{n+1}=Q^n$ 工作，可使其输入端(　　)。

A. $J=K=0$　　B. $J=Q^n$，$K=\overline{Q^n}$

C. $J=\overline{Q^n}$，$K=Q^n$　　D. $J=Q^n$，$K=0$

6. 欲使 JK 触发器按 $Q^{n+1}=0$ 工作，可使其输入端(　　)。

A. $J=K=1$　　B. $J=Q^n$，$K=Q^n$

C. $J=Q^n$，$K=1$　　D. $J=0$，$K=1$

7. 欲使 D 触发器按 $Q^{n+1}=\overline{Q^n}$ 工作，应使其输入 $D=$(　　)。

A. 0　　B. 1

C. Q^n　　D. $\overline{Q^n}$

8. 为实现将 JK 触发器转换为 D 触发器，应使(　　)。

A. $J=D$，$K=\overline{D}$　　B. $K=D$，$J=\overline{D}$

C. $J=K=D$　　D. $J=K=\overline{D}$

9. JK 触发器在 CP 时钟脉冲作用下，不能实现 $Q^{n+1}=\overline{Q^n}$ 的输入信号的是(　　)。

A. $J=Q^n$，$K=\overline{Q^n}$　　B. $J=\overline{Q^n}$，$K=Q^n$

C. $J=\overline{Q^n}$，$K=1$　　D. $J=1$，$K=Q^n$

10. JK 触发器在 CP 时钟脉冲作用下，不能实现 $Q^{n+1}=1$ 的输入信号的是(　　)。

A. $J=1$，$K=0$　　B. $J=K=\overline{Q^n}$

C. $J=\overline{Q^n}$，$K=0$　　D. $J=K=1$

11. 若用 JK 触发器来实现特性方程 $Q^{n+1}=\overline{A}Q^n+AB$，则 J、K 端的方程分别为(　　)。

A. $J=AB$，$K=\overline{\overline{A}+B}$　　B. $J=AB$，$K=A\overline{B}$

C. $J=\overline{\overline{A}+B}$，$K=AB$　　D. $J=A\overline{B}$，$K=AB$

5.3 判断题(正确的打√，错误的打×)

1. RS 触发器的约束条件 $RS=0$ 表示不允许出现 $R=S=1$ 的输入。(　　)

2. 边沿触发器的次态仅取决于 CP 有效触发沿到达一瞬间的输入状态。(　　)

3. T′触发器一定是下降沿有效的触发器。(　　)

4. 主从 RS 触发器不存在空翻现象。(　　)

5. 主从 JK 触发器存在一次变化问题。（　）

6. D 触发器的特性方程为 $Q^{n+1}=D$，与 Q^n 无关，所以它没有记忆功能。（　）

7. 同步触发器存在空翻现象，而边沿触发器和主从触发器克服了空翻现象。（　）

8. D 触发器一定是上升沿有效的触发器。（　）

9. 同步 RS 触发器存在空翻现象，而主从 RS 触发器克服了空翻现象。（　）

10. 对于边沿 JK 触发器，在 CP 为高电平期间，当 $J=K=1$ 时，状态会翻转一次。（　）

5.4　解答题

1. 由两个与非门组成的基本触发器能否实现时钟控制？试说明理由。

2. 试分析由两个或非门交叉耦合而成的基本触发器，列出其特性转换表、特性方程，画出其状态转换图。

3. 什么是触发器的空翻现象？造成空翻现象的原因是什么？什么是触发器的不定状态？造成不定状态的原因是什么？空翻和不定状态有什么区别？如何避免空翻现象和不定状态的出现？

4. 一主从 RS 触发器的 CP、S、R 端的信号波形如习题 5.4.4 图所示，假定 Q 的初态为 0，试画出 Q 和 $\overline{Q}$ 的波形。

5. 一 JK 触发器的 CP、J、K 端的信号波形如习题 5.4.5 图所示，假定 Q 的初态为 0，试画出 Q 和 $\overline{Q}$ 的波形。

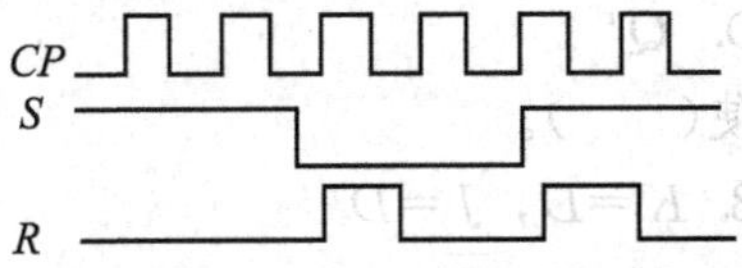

习题 5.4.4 图

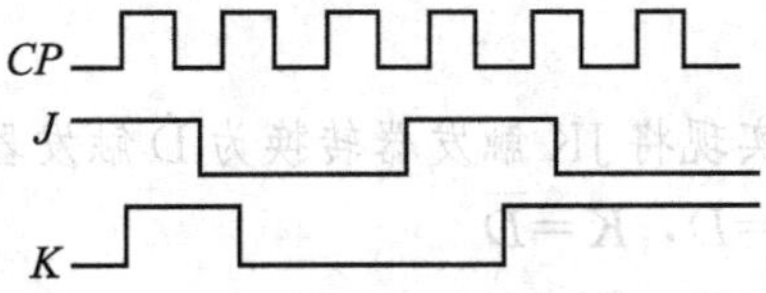

习题 5.4.5 图

6. 一 T 触发器的 CP、T 端的信号波形如习题 5.4.6 图所示，假定 Q 的初态为 0，试画出 Q 和 $\overline{Q}$ 的波形。

7. 一维持阻塞 D 触发器的 CP、D 端的信号波形如习题 5.4.7 图所示，假定 Q 的初态为 0，试画出 Q 和 $\overline{Q}$ 的波形。

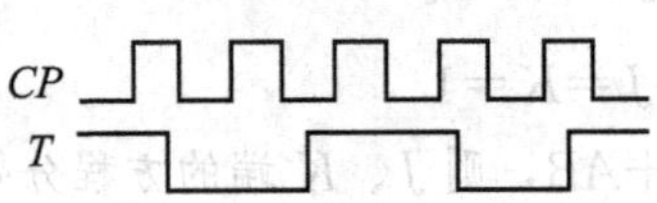

习题 5.4.6 图

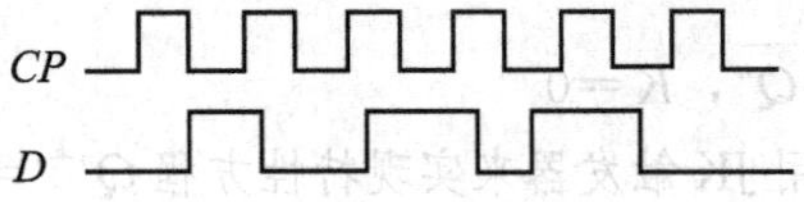

习题 5.4.7 图

8. 试将主从 RS 触发器分别转换为 D 触发器和 JK 触发器。

9. 已有一触发器的特性方程为 $Q^{n+1}=M\oplus N\oplus Q^n$，要求用 JK 触发器实现该触发器的逻辑功能。

第 6 章　时序逻辑电路

本章主要介绍由触发器作为主要元件组成的时序逻辑电路的分析方法和设计方法，进一步介绍两种常用的时序逻辑电路——寄存器和计数器。

6.1　时序逻辑电路的基本概念

6.1.1　时序逻辑电路的一般结构及特点

时序逻辑电路是一种在任意时刻的输出不仅取决于该时刻的输入信号，而且还与输入信号作用前的状态有关的逻辑电路。因此，时序逻辑电路必须具备存储电路(大多数由触发器构成)，以便保存下来的信息在下一时刻起作用。

前面介绍的组合逻辑电路在某一时刻的输出只取决于该时刻电路的输入，与过去的状态无关，因而不需要触发器等存储电路记忆过去的状态，只用门电路就可构成组合逻辑电路。

图 6.1.1 为时序逻辑电路的结构框图。与组合逻辑电路相比，时序逻辑电路在结构上具有下列两个特点。

(1)除有组合逻辑电路外，时序逻辑电路中还有由触发器等器件构成的存储电路。

(2)存储电路的状态 q_1，q_2，…，q_l 反馈到输入端，与输入信号共同决定组合逻辑电路部分的输出 y_1，y_2，…，y_j。

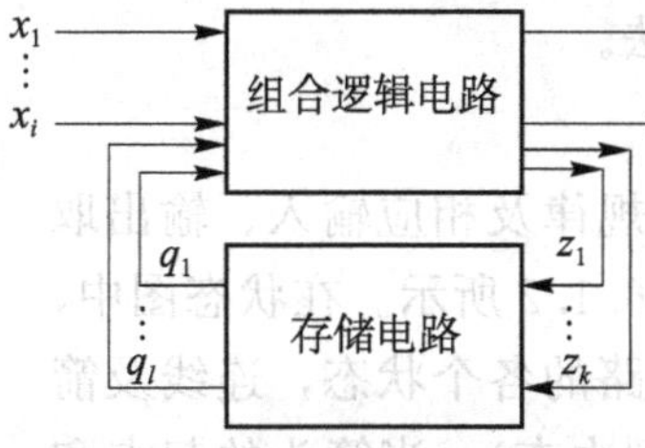

图 6.1.1　时序逻辑电路的结构框图

图 6.1.1 中，$X(x_1, x_2, \cdots, x_i)$代表输入信号；$Z(z_1, z_2, \cdots, z_k)$代表存储电路的输入信号；$Q(q_1, q_2, \cdots, q_l)$代表存储电路的输出信号；$Y(y_1, y_2, \cdots, y_j)$代表输出信号。这些信号之间的逻辑关系可以用下列 3 个方程来表示：

$$Y(t_n)=F_1[X(t_n), Q(t_n)]$$

$$Q(t_{n+1})=F_2[Z(t_n), Q(t_n)]$$

$$Z(t_n)=F_3[X(t_n), Q(t_n)]$$

式中，t_n、t_{n+1} 表示两个相邻的离散时间。第 1 个式子称为输出方程；第 2 个式子称为状态方程；第 3 个式子称为驱动方程。这 3 个方程合称时序逻辑电路的逻辑方程组。

由输出方程可知，电路的现时输出 $Y(t_n)$ 取决于存储电路的现时状态 $Q(t_n)$ 及现时输入 $X(t_n)$，而现时状态 $Q(t_n)$ 与过去的输入状态有关。

6.1.2 时序逻辑电路的分类

符合上述输出方程条件的时序逻辑电路称为米莱(Mealy)型电路。有许多时序逻辑电路的结构较简单，其输出只与存储电路的现时状态 $Q(t_n)$ 有关，与现时输入 $X(t_n)$ 无关，因此其输出方程可改写成 $Y(t_n)=F_1[Q(t_n)]$，这种时序逻辑电路称为穆尔(Moore)型电路。

时序逻辑电路除有米莱型和穆尔型的区别外，还可分成同步时序逻辑电路和异步时序逻辑电路两大类。

同步时序逻辑电路：存储电路中所有触发器状态的变化都在同一控制脉冲 CP 作用下同时发生。

异步时序逻辑电路：存储电路中各触发器时钟脉冲输入端并不均接时钟脉冲源，即各触发器的时钟脉冲不同，各触发器的状态变化有先有后。

6.1.3 时序逻辑电路功能的描述方法

1. 逻辑方程式

从理论上讲，根据时序电路的结构图，写出的时序电路的输出方程、驱动方程和状态方程就可以描述时序电路的逻辑功能。值得提出的是，对许多时序逻辑电路而言，由 $Z=F_1(X, Q^n)$、$Y=F_2(X, Q^n)$ 和 $Q^{n+1}=F_3(Y, Q^n)$ 这 3 个逻辑方程式还不能直观地看出时序电路的逻辑功能到底是什么。此外，设计时序逻辑电路时，往往很难根据给出的逻辑要求而直接写出电路的驱动方程、状态方程和输出方程。因此，下面再介绍几种能够反映时序电路状态变化全过程的描述方法。

2. 状态图(状态转换图)

反映时序逻辑电路状态转换规律及相应输入、输出取值关系的图形称为状态图，如图 6.1.2 所示。在状态图中，圆圈及圆内的字母或数字表示电路的各个状态，连线及箭头表示状态转换的方向(由现态到次态)，当箭头的起点和终点都在同一个圆圈上时，则表示状态不变。标在连线一侧的数字表示状态转换前输入信号的取值和输出值，通常将输入信号的取值写在斜线以上，输出值写在斜线以下。它清楚地表明，在该输入取值的作用下，将产生相应的输出值，同时，电路将发生如箭头所指的状态转换。

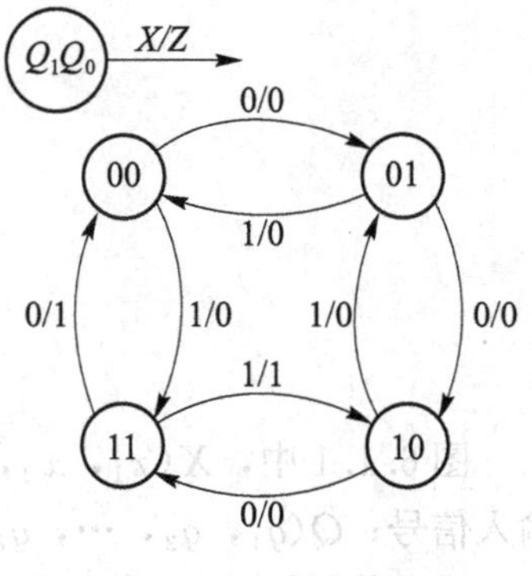

图 6.1.2 时序电路的状态图

3. 状态表(状态转换真值表)

反映时序逻辑电路的输出 Z、次态 Q^{n+1} 与电路的输入 X、现态 Q^n 间对应取值关系的表格称为状态表。状态图(见图 6.1.2)所描述的时序电路特性用状态表表示如表 6.1.1 所示。状态表由三个部分组成，第一部分是现态和输入的组合，第二部分是每一个状态与输入的组合所导致的次态，第三部分是现态的输出。

表 6.1.1　图 6.1.2 状态图的状态表

现态		输入	次态		输出
X	Q_1^n	Q_0^n	Q_1^{n+1}	Q_1^{n+1}	Z
0	0	0	0	1	0
0	0	1	1	0	0
0	1	0	1	1	0
0	1	1	0	0	1
1	0	0	1	1	0
1	1	1	1	0	1
1	1	0	0	1	0
1	0	1	0	0	0

4. 时序图

时序图即时序电路的工作波形图。它能直观地描述时序电路的输入信号、时钟信号、输出信号及电路的状态转换等在时间上的对应关系。

上面介绍的描述时序电路逻辑功能的 4 种方法可以互相转换。状态图、状态表和时序图可直接互相转换，电路的逻辑方程则要根据状态表中次态、输出变量与现态和输入变量的逻辑关系，利用卡诺图求出。在介绍时序逻辑电路的分析和设计方法时，将具体讲述以上 4 种描述方法的应用。

6.2　时序逻辑电路的分析与设计

6.2.1　时序逻辑电路的分析

根据给定的时序逻辑电路图，分析出时序逻辑功能，称为时序逻辑电路的分析。时序逻辑电路分析的任务与组合逻辑电路分析不同，它是根据已知电路，找出状态 Q 转换的规律及输出 Y 变化的规律。

1. 时序逻辑电路的分析步骤

对时序逻辑电路一般按照如下步骤分析。

(1)观察电路，确定时序逻辑电路的类型。

(2)根据电路写出各触发器的驱动方程[即 $Z(t_n)$]及时钟方程(即各触发器的 CP 信号表达式)。如果是同步时序逻辑电路，则可不写时钟方程，因为每个触发器均接同一时钟脉冲源，每到来一个时钟脉冲，每个触发器均可被触发。

(3)将各触发器的驱动方程代入触发器的特性方程，写出各个触发器的状态 Q^{n+1} 的逻辑表达式，也就是前面所说的状态方程。

(4)根据电路写出输出 Y 的逻辑表达式(即输出方程)。

(5)将各触发器初态和输入的各种可能组合直接代入次态 Q^{n+1} 的逻辑表达式及输出 Y 的逻辑表达式，列出状态表。

(6)根据状态表，画出电路的状态转换图或时序图，以便使其逻辑功能的特点更突出和一目了然。

(7)总结和概括这个时序逻辑电路的逻辑功能。

2. 同步时序逻辑电路分析举例

例 6.2.1 分析图 6.2.1 所示的时序逻辑电路的逻辑功能，电路中各触发器均为主从 JK 触发器，下降沿有效。

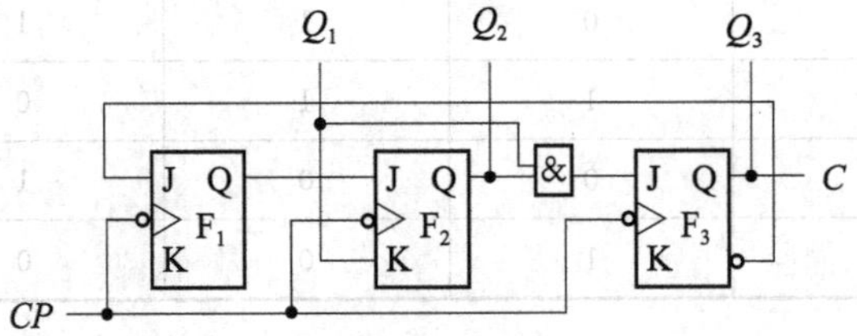

图 6.2.1 例 6.2.1 的逻辑图

解：对该电路的逻辑功能的分析如下。

①确定电路的类型。

根据电路结构，各触发器共用一个时钟，可确定该电路是一同步时序逻辑电路，显然该电路是穆尔型同步时序逻辑电路。

②列出各触发器的驱动方程。

根据图 6.2.1 可列出各触发器的驱动方程：

$$J_1=\overline{Q_3^n} \qquad J_2=Q_1^n \qquad J_3=Q_2^nQ_1^n$$
$$K_1=1 \qquad K_2=Q_1^n \qquad K_3=1$$

③将各驱动方程代入触发器的特性方程求出各触发器的状态方程。

因为 JK 触发器的特性方程为 $Q^{n+1}=J\overline{Q^n}+\overline{K}Q^n$，所以

$$Q_1^{n+1}=J_1\overline{Q_1^n}+\overline{K}_2Q^n=\overline{Q_3^n}\,\overline{Q_1^n}$$
$$Q_2^{n+1}=J_2\overline{Q_2^n}+\overline{K}_2Q_2^n=Q_1^n\overline{Q_2^n}+\overline{Q_1^n}Q_2^n=Q_1^n\oplus Q_2^n$$
$$Q_3^{n+1}=J_3\overline{Q_3^n}+\overline{K}_3Q_3^n=Q_2^nQ_1^n\overline{Q_3^n}$$

④列出该电路的输出方程。

该电路的输出端只有 C，输出方程为

$$C=Q_3^n$$

⑤列出状态表。

假定各触发器的初态均为 0，由状态方程和输出方程可列出时序逻辑电路的状态表，如

表 6.2.1 所示。

表 6.2.1　例 6.2.1 的状态表

CP 顺序	各触发器的状态			输出	等效十进制数
	Q_3	Q_2	Q_1	C	
0	0	0	0	0	0
1	0	0	1	0	1
2	0	1	0	0	2
3	0	1	1	0	3
4	1	0	0	1	4
5	0	0	0	0	0
0	1	0	1	1	5
1	0	1	0	0	2
0	1	1	0	1	6
1	0	1	0	0	2
0	1	1	1	1	7
1	0	0	0	0	0

⑥画出状态转换图。

由表 6.2.1 可画出该电路的状态转换图，如图 6.2.2 所示。

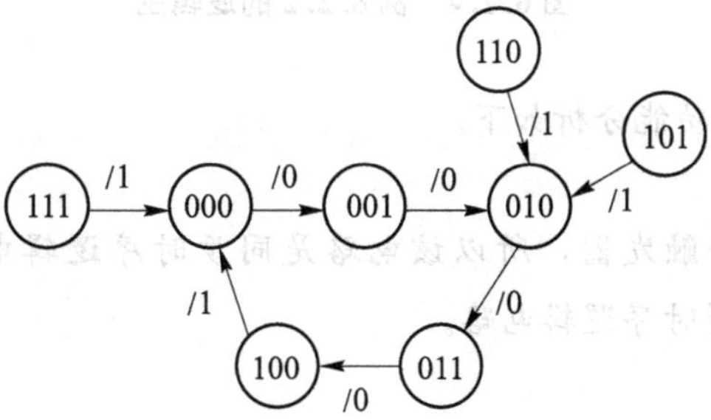

图 6.2.2　例 6.2.1 的状态转换图

图 6.2.2 中的各圆圈表示各触发器的状态，箭头表示状态转换的方向，箭头旁注明了状态转换前输入变量的取值和输出值，通常二者以斜线相隔，斜线左边为输入变量的值(此处无输入变量故空着)，斜线右边为输出值。C 为计数器的进位输出端，从图中可看出，每到来 5 个时钟脉冲，3 个触发器的输出 $Q_3Q_2Q_1$ 可从 000 状态出发，恢复到 000 初态，完成一个状态循环，C 输出一个进位 1。图中，101、110、111 为这个循环的无效状态(闭合圈内的 000～100 为有效状态)。有时为了更好描述电路的工作过程，常可画出时序图，即画出在一系列 CP 作用下各触发器状态的输出波形，如图 6.2.3 所示。

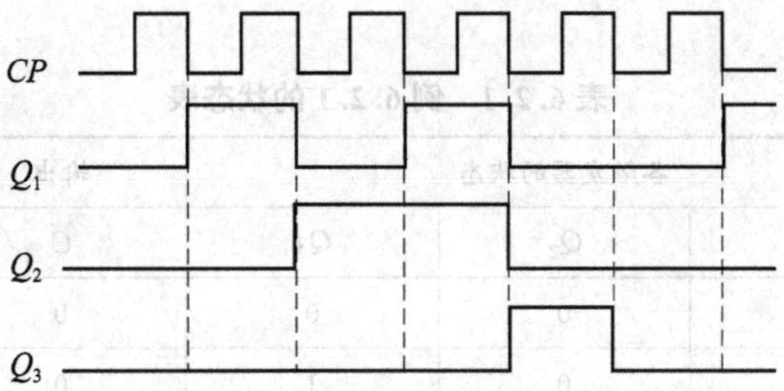

图 6.2.3 例 6.2.1 的时序图

⑦总结逻辑功能。

经上面分析可以知道，CP 个数每增加 1，触发器状态 $Q_3Q_2Q_1$ 表示的二进制数对应的十进制数加 1，该电路可以统计 CP 的个数，并且每到来 5 个时钟脉冲循环一周，所以称为同步五进制加法计数器。

例 6.2.2 分析图 6.2.4 所示的时序逻辑电路的逻辑功能。

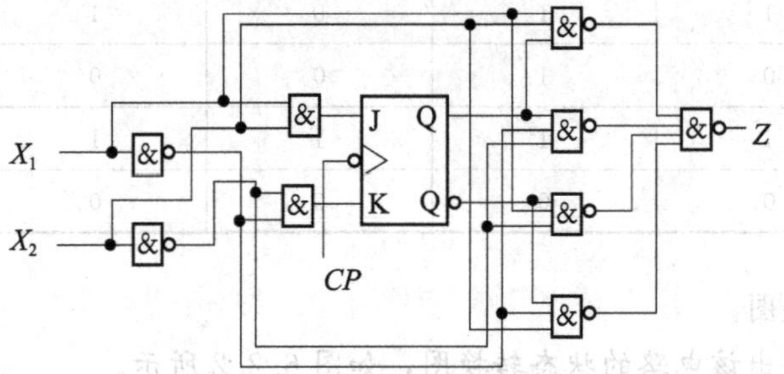

图 6.2.4 例 6.2.2 的逻辑图

解：对该电路的逻辑功能分析如下。

①确定电路类型。

因为此电路只有一个触发器，所以该电路是同步时序逻辑电路；又因为有输入 X_1、X_2，所以此电路是米莱型时序逻辑电路。

②列出驱动方程：

$$J=X_1X_2 \quad K=\overline{X}_1\cdot\overline{X}_2$$

③列出状态方程：

$$Q^{n+1}=JQ^n+\overline{K}Q^n=X_1X_2Q^n+\overline{\overline{X}_1\cdot\overline{X}_2}Q^n$$

④列出输出方程：

$$Z=\overline{\overline{X_1X_2Q^n}\cdot\overline{\overline{X}_1\cdot\overline{X}_2Q^n}\cdot\overline{\overline{X}_1X_2\overline{Q^n}}\cdot\overline{X_1\overline{X}_2\overline{Q^n}}}$$
$$=(X_1\oplus X_2)\oplus Q^n$$

⑤列出特性转换表。

将 X_1、X_2、Q^n 的所有取值组合代入状态方程、输出方程求出对应次态和输出，可列出如表 6.2.2 所示的特性转换表。

表 6.2.2　例 6.2.2 的特性转换表

X_1	X_2	Q^n	Q^{n+1}	Z
0	0	0	0	0
0	0	1	0	1
0	1	0	0	1
0	1	1	1	0
1	0	0	0	1
1	0	1	1	0
1	1	0	1	0
1	1	1	1	1

⑥画出状态转换图。

根据表 6.2.2 画出该电路的状态转换图，如图 6.2.5 所示。

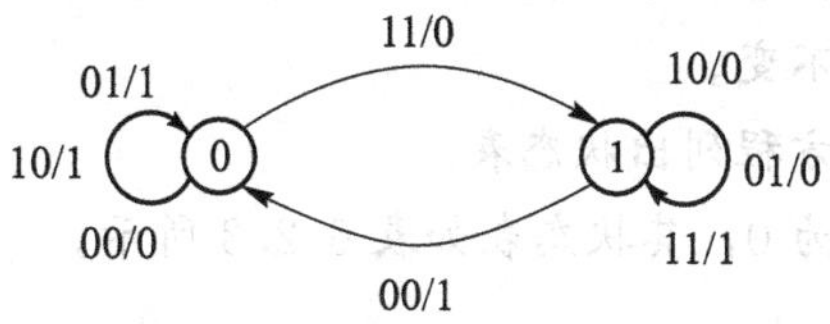

图 6.2.5　例 6.2.2 的状态转换图

⑦总结逻辑功能。

若把 X_1、X_2 看作两个加数，Q^n 表示来自低位的进位，则 Z 表示全加和，Q^{n+1} 表示向高位的进位。因此，此电路可以实现串行加法器的功能。

3. 异步时序逻辑电路分析举例

分析异步时序逻辑电路的过程与分析同步时序逻辑电路的过程基本是相同的。但在异步时序逻辑电路的分析中，要注意每个触发器的时钟输入并不均接时钟脉冲源，因此在列出每个触发器的状态方程时，应写出其对应的时钟方程，此状态方程所表示的逻辑功能只有在它的 CP 触发沿到来时才成立。综上可知，异步时序逻辑电路的分析方法比同步时序逻辑电路稍复杂。现举例介绍如下。

例 6.2.3　分析图 6.2.6 所示的时序逻辑电路的逻辑功能。

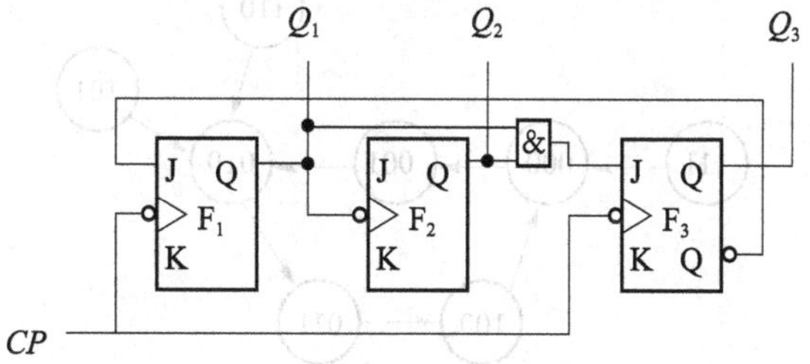

图 6.2.6　例 6.2.3 的逻辑图

解：对该电路的逻辑功能分析如下。

①确定电路的类型。

由图 6.2.6 可知，$CP_1=CP_3=CP$，$CP_2=Q_1$，因此该电路是异步时序逻辑电路，它没有输入信号，因此它是穆尔型异步时序逻辑电路。

②列出驱动方程：

$$J_1=\overline{Q_3^n} \qquad J_2=1 \qquad J_3=Q_2^nQ_1^n$$

$$K_1=1 \qquad K_2=1 \qquad K_3=1$$

③列出状态方程并标出它们各自的时钟：

$$Q_1^{n+1}=\overline{Q_3^n}\,\overline{Q_1^n}(CP\text{ 下降沿到来时有效})$$

$$Q_2^{n+1}=\overline{Q_2^n}(Q_1\text{ 下降沿到来时有效})$$

$$Q_3^{n+1}=Q_1^nQ_2^n\overline{Q_3^n}(CP\text{ 下降沿到来时有效})$$

注意：各触发器均为下降沿触发工作方式，因此各状态方程只有在它的时钟输入脉冲下降沿到来时才成立，才能根据其求触发器的状态，若它的时钟脉冲下降沿未到来，则对应的触发器维持原来的状态不变。

④根据状态方程和时钟方程列出状态表。

假定各触发器的初态均为 0，其状态表如表 6.2.3 所示。

表 6.2.3　例 6.2.3 的状态表

CP 顺序	Q_3	Q_2	Q_1	等效十进制数
0	0	0	0	0
1	0	0	1	1
2	0	1	0	2
3	0	1	1	3
4	1	0	0	4
5	0	0	0	0

⑤画出状态转换图。

根据表 6.2.3 可列出该电路的状态转换图，如图 6.2.7 所示。

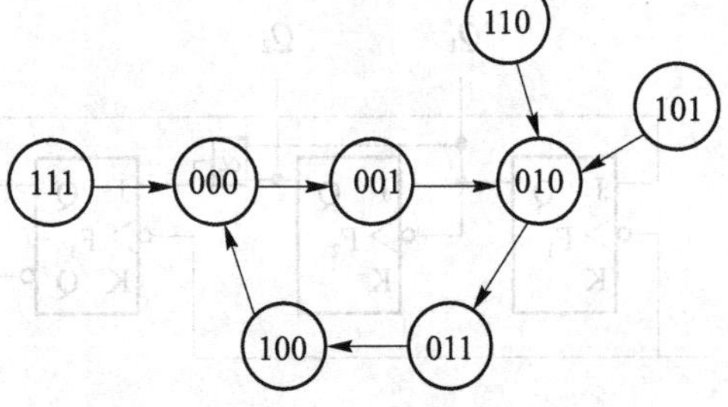

图 6.2.7　例 6.2.3 的状态转换图

⑥总结逻辑功能。

由以上分析可知，图 6.2.6 所示电路是异步五进制加法计数器。

6.2.2　时序逻辑电路的设计

根据设计要求提出的任务，画出满足功能要求的时序逻辑电路，称为时序逻辑电路的设计。一般来说，时序逻辑电路的设计比组合逻辑电路的设计要复杂得多，本书仅介绍同步时序逻辑电路的设计。

1. 时序逻辑电路的设计步骤

(1)根据设计要求，进行状态设定，画出状态转换图。

(2)状态化简。在相同的输入条件下，如果有两个状态转换到相同的次态，并且具有相同的输出，则这两个状态称为“等价状态”，等价状态在状态转换图中是重复的，可以合并成一个状态，这就称为状态化简。

(3)进行状态编码，画出编码后的状态转换图。

首先根据状态转换图中的状态数 N，确定出该时序逻辑电路所需的触发器数 n，用使 $2^{n-1}<N\leqslant 2^n$ 成立来确定。然后给每个状态规定对应的触发器状态组合(n 位二进制码)，称为状态编码，画出编码后的状态转换图。

(4)确定触发器的类型，求出各触发器的状态方程及输出方程，再将状态方程与选定触发器的特性方程相比较，求出各触发器的驱动方程。

(5)根据输出方程和驱动方程及选择的触发器类型，画出逻辑图。

(6)检查逻辑电路有无自启动能力。若逻辑电路中存在无效状态，则均应判断电路一旦进入这种状态能否在时钟脉冲 CP 的作用下，转入有效状态。若能转入，则电路有自启动能力；若不能转入，则电路无自启动能力，这时可采用“预置”的方式将其一开始就置于某一有效状态或采取其他措施解决。

2. 时序逻辑电路设计举例

例 6.2.4　设计一个同步七进制加法计数器，要求按自然态序变化(即按二进制加法计数规律变化)，并且采用 D 触发器。

解：①根据设计要求画出同步七进制加法计数器的状态转换图。

这个电路为同步七进制加法计数器，应有 7 个不同的状态，设为 S_0～S_6，不用状态化简，状态转换图如图 6.2.8 所示。

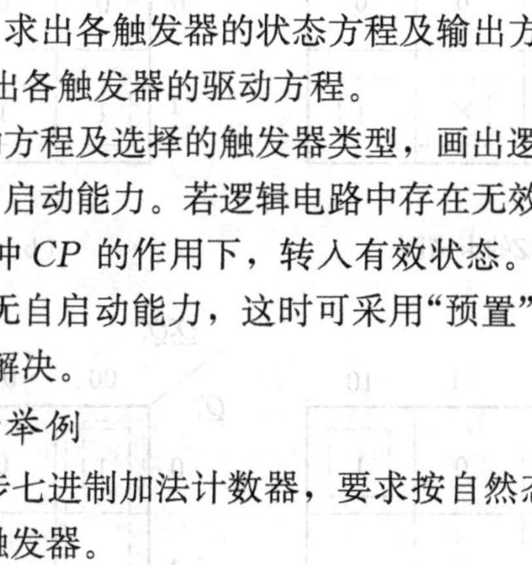

图 6.2.8　例 6.2.4 电路的状态转换图

图中斜线右边的输出 1 表示由 S_6 回到 S_0，即计满 7 个脉冲以后的进位。

②进行状态编码，画出编码后的状态转换图。

根据 $2^{n-1}<N\leqslant 2^n$ 可知，本题需 3 个触发器。按 $Q_3Q_2Q_1$ 顺序，设 $S_0=000$，$S_1=001$，$S_2=010$，$S_3=011$，$S_4=100$，$S_5=101$，$S_6=110$，不用的编码“111”为无效状态。

编码后电路的状态转换图如图 6.2.9 所示。

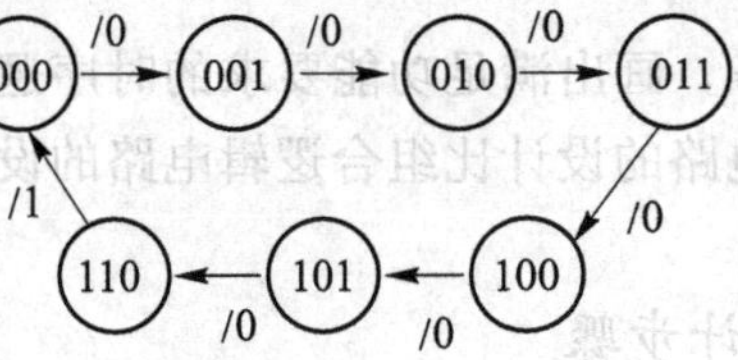

图 6.2.9　编码后电路的状态转换图

③列出输出方程、状态方程、驱动方程。

由图 6.2.9 可画出输出 Z 及各触发器次态的卡诺图，如图 6.2.10 所示。化简这些卡诺图可得输出方程、状态方程、驱动方程。

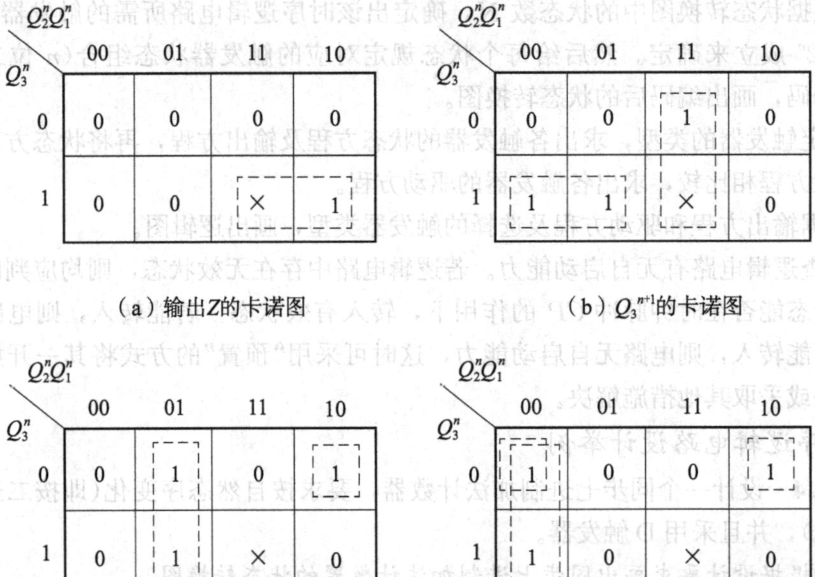

（a）输出Z的卡诺图　（b）Q_3^{n+1}的卡诺图

（c）Q_2^{n+1}的卡诺图　（d）Q_1^{n+1}的卡诺图

图 6.2.10　输出 Z 及各触发器次态的卡诺图

输出方程：

$$Z=Q_3^nQ_2^n$$

状态方程：

$$Q_3^{n+1}=Q_3^n\overline{Q_2^n}+Q_2^nQ_1^n$$

$$Q_2^{n+1}=\overline{Q_2^n}Q_1^n+\overline{Q_3^n}Q_2^n\overline{Q_1^n}$$

$$Q_1^{n+1}=\overline{Q_2^nQ_1^n}+\overline{Q_3^nQ_1^n}$$

由于 D 触发器的特性方程为 $Q^{n+1}=D$，故各触发器的驱动方程为

$$D_3=Q_3^n\overline{Q_2^n}+Q_2^nQ_1^n$$

$$D_2=\overline{Q_2^nQ_1^n}+\overline{Q_3^n}Q_2^n\overline{Q_1^n}$$

$$D_1=\overline{Q_2^nQ_1^n}+Q_3^nQ_1^n$$

④画出逻辑图。

根据输出方程、驱动方程及选定的触发器类型，可画出同步七进制加法计数器的逻辑图，如图 6.2.11 所示。

⑤检查电路有无自启动能力。

电路一旦进入无效状态“111”，那么当一个 CP 脉冲到来时，根据各状态方程可知 $Q_3^{n+1}=1$，$Q_2^{n+1}=0$，$Q_1^{n+1}=0$，可进入有效状态“100”，即电路有自启动能力。本题还可用其他触发器设计，请读者自行练习。

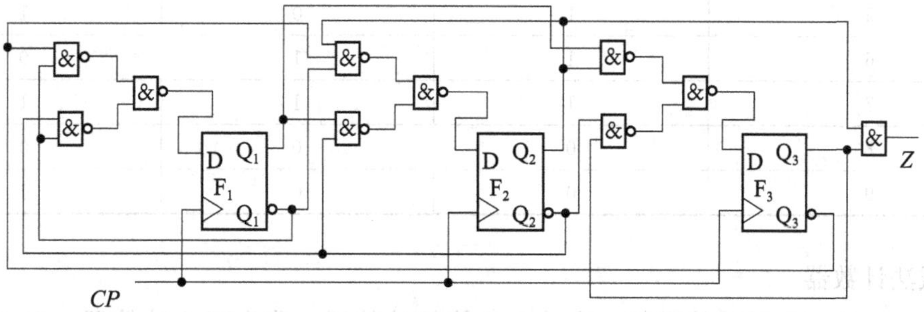

图 6.2.11　同步七进制加法计数器的逻辑图

6.3　计　数　器

6.3.1　计数器的功能和分类

在计算机和数字系统中常常需要对输入脉冲个数进行累加，计数器就是用来计算输入脉冲个数的数字部件。实现对数字的测量、运算、控制，一般都要用到计数器，因此它是数字系统中应用较广泛的数字部件之一。

计数器的种类有很多，常常按下列几种方法来划分。

1. 按数制划分

1)二进制计数器

在数字电路中，广泛采用二进制计数体系，与此相适应的计数器为二进制计数器。这种计数器在输入脉冲的作用下，计数器按自然态序循环经历 2^n 个独立状态(n 为计数器中触发器的个数)，因此又称模 2^n 进制计数器，模数 $M=2^n$。

2)非二进制计数器

在计数时所经历的独立状态数不为 2^n($M\neq 2^n$)的计数器称为非二进制计数器或 N 进制计数器或任意进制计数器，如十进制计数器、七进制计数器等。

计数器在计数时所经历的独立状态数(模数)M 又称计数器的计数容量或计数长度。

2. 按计数增减趋势划分

1)加法计数器

每输入一个 CP 脉冲就进行一次加 1 运算的计数器，称为加法计数器。以 2^3 进制加法计数器为例，它输入脉冲个数与计数器中触发器状态的关系如表 6.3.1 所示。

表 6.3.1　2^3 进制加法计数器的真值表

输入脉冲序号	Q_2	Q_1	Q_0
0	0	0	0
1	0	0	1
2	0	1	0
3	0	1	1
4	1	0	0
5	1	0	1
6	1	1	0
7	1	1	1
8	0	0	0
9	0	0	1

2)减法计数器

每输入一个 CP 脉冲就进行一次减 1 运算的计数器，称为减法计数器。以 2^3 进制减法计数器为例，它输入脉冲个数与计数器中触发器状态的关系如表 6.3.2 所示。

表 6.3.2　2^3 进制减法计数器的真值表

输入脉冲序号	Q_2	Q_1	Q_0
0	0	0	0
1	1	1	1
2	1	1	0
3	1	0	1
4	1	0	0
5	0	1	1
6	0	1	0
7	0	0	1
8	0	0	0
9	1	1	1

3)可逆计数器

既可做加法运算，也可做减法运算的计数器称为可逆计数器。当然，可逆计数器不能同时既做加法运算，又做减法运算，它只能在加减控制信号作用下，某个时刻做加法运算或减法运算。

3. 按计数脉冲输入方式划分

1)同步计数器

计数脉冲引至计数器所有触发器的 *CP* 输入端，使应翻转的触发器能同时翻转的计数器称为同步计数器。

2)异步计数器

计数脉冲并不引至计数器所有触发器的 *CP* 输入端，使应翻转的触发器不能同时翻转的计数器称为异步计数器。

6.3.2　同步计数器

1. 同步二进制计数器

1)同步二进制加法计数器

(1)电路组成。

图 6.3.1 是一个 3 位同步二进制加法计数器的逻辑图，它由 3 个 T 触发器和一个与门组成，各触发器共用同一时钟脉冲 *CP*。

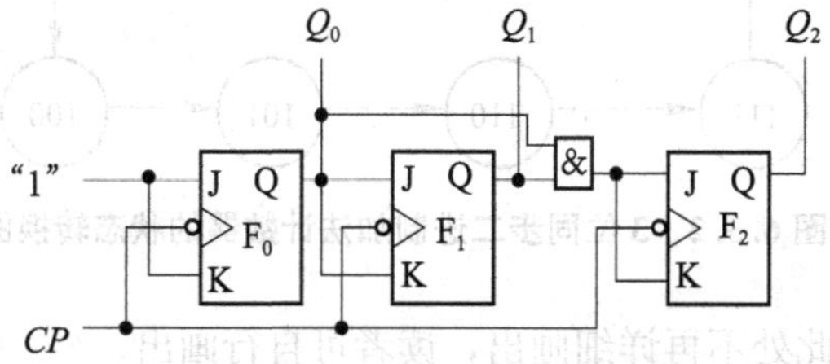

图 6.3.1　3 位同步二进制加法计数器的逻辑图

(2)工作原理分析。

①列出逻辑表达式。

由图 6.3.1 可以看出，该计数器的驱动方程为

$$T_0=1\quad T_1=Q_0^n\quad T_2=Q_0^nQ_1^n$$

将以上驱动方程代入 T 触发器的特性方程 $Q^{n+1}=T\overline{Q^n}+\overline{T}Q^n$ 得该计数器的状态方程为

$$Q_0^{n+1}=\overline{Q_0^n}$$

$$Q_1^{n+1}=Q_0^n\overline{Q_1^n}+\overline{Q_0^n}Q_1^n$$

$$Q_2^{n+1}=Q_0^nQ_1^n\overline{Q_2^n}+\overline{Q_0^nQ_1^n}Q_2^n$$

②列出状态表。

设各触发器的初态 $Q_2^nQ_1^nQ_0^n=000$，将此初态代入以上状态方程逐次计算后，可列出该计数器的状态表，如表 6.3.3 所示。

表 6.3.3　3 位同步二进制加法计数器的状态表

CP 顺序	Q_2	Q_1	Q_0	等效十进制数
0	0	0	0	0
1	0	0	1	1

续表

CP 顺序	Q_2	Q_1	Q_0	等效十进制数
2	0	1	0	2
3	0	1	1	3
4	1	0	0	4
5	1	0	1	5
6	1	1	0	6
7	1	1	1	7
8	0	0	0	8

③画出状态转换图。

根据表 6.3.3 可画出该计数器的状态转换图，如图 6.3.2 所示。

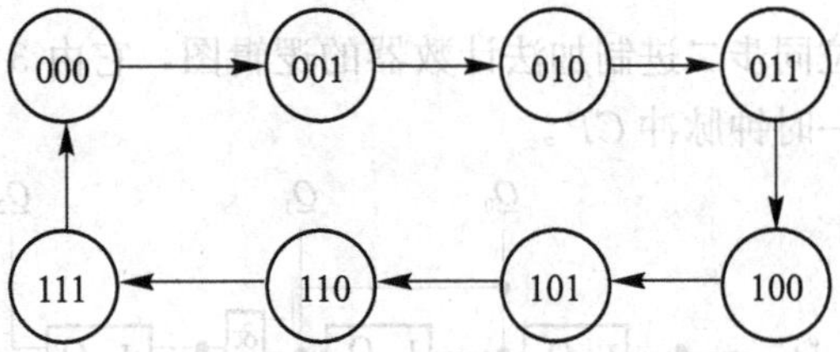

图 6.3.2　3 位同步二进制加法计数器的状态转换图

该计数器的时序图此处不再详细画出，读者可自行画出。

2)同步二进制减法计数器

电路如图 6.3.3 所示。该电路由 3 个 T 触发器和一个与门组成，各触发器共用一个时钟脉冲 CP。

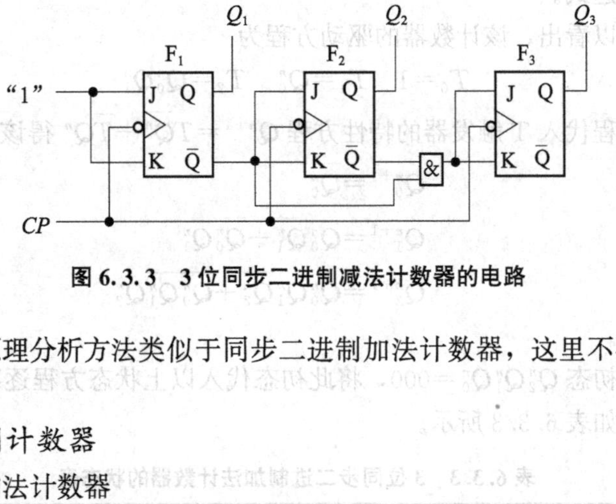

图 6.3.3　3 位同步二进制减法计数器的电路

该电路的工作原理分析方法类似于同步二进制加法计数器，这里不再详细介绍，请读者自行分析。

2. 同步十进制计数器

1)同步十进制加法计数器

这里以 8421 码同步十进制加法计数器为例介绍。

(1)电路组成。

8421 码同步十进制加法计数器的逻辑图如图 6.3.4 所示。它由 4 个 T 触发器和 3 个与门、一个与或门组成。

(2)工作原理分析。

①列出逻辑表达式。

由图 6.3.4 可以看出，该计数器的驱动方程为

$$T_0=1$$

$$T_1=Q_0^n\overline{Q_3^n}$$

$$T_2=Q_0^nQ_1^n$$

$$T_3=Q_0^nQ_1^nQ_2^n+Q_0^nQ_3^n$$

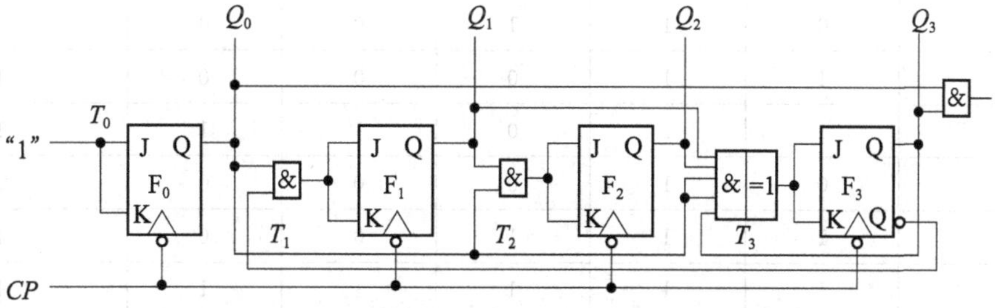

图 6.3.4　8421 码同步十进制加法计数器的逻辑图

将以上驱动方程代入 T 触发器的特性方程可得该计数器的状态方程为

$$Q_0^{n+1}=\overline{Q_0^n}$$

$$Q_1^{n+1}=Q_0^n\overline{Q_3^n}\cdot\overline{Q_1^n}+\overline{Q_0^n\overline{Q_3^n}}Q_1^n$$

$$Q_2^{n+1}=Q_0^nQ_1^n\overline{Q_2^n}+\overline{Q_0^nQ_1^n}Q_2^n$$

$$Q_3^{n+1}=(Q_0^nQ_1^nQ_2^n+Q_0^nQ_3^n)\overline{Q_3^n}+\overline{Q_0^nQ_1^nQ_2^n+Q_0^nQ_3^n}Q_3^n$$

输出方程为

$$C=Q_0^nQ_3^n$$

②列出状态表。

以 $Q_3^nQ_2^nQ_1^nQ_0^n=0000$ 为初态，将此初态代入以上状态方程依次可求出各触发器的次态，列出该计数器的状态表，如表 6.3.4 所示。

表 6.3.4　8421 码同步十进制加法计数器的状态表

CP 顺序	Q_3	Q_2	Q_1	Q_0	C	等效十进制数
0	0	0	0	0	0	0
1	0	0	0	1	0	1
2	0	0	1	0	0	2
3	0	0	1	1	0	3
4	0	1	0	0	0	4
5	0	1	0	1	0	5
6	0	1	1	0	0	6

续表

CP 顺序	Q_3	Q_2	Q_1	Q_0	C	等效十进制数
7	0	1	1	1	0	7
8	1	0	0	0	0	8
9	1	0	0	1	1	9
10	0	0	0	0	0	0
0	1	0	1	0	0	10
1	1	0	1	1	1	11
2	0	1	1	0	0	6
0	1	1	0	0	0	12
1	1	1	0	1	1	13
2	0	1	0	0	0	4
0	1	1	1	0	0	14
1	1	1	1	1	1	15
2	0	0	1	0	0	2

③画状态转换图。

根据表 6.3.4 可画出该计数器的状态转换图，如图 6.3.5 所示。该计数器的时序图此处不再详细画出，读者可自行画出。

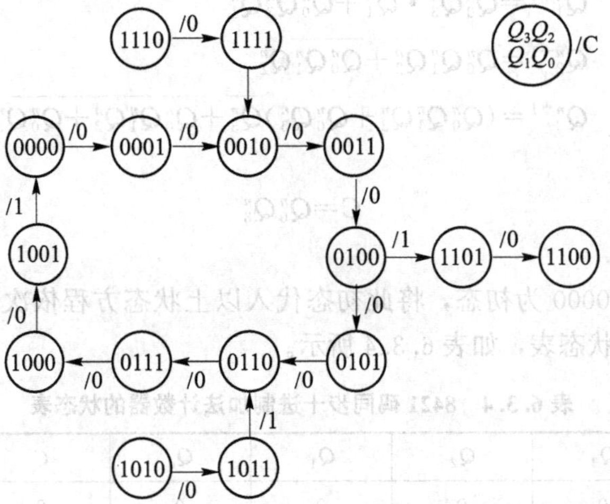

图 6.3.5　8421 码同步十进制加法计数器的状态转换图

由该计数器的状态表或状态转换图可知，每到来 10 个脉冲，触发器的输出 $Q_3Q_2Q_1Q_0$ 可从 0000 状态出发，恢复到初态 0000，完成一个循环，进位输出端输出一个进位 1。

2)同步十进制减法计数器

由 T 触发器构成的 8421 码同步十进制减法计数器的逻辑功能的分析与 8421 码同步十进制加法计数器的类似，这里不再详细分析，读者可自行练习。

6.3.3　异步计数器

1. 异步二进制计数器

1)异步二进制加法计数器

异步二进制加法计数器一般由 T′触发器级联构成。3 位异步二进制加法计数器的逻辑图如图 6.3.6 所示。

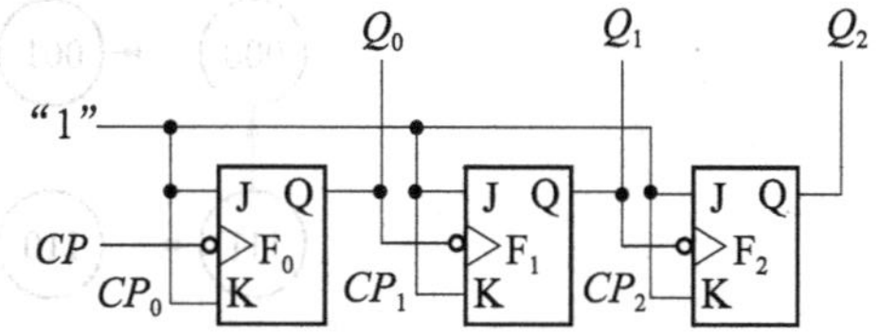

图 6.3.6　3 位异步二进制加法计数器的逻辑图

下面按时序逻辑电路的分析步骤来分析该计数器的逻辑功能。

(1)列出逻辑表达式。

驱动方程：

$$T_0=1$$
$$T_1=1$$
$$T_2=1$$

时钟方程：

$$CP_0=CP$$
$$CP_1=Q_0$$
$$CP_2=Q_1$$

将上述驱动方程代入 T′触发器的特性方程中，并考虑时钟方程，得该计数器的状态方程为

$$Q_0^{n+1}=\overline{Q_0^n}[CP_0(CP)\text{下降沿到来时有效}]$$
$$Q_1^{n+1}=\overline{Q_1^n}[CP_1(Q_0)\text{下降沿到来时有效}]$$
$$Q_2^{n+1}=Q_2^n\overline{X}[CP_2(Q_1)\text{下降沿到来时有效}]$$

(2)列出状态表。

设电路的初态 $Q_2^n Q_1^n Q_0^n=000$，将此初态代入上述状态方程逐次可求出各触发器的次态，列出该计数器的状态表，如表 6.3.5 所示。

表 6.3.5　3 位异步二进制加法计数器的状态表

CP 顺序	Q_2	Q_1	Q_0	等效十进制数	说明
0	0	0	0	0	CP 作用前
1	0	0	1	1	CP_0
2	0	1	0	2	CP_0 CP_1
3	0	1	1	3	CP_0
4	1	0	0	4	CP_0 CP_1 CP_2
5	1	0	1	5	CP_0
6	1	1	0	6	CP_0 CP_1
7	1	1	1	7	CP_0
8	0	0	0	0	CP_0CP_1 CP_2

(3)画状态转换图。

根据表 6.3.5 可画出该计数器的状态转换图，如图 6.3.7 所示。

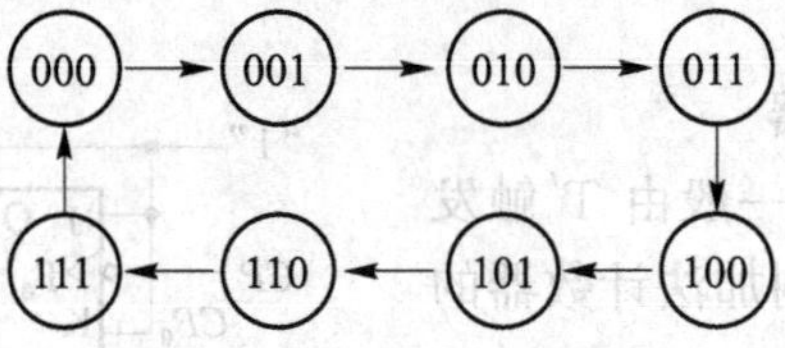

图 6.3.7　3 位异步二进制加法计数器的状态转换图

(4)画时序图。

根据表 6.3.5 可以画出该计数器的时序图，如图 6.3.8 所示。

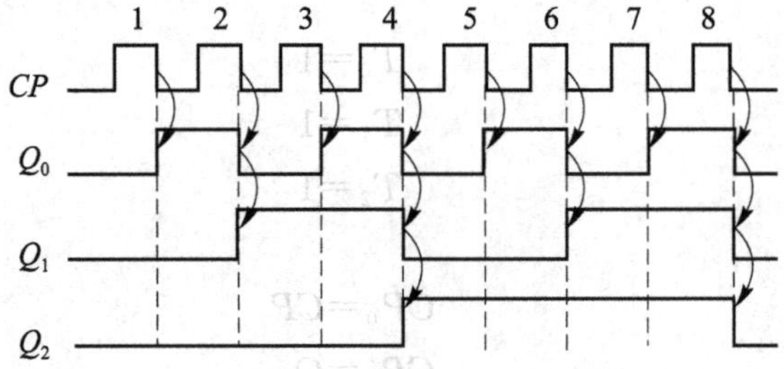

图 6.3.8　3 位异步二进制加法计数器的时序图

2)异步二进制减法计数器

4 位异步二进制减法计数器的逻辑图如图 6.3.9 所示。

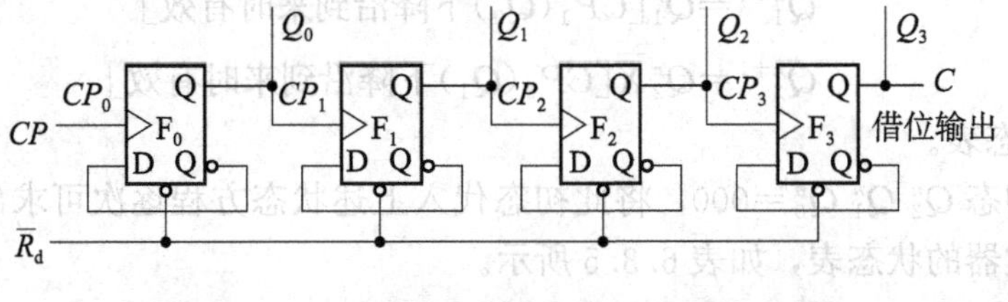

图 6.3.9　4 位异步二进制减法计数器的逻辑图

对该计数器的逻辑功能分析如下。

(1)列出逻辑表达式。

时钟方程：

$$CP_0=CP$$
$$CP_1=Q_0$$
$$CP_2=Q_1$$
$$CP_3=Q_2$$

状态方程：

$$Q_0^{n+1}=\overline{Q_0^n}[CP_0(CP)\text{上升沿到来时有效}]$$
$$Q_1^{n+1}=\overline{Q_1^n}[CP_1(Q_0)\text{上升沿到来时有效}]$$

$$Q_2^{n+1}=\overline{Q_2^n}[CP_2(Q_1)\text{上升沿到来时有效}]$$

$$Q_3^{n+1}=\overline{Q_3^n}[CP_3(Q_2)\text{上升沿到来时有效}]$$

(2)列出状态表。

给该计数器送入复位脉冲 $\overline{R}_d$，使其初态为 $Q_3^nQ_2^nQ_1^nQ_0^n=0000$，将此初态代入上述状态方程可依次计算出各触发器的次态，列出该计数器的状态表，如表 6.3.6 所示。

表 6.3.6　4 位异步二进制减法计数器的状态表

CP 顺序	Q_3	Q_2	Q_1	Q_0	等效十进制数	说明
0	0	0	0	0	0	CP 作用前
1	1	1	1	1	15	$CP_0CP_1CP_2CP_3$
2	1	1	1	0	14	CP_0
3	1	1	0	1	13	CP_0CP_1
4	1	1	0	0	12	CP_0
5	1	0	1	1	11	$CP_0CP_1CP_2$
6	1	0	1	0	10	CP_0
7	1	0	0	1	9	CP_0CP_1
8	1	0	0	0	8	CP_0
9	0	1	1	1	7	$CP_0CP_1CP_2CP_3$
10	0	1	1	0	6	CP_0
11	0	1	0	1	5	CP_0CP_1
12	0	1	0	0	4	CP_0
13	0	0	1	1	3	$CP_0CP_1CP_2$
14	0	0	1	0	2	CP_0
15	0	0	0	1	1	CP_0CP_1
16	0	0	0	0	0	CP_0

(3)画状态转换图。

根据表 6.3.6 可画出该计数器的状态转换图，如图 6.3.10 所示。

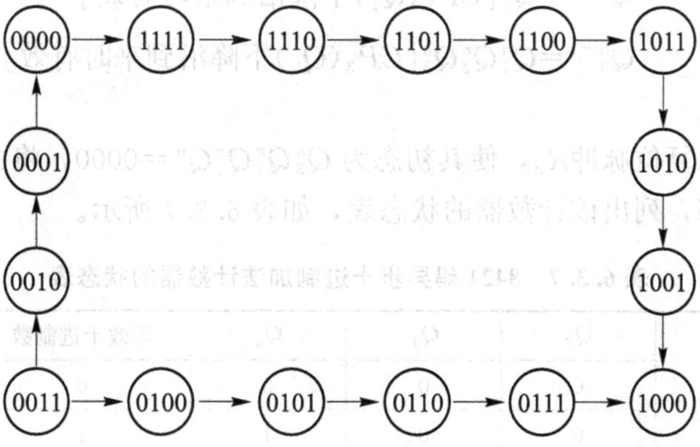

图 6.3.10　4 位异步二进制减法计数器的状态转换图

根据表 6.3.6 可画出该计数器的时序图，这里不再给出，请读者自己画出。

2. 异步十进制计数器

1)异步十进制加法计数器

8421 码异步十进制加法计数器的逻辑图如图 6.3.11 所示。

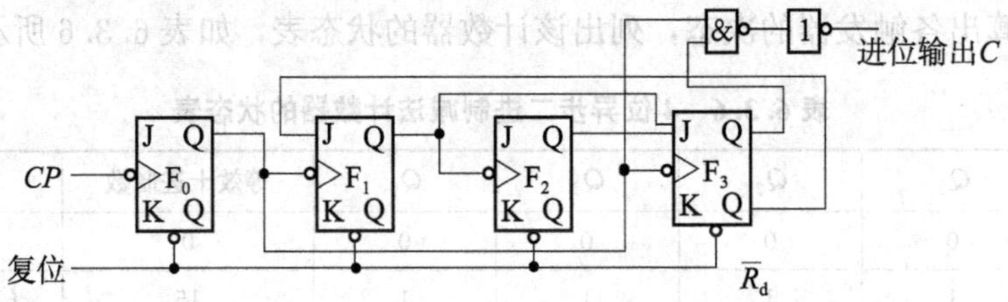

图 6.3.11 8421 码异步十进制加法计数器的逻辑图

对该计数器的逻辑功能分析如下。

(1)列出逻辑表达式。

时钟方程：

$$CP_0=CP$$
$$CP_1=CP_3=Q_0$$
$$CP_2=Q_1$$

驱动方程：

$$J_0=K_0=1$$
$$J_1=\overline{Q_3^n}\quad K_1=1$$
$$J_2=K_2=1$$
$$J_3=Q_1^nQ_2^n\quad K_3=1$$

将上述驱动方程代入 JK 触发器的特性方程，并考虑时钟方程，得该计数器的状态方程为

$$Q_0^{n+1}=\overline{Q_0^n}[CP_0(CP)\text{下降沿到来时有效}]$$
$$Q_1^{n+1}=\overline{Q_3^nQ_1^n}[CP_1(Q_0)\text{下降沿到来时有效}]$$
$$Q_2^{n+1}=\overline{Q_2^n}[CP_2(Q_1)\text{下降沿到来时有效}]$$
$$Q_3^{n+1}=Q_1^nQ_2^n\overline{Q_3^n}[CP_3(Q_0)\text{下降沿到来时有效}]$$

(2)列出状态表。

给该计数器送入复位脉冲$\overline{R}_d$，使其初态为 $Q_3^nQ_2^nQ_1^nQ_0^n=0000$，将此初态代入上述状态方程可逐次求出次态，列出该计数器的状态表，如表 6.3.7 所示。

表 6.3.7 8421 码异步十进制加法计数器的状态表

CP 顺序	Q_3	Q_2	Q_1	Q_0	等效十进制数	说明
0	0	0	0	0	0	CP 作用前
1	0	0	0	1	1	CP_0
2	0	0	1	0	2	$CP_0CP_1CP_3$

续表

CP 顺序	Q_3	Q_2	Q_1	Q_0	等效十进制数	说明
3	0	0	1	1	3	CP_0
4	0	1	0	0	4	$CP_0CP_1CP_2CP_3$
5	0	1	0	1	5	CP_0
6	0	1	1	0	6	$CP_0CP_1CP_3$
7	0	1	1	1	7	CP_0
8	1	0	0	0	8	$CP_0CP_1CP_2CP_3$
9	1	0	0	1	9	CP_0
10	0	0	0	0	0	$CP_0CP_1CP_3$
0	1	0	1	0	10	CP 作用前
1	1	0	1	1	11	CP_0
2	0	1	0	0	4	$CP_0CP_1CP_2CP_3$
0	1	1	0	0	12	CP 作用前
1	1	1	0	1	13	CP_0
2	0	1	0	0	4	$CP_0CP_1CP_3$
0	1	1	1	0	14	CP 作用前
1	1	1	1	1	15	CP_0
2	0	0	0	0	0	$CP_0CP_1CP_2CP_3$

(3)画状态转换图。

根据表 6.3.7 可画出该计数器的状态转换图，如图 6.3.12 所示。

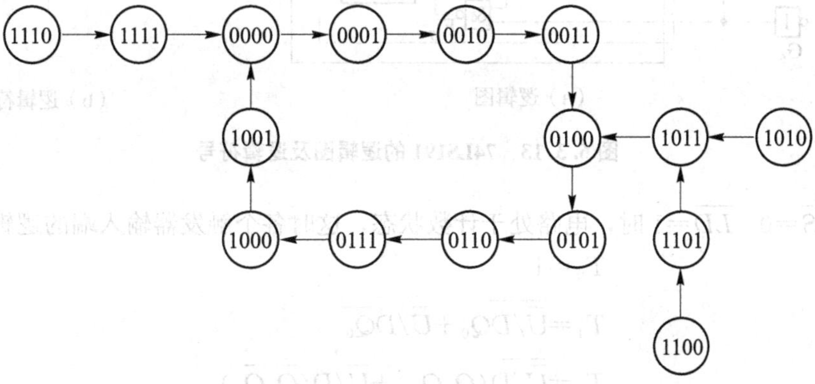

图 6.3.12　8421 码异步十进制加法计数器的状态转换图

2)异步十进制减法计数器

四位异步十进制减法计数器的逻辑功能分析这里不再详细介绍，请读者自行练习。

6.3.4　集成计数器

1. 同步集成计数器

典型的中规模集成计数器 74LS191 是一个 4 位同步二进制加/减计数器。其逻辑图及逻辑符号如图 6.3.13 所示。

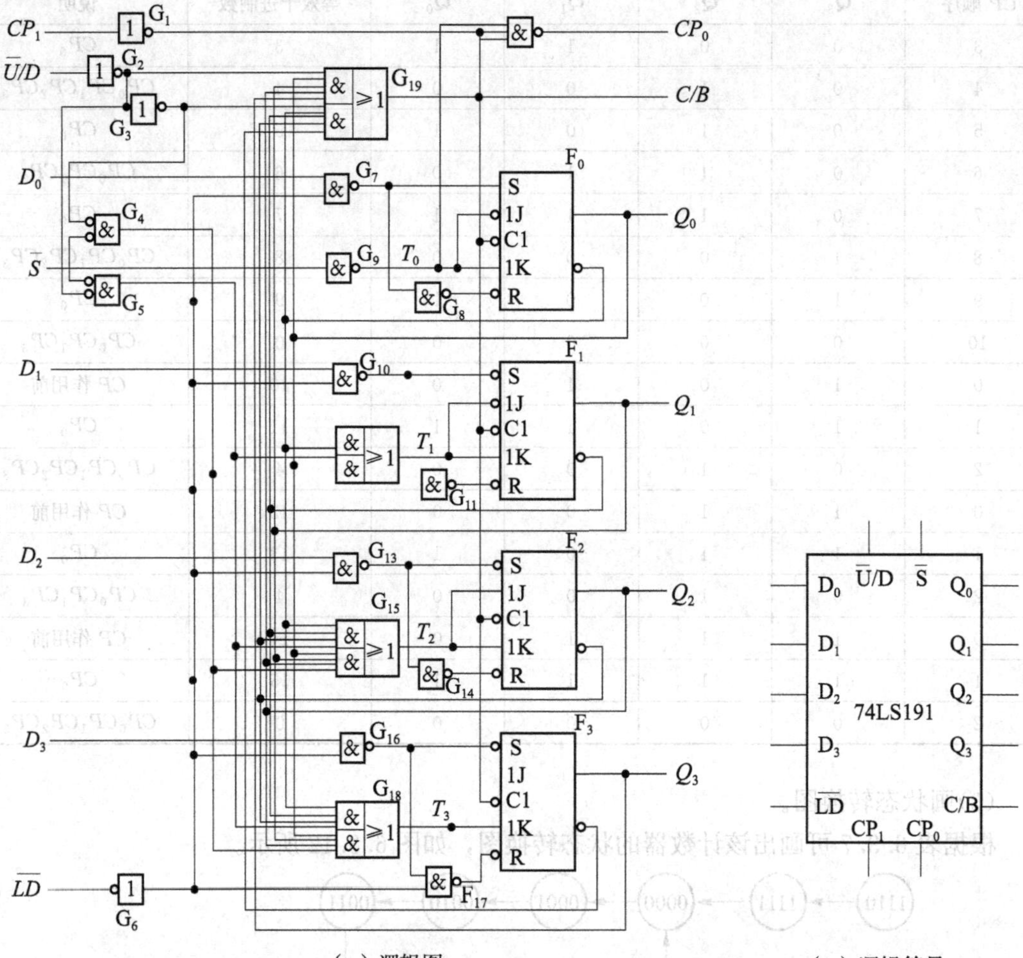

（a）逻辑图　　　　（b）逻辑符号

图 6.3.13　74LS191 的逻辑图及逻辑符号

(1)当 $\overline{S}=0$，$\overline{LD}=1$ 时，电路处于计数状态，这时各个触发器输入端的逻辑表达式为

$$T_0=1$$

$$T_1=\overline{\overline{U}/D}Q_0+\overline{U}/D\overline{Q_0}$$

$$T_2=\overline{\overline{U}/D}(Q_0Q_1)+\overline{U}/D(\overline{Q_0}\,\overline{Q_1})$$

$$T_3=\overline{\overline{U}/D}(Q_0Q_1Q_2)+\overline{U}/D(\overline{Q_0}\,\overline{Q_1}\,\overline{Q_2})$$

(2)分析上述各式可以看出：

若 $\overline{U}/D=0$，则 74LS191 做加法计数；

若 $\overline{U}/D=1$，则 74LS191 做减法计数。

(3)附加功能。74LS191 除了可以做加、减法计数，还有预置数功能。当 $LD=0$ 时，电路处于预置数状态。

$D_0 \sim D_3$ 的数据立刻被置入 $F_0 \sim F_3$，而不受时钟输入信号 CP_1 的控制，因此称异步式预置数。

$\overline{S}$ 是使能控制端：当 $\overline{S}=1$ 时，$T_0 \sim T_3$ 全部为 0，这时 $F_0 \sim F_3$ 保持不变。

C/B 是进位/借位输出端：当 74LS191 做加法计数时，$\overline{U}/D=0$，并且当 $Q_3Q_2Q_1Q_0=1111$ 时，$C/B=1$ 有进位输出；当 74LS191 做减法计数时，$\overline{U}/D=1$，并且当 $Q_3Q_2Q_1Q_0=0000$ 时，$C/B=1$ 有借位输出。

74LS191 的真值表如表 6.3.8 所示。

表 6.3.8 74LS191 的真值表

CP_1	$\overline{S}$	$\overline{LD}$	$\overline{U}/D$	工作状态
×	1	1	×	保持
×	×	0	×	预置数
↑	0	1	0	加法计数
↑	0	1	1	减法计数

2. 异步集成计数器

中规模集成计数器 74LS290 是典型的 8421 码异步十进制计数器，其逻辑图及逻辑符号如图 6.3.14 所示。

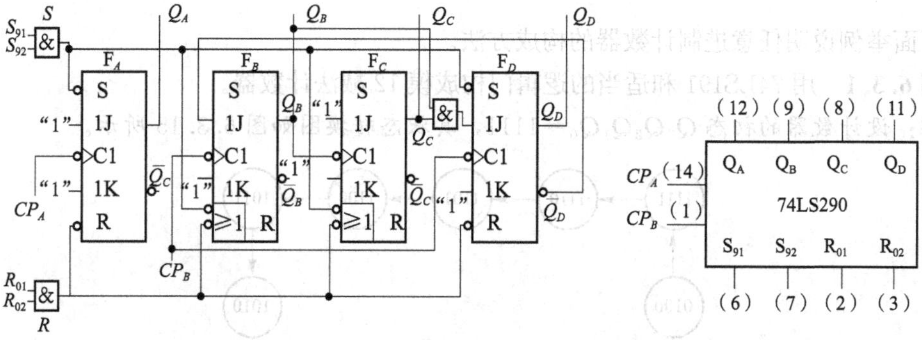

(a) 逻辑图 (b) 逻辑符号

图 6.3.14 74LS290 的逻辑图及逻辑符号

1)逻辑功能分析

分析图 6.3.15 可知：

(1)触发器 F_A 构成了 1 位二进制计数器，若在 CP_A 端输入时钟脉冲，则 Q_A 的输出信号是 CP_A 脉冲的二分频。

(2)F_B、F_C、F_D 3 个触发器构成的逻辑电路是一个异步五进制计数器，其 CP_B 为五进制计数脉冲输入端，Q_D 为输出端，即 Q_D 的输出信号是 CP_B 脉冲的五分频。

(3)若将 CP_B 与 Q_A 相连，同时以 CP_A 为输入计数脉冲端，则 Q_D 的输出为十进制计数器(或十分频器)。因此，又将这个电路称为二-五-十进制异步计数器。

2)真值表

表 6.3.9 是 74LS290 的真值表。

表 6.3.9　74LS290 的真值表

CP	R_{01}	R_{02}	S_{91}	S_{92}	Q_A	Q_B	Q_C	Q_D
	1	1	0	×	0	0	0	0
×	1	1	×	0	0	0	0	0
	×	×	1	1	1	0	0	1
	×	0	×	0				
↓	0	×	0	×	计数			
	0	×	×	0				
	×	0	0	×				

(1)直接复位输入端 R_{01}、R_{02}：当 $R_{01}=R_{02}=1$ 且 S_{91}、S_{92} 中有“0”时，可使各触发器清零。

(2)置“9”输入端 S_{91}、S_{92}：当 $S_{91}=S_{92}=1$ 时，可使触发器 F_A 和 F_D 置“1”，而 F_B 和 F_C 置“0”，使计数器处于 8421 码中的“9”，其状态 $Q_DQ_CQ_BQ_A=1001$，这就是置“9”功能。

(3)计数状态：在置“9”输入端 S_{91}、S_{92} 和直接复位输入端 R_{01}、R_{02} 中均有“0”电平时，74LS290 可实现计数功能。

6.3.5　任意进制计数器的构成方法

下面举例说明任意进制计数器的构成方法。

例 6.3.1　用 74LS191 和适当的逻辑门构成模 12 减法计数器。

解： 设计数器的初态 $Q_3Q_2Q_1Q_0=1111$，其状态转换图如图 6.3.15 所示。

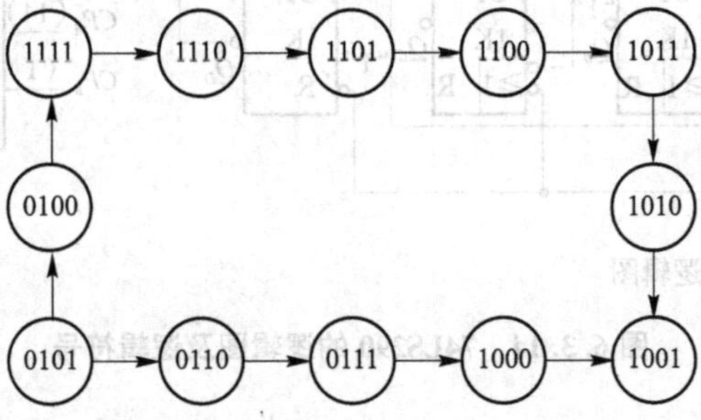

图 6.3.15　例 6.3.1 的状态转换图

根据上述状态转换计数规律，结合 74LS191 的真值表，并运用反馈复位法，可得到图 6.3.16 所示的逻辑图。

在图 6.3.16 中，$\overline{S}=0$，$\overline{U}/D=1$，$CP_1=CP$ 为计数脉冲输入端，$\overline{LD}$ 端用作初态设置端和计数状态控制端。在初态时，$\overline{LD}=0$；而在累减计数状态时，$\overline{LD}=1$。在开始工作时，$\overline{LD}=0$，74LS191 置入初始值 1111，使 $\overline{LD}=1$，在计数脉冲作用下进行减 1 计数。当计数输出由 0100 变为 0011 时，通过或门和与

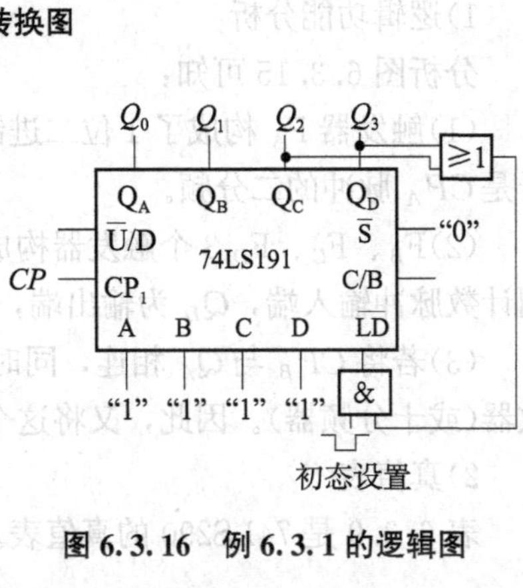

图 6.3.16　例 6.3.1 的逻辑图

门，使 $\overline{LD}=0$，重新设置初态，再继续进行减 1 计数。

例 6.3.2 用 74LS290 和适当的门电路构成 64 进制计数器，采用 5421 码计数。

解： 根据题意，用两片 74LS290 和一个四输入与门可构成 $M=64$ 的 64 进制计数器，其中 74LS290(Ⅰ)为个位片，74LS290(Ⅱ)为十位片，如图 6.3.17 所示。

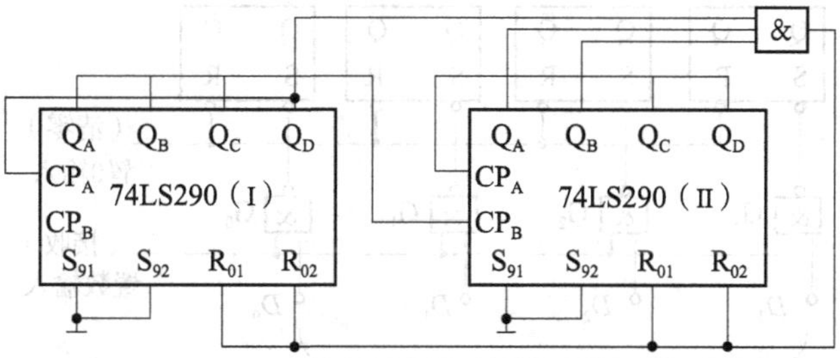

图 6.3.17 例 6.3.2 的逻辑图

由图 6.3.17 可知，若不接反馈信号，则 74LS290(Ⅰ)、74LS290(Ⅱ)分别构成的是 5421 码十进制计数器，由于 74LS290(Ⅱ)的计数脉冲输入端 CP_B 接 74LS290(Ⅰ)的最高位输出端 Q_A，因此用两片 74LS290 就可串接成 5421 码的一个百进制计数器。

现在由于两片 74LS290 的 R_{01}、R_{02} 输入端均接到 74LS290(Ⅱ)的 Q_A(5)Q_B(1)和 74LS290(Ⅰ)的 Q_D(4)相与的与门输出端，因此这两片 74LS290 构成的计数器在 $Q_{A(Ⅱ)}Q_{D(Ⅱ)}Q_{C(Ⅱ)}Q_{B(Ⅱ)}Q_{A(Ⅰ)}Q_{D(Ⅰ)}Q_{C(Ⅰ)}Q_{B(Ⅰ)}$ 输出状态为 10010100(64)时，反馈复位信号会使它们清成全 0。这时正好是从全 0 开始输入了 64 个脉冲，所以它构成的是模数为 64 的计数器。

由以上举例可知，运用反馈复位法，74LS290 集成芯片可构成任意进制计数器。

6.4 寄 存 器

寄存器是一种能够用来存放数据或指令的电路，是计算机和数字电路中常用的基本逻辑部件。一个触发器可以储存一位二进制代码，n 个触发器则可以储存 n 位二进制代码。因此，寄存器主要由触发器构成，只要适当增加一些用于控制的门电路，就可组成一个功能完善的寄存器。

寄存器的种类有很多，按有无移位功能，可分为基本寄存器和移位寄存器；按接收数据的方式的不同，可分为单拍接收寄存器和双拍接收寄存器；按移位寄存器移位方向的不同，可分为单向移位寄存器和双向移位寄存器。

6.4.1 基本寄存器

这种寄存器只具有接收数码和清除原有数码的功能。按接收数码的方式的不同，基本寄存器可分为双拍接收寄存器和单拍接收寄存器。

1. 双拍接收寄存器

1)电路组成

图 6.4.1 是一个由基本 RS 触发器组成的 4 位数码寄存器的逻辑图，它有一个清零端、

一个接收控制端、4 个数码输入端 D_3、D_2、D_1、D_0 和 4 个数码输出端 Q_3、Q_2、Q_1、Q_0。

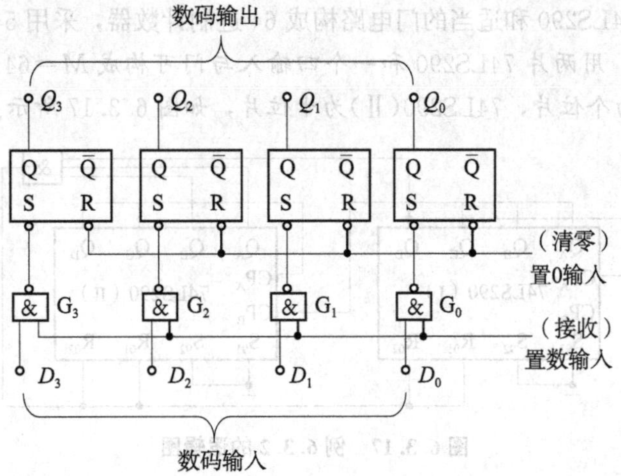

图 6.4.1　由基本 RS 触发器组成的 4 位数码寄存器的逻辑图

2)工作原理分析

先清零：用一个负脉冲(称为清零脉冲或复位脉冲)将所有触发器复位到“0”态。

后放数：用一个正脉冲(称为接收脉冲或放数脉冲)把与非门 $G_3 \sim G_0$ 打开，将输入数码 $D_3D_2D_1D_0$ 放进寄存器中，并保存起来。

由于寄存器工作是分步进行的，所以称该寄存器为双拍接收寄存器。这种寄存器在寄存数码前，首先必须清零，否则可能造成错误(自行验证)。这不仅会造成操作不便，也影响了工作速度。因此，目前定型产品的集成寄存器都采用单拍工作方式。

2. 单拍接收寄存器

单拍接收寄存器的工作过程省去了清零过程，也就是说，无论原来寄存的数据是什么，只要直接利用接收脉冲，就可以将数码输入端的数码存入寄存器，无须清零，也不会发生逻辑错误。由 D 触发器组成的 4 位单拍接收寄存器的逻辑图如图 6.4.2 所示。

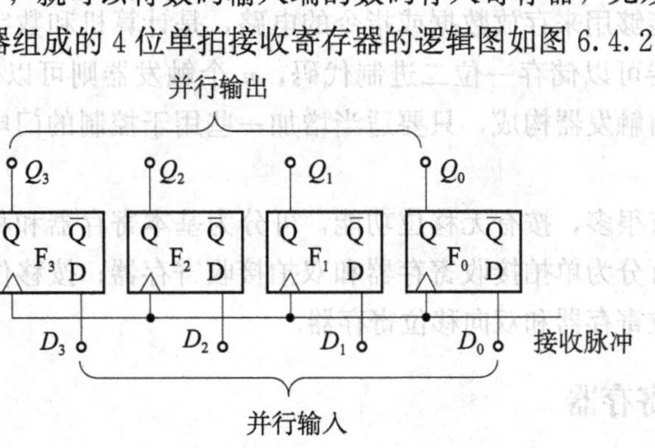

图 6.4.2　由 D 触发器组成的 4 位单拍接收寄存器的逻辑图

对该寄存器的工作原理分析如下。

因为 D 触发器的特性方程为

$$Q^{n+1}=D\ (CP \text{ 上升沿到来时有效})$$

所以图 6.4.2 在接收脉冲上升沿到来时，触发器更新状态，有

$$Q_3^{n+3}Q_2^{n+2}Q_1^{n+1}Q_0^{n+0}=D_3D_2D_1D_0$$

即把输入数码接收进寄存器，并予以保存。

由于寄存器一步就完成了数码的接收，所以称该寄存器为单拍接收寄存器。

6.4.2　移位寄存器

能够实现数码的存储和移位功能的时序逻辑电路称为移位寄存器。所谓移位功能，就是寄存器中的数据在移位脉冲的作用下，可以逐次左移或右移。

从移位的工作方式来看，只能实现单一方向移位的寄存器称为单向移位寄存器，它分为左移和右移两种；能够实现两个方向移位的寄存器称为双向移位寄存器。

1. 单向移位寄存器

单向移位寄存器有串入串出、串入并出、并入串出、并入并出几种形式。下面以可实现右移“串入串出、串入并出”功能的单向移位寄存器为例进行介绍。

1)电路组成

图 6.4.3 为由 D 触发器组成的 4 位单向移位(右移)寄存器的逻辑图。图中 CP 为移位脉冲。由于需要右移，故左边触发器的输出端 Q 总是接到右邻触发器的输入端 D。所需寄存的数码由第 1 个触发器 F_0 的输入端 D_0 依次输入，称为串行输入；最后一个触发器 F_3 的输出端 Q_3 输出，称为串行输出；也可同时从各个触发器的输出端同时输出，称为并行输出。

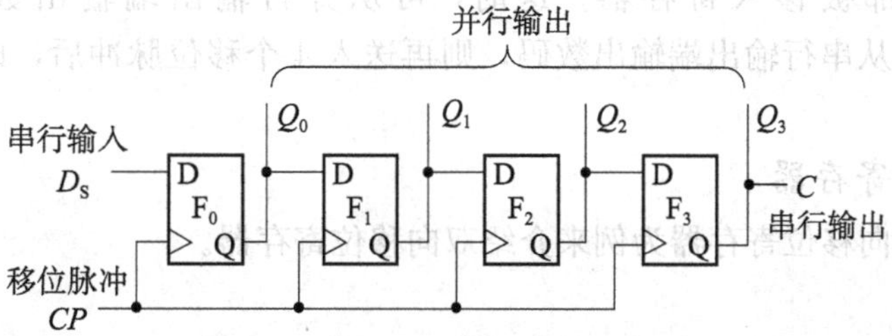

图 6.4.3　由 D 触发器组成的 4 位单向移位(右移)寄存器的逻辑图

2)工作原理分析

按照分析时序逻辑电路的分析方法，对该寄存器的工作原理分析如下。

(1)列出驱动方程：

$$D_0=D_S$$

$$D_1=Q_0^n$$

$$D_2=Q_1^n$$

$$D_3=Q_2^n$$

(2)将以上驱动方程代入 D 触发器的特性方程，列出各触发器的状态方程：

$$Q_0^{n+1}=D_S$$

$$Q_1^{n+1}=Q_0^n$$

$$Q_2^{n+1}=Q_1^n$$

$$Q_3^{n+1}=Q_2^n$$

以上方程成立的条件是 CP 上升沿到来时有效。

(3)列出状态表。

若将 4 位二进制数码 $D_3D_2D_1D_0$ 从高位到低位按照时钟的节拍(CP 上升沿)依次送入串行输入端 D_S，则根据以上状态方程可列出该寄存器的状态表，如表 6.4.1 所示(设各触发器的初态均为 0)。

表 6.4.1　4 位单向移位(右移)寄存器的状态表

CP 顺序	串行输入 D_S	Q_0	Q_1	Q_2	Q_3
0	0	0	0	0	0
1	D_3	D_3	0	0	0
2	D_2	D_2	D_3	0	0
3	D_1	D_1	D_2	D_3	0
4	D_0	D_0	D_1	D_2	D_3

由表 6.4.1 可知，每当移位脉冲的上升沿到来时，输入数码依次被送入 F_0，与此同时，每个触发器的状态也移给后面一个触发器，即第 1 个 CP 上升沿到来时，$Q_0=D_3$；第 2 个 CP 上升沿到来时，F_0 的状态移入 F_1，D_2 移入 F_0，依次类推，经过 4 个移位脉冲作用后，4 位输入数码全部被移入寄存器。这时，可从并行输出端输出数码 $Q_3Q_2Q_1Q_0=D_3D_2D_1D_0$。如果从串行输出端输出数码，则再送入 4 个移位脉冲后，即可使 4 位数码全部移出寄存器。

2. 双向移位寄存器

这里以 4 位双向移位寄存器为例来介绍双向移位寄存器。

1)电路组成

逻辑图如图 6.4.4 所示。它由 4 个 D 触发器、4 个与或非门和左移、右移两条控制线构成。

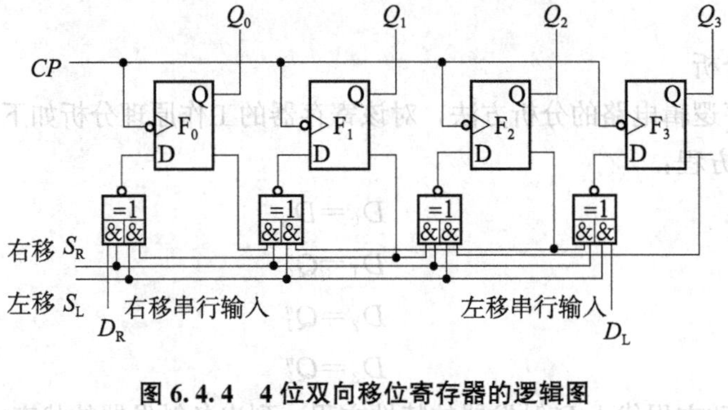

图 6.4.4　4 位双向移位寄存器的逻辑图

2)工作原理分析

当右移控制线为高电平、左移控制线为低电平时，各与或非门的左半部与门开启，右半部与门关闭，在移位脉冲的作用下，串行输入的数据自左向右移动；反之，当左移控制线为高电平、右移控制线为低电平时，在移位脉冲的作用下，串行输入的数据自右向左移动。具体工作原理，读者可自行用时序逻辑电路的分析方法去分析，这里不再详述。

需要说明的是，这种双向移位寄存器的输出是输入的反码。

6.4.3　基本集成寄存器

集成寄存器的种类有很多，不同集成寄存器存储数据的位数不同。74LS175 是最基本的 4 位寄存器，其逻辑图如图 6.4.5 所示。

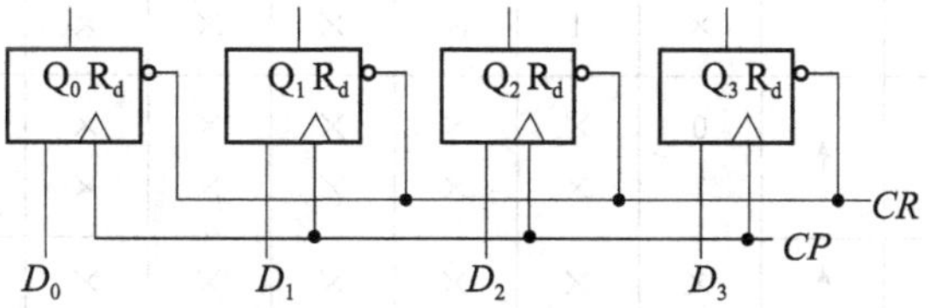

图 6.4.5　74LS175 的逻辑图

该寄存器采用单拍接收方式。当 CP 上升沿到来时，$D_0 \sim D_3$ 四位数据并行输入寄存器，4 位数据由 $Q_0 \sim Q_3$ 并行输出，所以称这种寄存器为并行输入、并行输出寄存器。

74LS175 的真值表如表 6.4.2 所示。若要扩大寄存器位数，则可用多片 74LS175 级联。

表 6.4.2　74LS175 的真值表

CR	*CP*	*D*	*Q*	$\overline{Q}$
0	×	×	0	1
1	↑	0	0	1
1	↑	1	1	0
1	0	×	保持原态	

6.4.4　集成移位寄存器

74LS194 是比较典型的移位寄存器，它是由 4 个 RS 触发器和一些门电路组成的双向移位寄存器，有多种工作方式可以选择。

图 6.4.6 为 74LS194 的逻辑符号，表 6.4.3 是其功能表。在表 6.4.3 中，*CR* 是异步清零端，*CP* 是移位时钟脉冲输入端，S_0、S_1 是控制方式选择端，S_L 是左移串行输入端，S_R 是右移串行输入端，$D_0 \sim D_3$ 为并行输入端，$Q_0 \sim Q_3$ 为并行输出端，Q_0 是左移串行输出端，Q_3 是右移串行输出端。

74LS194 的基本功能：异步清零，保持数据，送数，左移，右移。

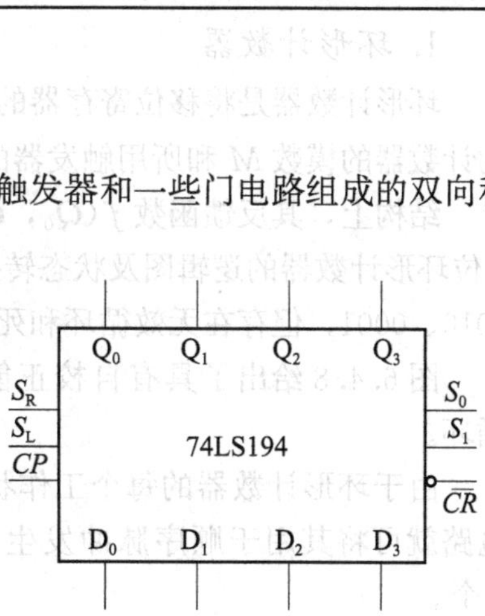

图 6.4.6　74LS194 的逻辑符号

表 6.4.3 74LS194 的功能表

功能	输入										输出			
	$\overline{CR}$	S_1	S_0	CP	S_L	S_R	D_0	D_1	D_2	D_3	Q_0	Q_1	Q_2	Q_3
清除	0	×	×	×	×	×	×	×	×	×	0	0	0	0
保持	1	×	×	0	×	×	×	×	×	×	Q_0^n	Q_1^n	Q_2^n	Q_3^n
送数	1	1	1	↑	×	×	D_0	D_1	D_2	D_3	D_0	D_1	D_2	D_3
右移	1	0	1	↑	×	0	×	×	×	×	0	Q_0^n	Q_1^n	Q_2^n
					×	1	×	×	×	×	1	Q_0^n	Q_1^n	Q_2^n
左移	1	1	0	↑	0	×	×	×	×	×	Q_1^n	Q_2^n	Q_3^n	0
					1	×	×	×	×	×	Q_1^n	Q_2^n	Q_3^n	1
保持	1	0	0	↑	×	×	×	×	×	×	Q_0^n	Q_1^n	Q_2^n	Q_3^n

74LS194 的后 4 种功能由 S_1S_0 控制选择完成。

(1)当 $S_1S_0=11$ 时，在 CP 脉冲控制下，74LS194 并行将 $D_0\sim D_3$数据送到 $Q_0\sim Q_3$端，故称同步并行送数。

(2)当 $S_1S_0=00$ 时，74LS194 输出端维持不变，故称 74LS194 的输出状态动态保持，以区别于无 CP 脉冲时的 74LS194 输出状态的保持。

(3)当 $S_1S_0=01$ 时，74LS194 实现右移操作。

(4)当 $S_1S_0=10$ 时，74LS194 实现左移操作。

6.4.5 移位型计数器

移位型计数器是以移位寄存器为主体构成的同步计数器。对这种计数器只需对第 1 级进行设计，其他各级按移位关系连接。移位型计数器状态的迁移关系不能任意指定，受移位关系的限制。移位型计数器有两种常用类型：环形计数器和扭环形计数器。

1. 环形计数器

环形计数器是将移位寄存器的最后一级输出反馈到第 1 级串行输入端 S_R，特点是构成的计数器的模数 M 和所用触发器的个数 n 相等。

结构上，其反馈函数 $f(Q_0, Q_1, \cdots, Q_n)=Q_n$。图 6.4.7 给出了由 74LS194 构成的 4 位环形计数器的逻辑图及状态转换图。若起始状态为 1000，则其状态迁移为 1000、0100、0010、0001，但存在无效循环和死态(如 0 和 15)，即没有自校正能力。

图 6.4.8 给出了具有自校正能力的环形计数器，它利用预置功能，有效消除了无效循环。

由于环形计数器的每个工作状态只有一个触发器的输出为 1 或 0，因此，不需要译码电路就可将其用于顺序脉冲发生器。但环形计数器的状态利用率低，16 个状态只用了 4 个。

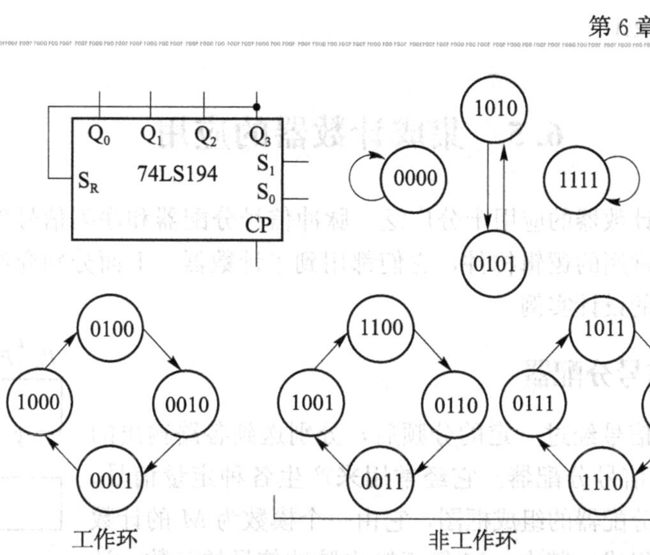

图 6.4.7　由 74LS194 构成的 4 位环形计数器的逻辑图及状态转换图

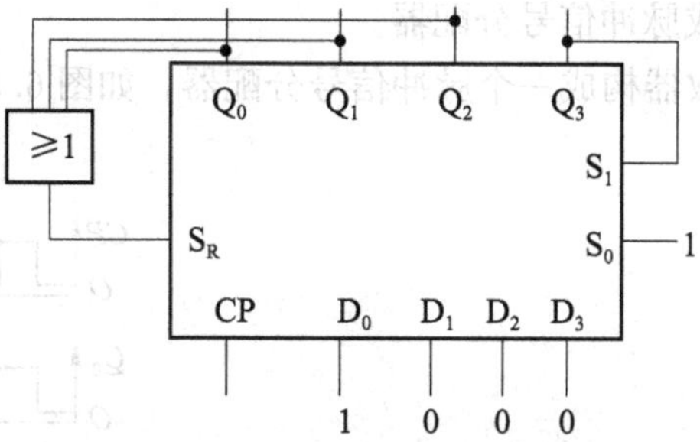

图 6.4.8　具有自校正能力的环形计数器的逻辑图

2. 扭环形计数器

扭环形计数器又称约翰逊计数器，它是将移位寄存器最后一级输出的反变量反馈到第 1 级输入端而构成的。这样构成的计数器的模数 M 为所用触发器的个数 n 的 2 倍，存在无效循环且无自启动功能。如果用 74LS194 构成扭环形计数器，则 Q_3 输出取反后送 S_R 即可，逻辑图如图 6.4.9(a)所示。由于这是一个不能自启动的计数器，所以在工作之前需要置零，使其进入工作状态。图 6.4.9(b)为其有效循环，图 6.4.9(c)为其非工作状态的无效循环。

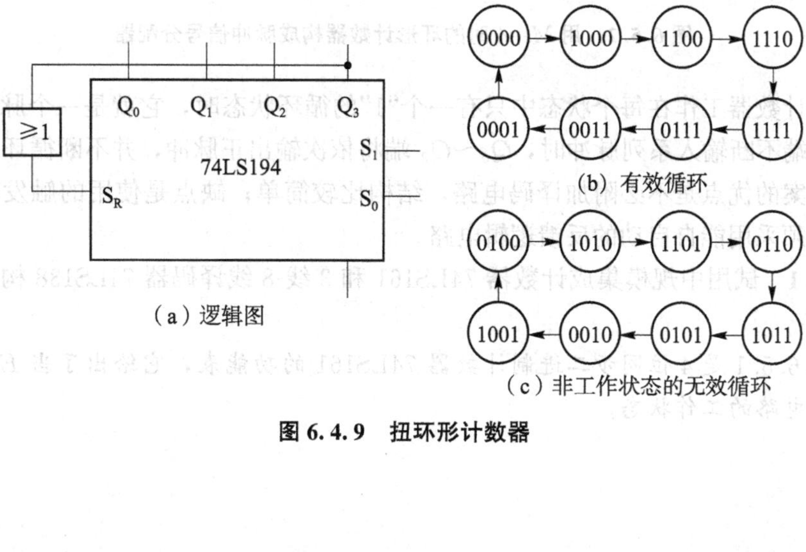

（a）逻辑图

（b）有效循环

（c）非工作状态的无效循环

图 6.4.9　扭环形计数器

6.5 集成计数器的应用

在数字系统中，计数器的应用十分广泛。脉冲信号分配器和序列信号发生器是计算机系统及通信系统中最常用的逻辑构件，它们都用到了计数器。下面分别介绍脉冲信号分配器和序列信号发生器的设计实例。

6.5.1 脉冲信号分配器

将输入时钟脉冲信号经过一定的分频后，分别送到各路输出的逻辑电路，称为脉冲信号分配器。它经常用来产生各种定量信号。图 6.5.1 为脉冲信号分配器的组成框图，它由一个模数为 M 的计数器及相应的译码电路组成。其中，M 等于输出脉冲信号的路数。计数器一般采用同步计数器。由于移位型计数器具有译码简单的特点，故常采用移位型计数器构成脉冲信号分配器。

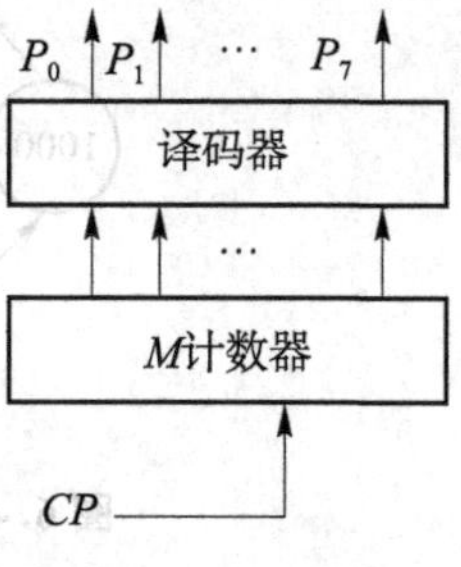

图 6.5.1 脉冲信号分配器的组成框图

用 $M=4$ 时的环形计数器构成一个脉冲信号分配器，如图 6.5.2 所示。

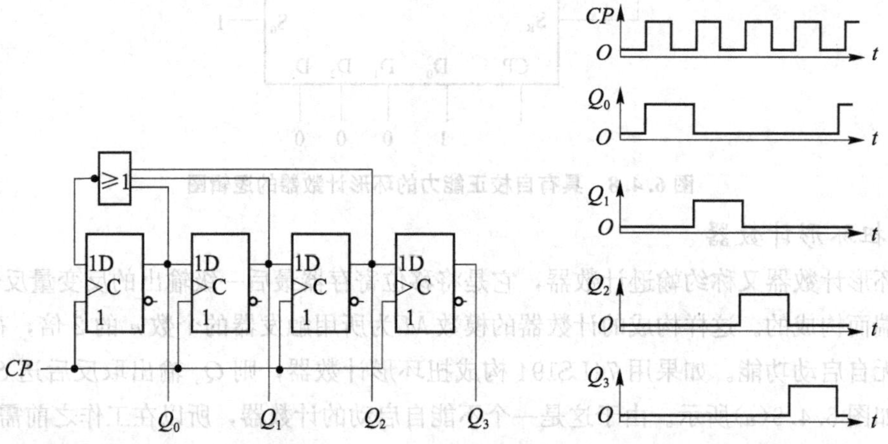

（a）逻辑图　　（b）电压波形

图 6.5.2 用 $M=4$ 时的环形计数器构成脉冲信号分配器

当环形计数器工作在每个状态中只有一个“1”的循环状态时，它就是一个脉冲信号分配器。当 CP 端不断输入系列脉冲时，$Q_0 \sim Q_3$ 端将依次输出正脉冲，并不断循环。

这种方案的优点是不必附加译码电路，结构比较简单；缺点是使用的触发器数目比较多，同时必须采用能自启动的反馈逻辑电路。

例 6.5.1 试用中规模集成计数器 74LS161 和 3 线-8 线译码器 74LS138 构成脉冲信号分配器。

解： 表 6.5.1 是 4 位同步二进制计数器 74LS161 的功能表，它给出了当 EP 和 ET 为不同取值时电路的工作状态。

表 6.5.1　4 位同步二进制计数器 74LS161 的功能表

CP	R_D	LD	EP	ET	工作状态
×	0	×	×	×	置零
↑	1	0	×	×	预置数
×	1	1	0	1	保持
×	1	1	×	0	保持(但 C=0)
↑	1	1	1	1	计数

当 $R_D=0$ 时，所有触发器将同时被置零，而且置零操作不受其他输入端状态的影响。

当 $R_D=1$、$LD=0$ 时，电路工作在预置数状态。所示 $Q_0Q_1Q_2Q_3$ 的状态由 $D_0\sim D_3$ 的状态决定。例如，若 $D_0=1$，则 Q_1 被置 1。

当 $R_D=LD=1$，而 $EP=0$、$ET=1$ 时，在 CP 脉冲信号到达时它们保持原来的状态不变。同时 C 的状态也得到保持。如果 $ET=0$，则 EP 无论为何状态，计数器的状态也将保持不变，但这时进位输出 $C=0$。

当 $R_D=LD=EP=ET=1$ 时，电路工作在计数状态，电路从 0000 状态开始连续输入 16 个计数脉冲时，将从 1111 状态返回 0000 状态，C 端从高电平跳变至低电平。可以利用 C 端输出的高电平或下降沿作为进位输出信号。

图 6.5.3 是用 4 位同步二进制计数器 74LS161 和 3 线-8 线译码器 74LS138 构成的脉冲信号分配器。图中，74LS161 的低 3 位输出 Q_0、Q_1、Q_2 作为 74LS138 的 3 位输入信号。

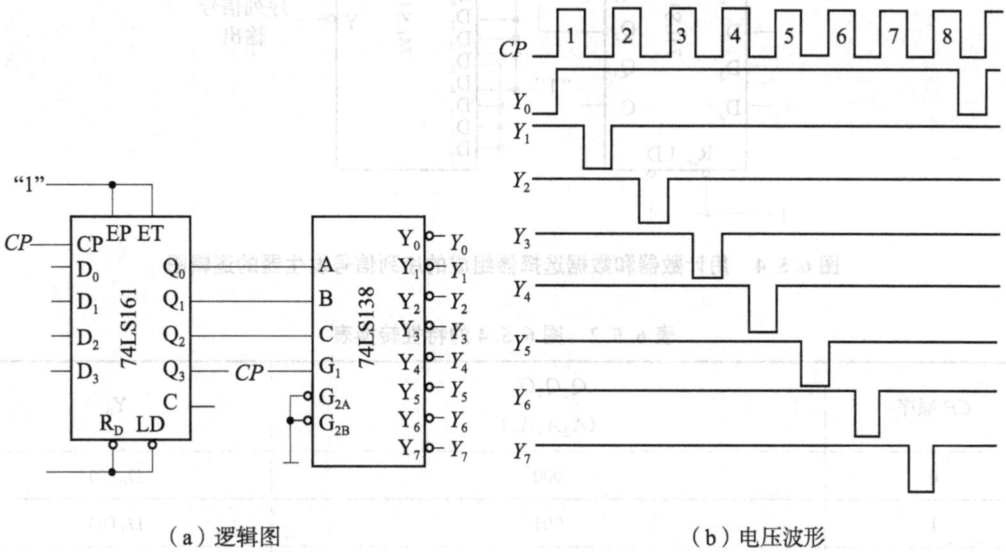

（a）逻辑图　　　　（b）电压波形

图 6.5.3　用 4 位同步二进制计数器 74LS161 和 3 线-8 线译码器 74LS138 构成的脉冲信号分配器

由 74LS161 的功能表(见表 6.5.1)可知，为使电路工作在计数状态，$R_D=LD$，EP 和 ET 均应接高电平。由于它的低 3 位触发器是按八进制计数器连接的，所以在连续输入 CP 脉冲信号的情况下，$Q_2Q_1Q_0$ 的状态将以从 000 一直到 111 的顺序反复循环，并在译码器输出端依次输出 $Y_0 \sim Y_7$ 的顺序脉冲。

6.5.2 序列信号发生器

在数字信号的传输和数字系统的测试中，有时需要用到一组特定的串行数字信号，通常把这种串行数字信号称为序列信号。产生序列信号的电路称为序列信号发生器。

序列信号发生器的构成方法有很多种，其中一种比较简单、直观的方法是用计数器和数据选择器组成。例如，需要产生一个 8 位的序列信号“00010111”(时间顺序为自左向右)，则可用一个八进制计数器和一个 8 选 1 数据选择器组成，如图 6.5.4 所示。其中八进制计数取自 74LS161(4 位同步二进制计数器)的低 3 位。74LS152 是 8 选 1 数据选择器，它的逻辑图如图 6.5.4 所示。

当 CP 脉冲信号连续不断加到计数器上时，$Q_2Q_1Q_0$ 的状态(也就是加到 74LS152 上的地址输入代码 $A_2A_1A_0$)便按照表 6.5.2 所示的顺序不断循环。$\overline{D}_0 \sim \overline{D}_7$ 的状态就循环不断依次出现在 $\overline{Y}$ 端。只要令 $D_0=D_1=D_2=D_4=1$，$D_3=D_5=D_6=D_7=0$，便可在 $\overline{Y}$ 端得到不断循环的序列信号“00010111”。在需要修改序列信号时，只要修改加到 $D_0 \sim D_7$ 的高、低电平即可实现，而不需要对电路结构作任何改动。因此，使用这种序列信号发生器既灵活又方便。

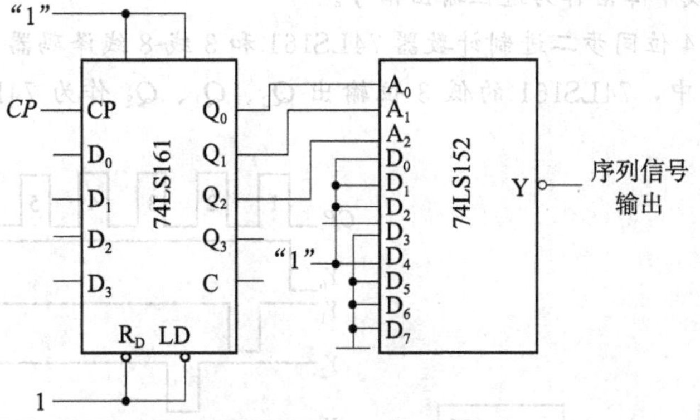

图 6.5.4 用计数器和数据选择器组成的序列信号发生器的逻辑图

表 6.5.2 图 6.5.4 的特性转换表

CP 顺序	$Q_2Q_1Q_0$ ($A_2A_1A_0$)	Y_0
0	000	$\overline{D}_0(0)$
1	001	$\overline{D}_1(0)$
2	010	$\overline{D}_2(0)$

续表

CP 顺序	$Q_2Q_1Q_0$ ($A_2A_1A_0$)	Y_0
3	011	$\overline{D}_3(1)$
4	100	$\overline{D}_4(0)$
5	101	$\overline{D}_5(1)$
6	110	$\overline{D}_6(1)$
7	111	$\overline{D}_7(1)$
8	000	$\overline{D}_0(0)$

构成序列信号发生器的另一种常见方法是采用带反馈逻辑电路的移位寄存器。如果序列信号的位数为 M，移位寄存器的位数为 n，则 $2^n \leqslant M$。如果仍然要求产生“00010111”这样一组 8 位的序列信号，则可用 3 位的移位寄存器加上反馈逻辑电路构成所需的序列信号发生器，如图 6.5.5 所示。移位寄存器从 Q_2 端输出的串行输出信息应当是所要求的序列信号。

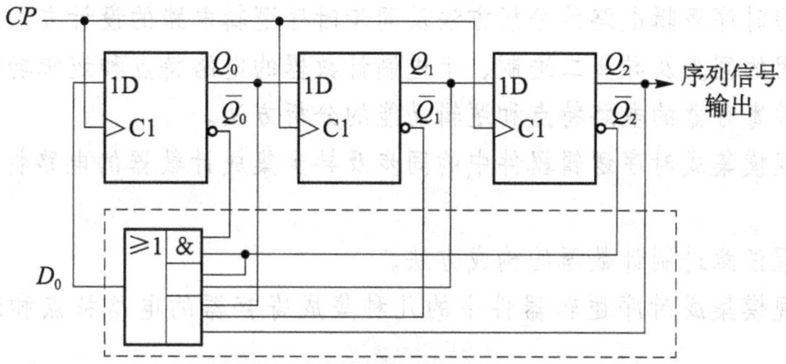

图 6.5.5 用移位寄存器构成的序列信号发生器的逻辑图

根据要求产生的序列信号，即可列出移位寄存器应具有的状态表，如表 6.5.3 所示。再从状态转换的要求出发，得到对移位寄存器输入端 D_0 取值的要求，如表 6.5.3 中最后一列所示。表中同时给出了 D_0 与 Q_2、Q_1、Q_0 之间的函数关系。利用图 6.5.6 将 D_0 的逻辑函数表达式化简，得到 $D_0=Q_2\overline{Q}_1Q_0+\overline{Q}_2Q_1+\overline{Q}_2\overline{Q}_1$。

根据 D_0 与 Q_2、Q_1、Q_0 的逻辑函数表达式，连接图 6.5.5 中的反馈逻辑电路。

Q_2 \ Q_1Q_0	00	01	11	10
0	1	0	1	1
1	0	1	0	0

图 6.5.6 图 6.5.5 中 D_0 的卡诺图

表 6.5.3 图 6.5.5 的状态表

CP 顺序	$Q_2Q_1Q_0$	D_0
0	000	1
1	001	0
2	010	1
3	101	1
4	011	1
5	111	0
6	110	0
7	100	0
8	000	0

本章学习目的和要求

(1)理解时序逻辑电路的定义、分类及状态方程、输出方程、驱动方程的含义。

(2)熟练掌握时序逻辑电路的分析方法及同步时序逻辑电路的设计方法。

(3)掌握常用的同步及异步二进制、十进制计数器的电路特点和逻辑功能的分析方法。

(4)掌握各种寄存器的电路特点和逻辑功能的分析方法。

(5)理解中规模集成时序逻辑器件中的同步及异步集成计数器的电路特点和逻辑功能的分析方法。

(6)熟练掌握任意进制计数器的构成方法。

(7)掌握中规模集成时序逻辑器件中的几种集成寄存器的电路特点和逻辑功能的分析方法。

(8)掌握中规模集成计数器在脉冲信号分配器和序列信号发生器中的应用。

实验 寄存器、计数器逻辑功能的测试

一、实验目的

(1)掌握双向移位寄存器和计数器的逻辑功能和使用方法。

(2)熟悉移位寄存器的应用。

二、实验内容

1. 双向移位寄存器逻辑功能的测试

本实验采用 4 位双向通用移位寄存器，型号为 74LS194，引脚排列如图 6.4.6 所示，各引脚的功能如表 6.4.3 所示。

$\overline{CR}$、S_1、S_0、S_L、S_R、D_0、D_1、D_2、D_3 分别接逻辑电平开关，Q_0、Q_1、Q_2、Q_3

分别接 4 个逻辑电平显示，CP 接单次脉冲源，V_{CC}、GND 接+5 V 电源。完成以下实验内容，并将结果填入实验表 6.1.1。

(1)送数：令 $\overline{CR}=S_1=S_0=1$，送入任意 4 位二进制数，如 $D_0D_1D_2D_3=0001$，加 CP 脉冲，观察 $CP=0$、CP 由 0 变到 1、CP 由 1 变到 0 三种情况下寄存器输出状态的变化，分析寄存器输出状态的变化是否发生在 CP 脉冲上升沿，并记录。

(2)右移：令 $\overline{CR}=1$、$S_1=0$、$S_0=1$，清零，或者用并行送数预置寄存器输出。由右移串行输入端 S_R 依次送入二进制数码，如 0101，由 CP 端连续输入 4 个脉冲，观察输出端情况，并记录。

(3)左移：令 $\overline{CR}=1$、$S_1=1$、$S_0=0$，先清零或预置，由左移串行输入端 S_L 依次送入二进制数码，如 1101，连续加 4 个 CP 脉冲，观察输出端情况，并记录。

注意：完成以上内容后保持接线状态，待用。

实验表 6.1.1　记录表 1

清除	模式		时钟	串行输入		并行输入	输出	功能总结
$\overline{CR}$	S_1	S_0	CP	S_L	S_R	$D_0\ D_1\ D_2\ D_3$	$Q_0\ Q_1\ Q_2\ Q_3$	
0	×	×	×	×	×	× × × ×		
1	1	1	↑	×	×	0 0 0 1		
1	0	1	↑	×	0	× × × ×		
1	0	1	↑	×	1	× × × ×		
1	0	1	↑	×	0	× × × ×		
1	0	1	↑	×	0	× × × ×		
1	1	0	↑	1	×	× × × ×		
1	1	0	↑	1	×	× × × ×		
1	1	0	↑	1	×	× × × ×		
1	1	0	↑	1	×	× × × ×		
1	0	0	↑	×	×	× × × ×		

2. 循环移位逻辑功能的测试

在以上实验内容接线的基础上，把右移串行输入端 S_R 与逻辑电平开关的接线断开，将 Q_3 与 S_R 直接连接，其他接线均不变动，用并行送数法预置寄存器输出为某二进制数码(如 0100)，然后进行右移循环，观察寄存器输出端的变化，填入实验表 6.1.2。

实验表 6.1.2　记录表 2

CP	Q_1	Q_2	Q_3	Q_4
0	0	0	0	1
1				
2				
3				
4				

3. 计数器逻辑功能的测试

本实验采用 4 位二进制计数器 74LS161，该计数器由 4 个下降沿触发的 JK 触发器及一些门电路组成，是一个同步的可预置 4 位二进制计数器，具有异步清零功能。该计数器的引脚排列如实验图 6.1.1 所示。

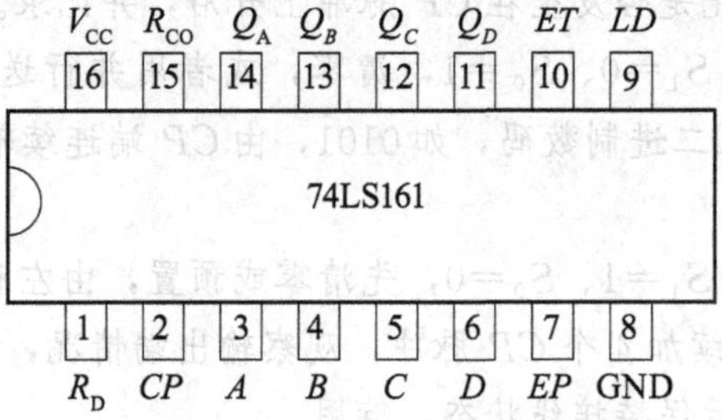

实验图 6.1.1　74LS161 的引脚排列

引脚 15 为溢出进位输出端，引脚 8、16 为地和电源引脚，其他引脚的功能如实验表 6.1.3 所示。

实验表 6.1.3　74LS161 的功能表

CP	R_D	LD	EP	ET	A	B	C	D	Q_A	Q_B	Q_C	Q_D
×	0	×	×	×	×	×	×	×	0	0	0	0
↑	1	0	×	×	A	B	C	D	A	B	C	D
×	1	1	0	×	×	×	×	×	保持			
×	1	1	×	0	×	×	×	×	保持			
↑	1	1	1	1	×	×	×	×	计数			

对 74LS161 的逻辑功能的说明如下。

(1)异步清零：当清零控制端 $CR=0$ 时，各触发器均清零，由于这种清零方式不需要与脉冲 CP 同步就可直接完成，故称为“异步清零”，如实验表 6.1.3 中第 1 行所示。

(2)同步预置：当清零控制端 $CR=1$，预置控制端 $LD=0$，触发沿到来时，输入数据 A、B、C、D 送入计数器各触发器，可进行计数器的初始预置，如实验表 6.1.3 中第 2 行所示。由于这种预置需有 CP 时钟相配合才能完成，因此称为同步预置。

(3)保持：当 $LD=CR=1$ 时，只要使能输入端 EP、ET 中有一个为低电平，计数器中各触发器就维持原来的状态不变，如实验表 6.1.3 中第 3、4 行所示。

(4)计数：当 $LD=CR=EP=ET=1$ 时，该计数器能够统计传来的 CP 的个数，它是一个 4 位同步二进制加法计数器。

需要说明的是，从引脚 2(CP 输入引脚)输入的 CP 脉冲在芯片内取反后送给各个触发器的 CP 输入端，所以该芯片内的 4 个触发器是上升沿到来时进行计数和预置的。

CR、EP、ET、LD、A、B、C、D 分别接逻辑电平开关，Q_A、Q_B、Q_C、Q_D 分别接 4 个逻辑电平显示，CP 接单次脉冲源，V_{CC}、GND 接+5 V 电源。

4. 清零、预置逻辑功能的测试

按实验表 6.1.4 所规定的输入状态，逐项进行清零、预置逻辑功能的测试。

实验表 6.1.4 记录表 3

CP	R_D	LD	EP	ET	A	B	C	D	Q_A	Q_B	Q_C	Q_D
×	0	×	×	×	×	×	×	×				
↑	1	0	×	×	0	0	0	1				
↑	1	0	×	×	0	0	1	0				
↑	1	0	×	×	0	0	1	1				
↑	1	0	×	×	0	1	0	0				
↑	1	0	×	×	0	1	0	1				
↑	1	0	×	×	0	1	1	1				
↑	1	0	×	×	1	0	0	0				
↑	1	0	×	×	1	0	0	1				
↑	1	0	×	×	1	0	1	0				
↑	1	0	×	×	1	0	1	1				
↑	1	0	×	×	1	1	0	0				
↑	1	0	×	×	1	1	0	1				
↑	1	0	×	×	1	1	1	0				
↑	1	0	×	×	1	1	1	1				

5. 计数逻辑功能的测试

保持上述接线不变，假设计数器初态 $Q_D\,Q_C\,Q_B\,Q_A=0000$，D、C、B、A 为任意状态，按实验表 6.1.5 所规定的输入状态逐项进行计数逻辑功能的测试。

实验表 6.1.5 记录表 4

CP 顺序	R_D	LD	EP	ET	Q_D	Q_C	Q_B	Q_A
0	1	1	1	1	0	0	0	0
1	1	1	1	1				
2	1	1	1	1				
3	1	1	1	1				
4	1	1	1	1				
5	1	1	1	1				
6	1	1	1	1				
7	1	1	1	1				
8	1	1	1	1				
9	1	1	1	1				

习　题　6

6.1　填空题

1. 时序逻辑电路在逻辑功能上的特点是，电路在任意时刻的输出状态不仅取决于该时刻的____________，而且与____________有关。

2. 对于一个逻辑电路，如果某一给定时刻的输出不仅取决于该时刻的输入，而且与该时刻前电路所处的状态有关，则此电路为________电路。

3. 对于一个逻辑电路，如果某一给定时刻的输出仅取决于该时刻的输入，而与该时刻前电路所处的状态无关，则此电路为________电路。

4. ________型时序逻辑电路的输出不仅与电路的内部状态有关，而且与外输入有关；________型时序逻辑电路的输出仅与电路的内部状态有关，而与外输入无关。

5. 用 n 级触发器构成的计数器，计数容量最多可为________。

6. 用来表示时序逻辑电路的状态转移规律及相应的输入、输出关系的图形称为________。

7. 计数器中有效状态的数目，称为计数器的________。

8. 用异步二进制计数器从0计数到十进制数186，则最少需要________个触发器。

9. 单向移位寄存器工作于串行输入/并行输出方式，可实现数据的________变换。

10. 具有8个和12个触发器的异步二进制计数器，它们分别有________和________状态。

11. 对于8位移位寄存器，串行输入时经________个 CP 脉冲后，8位数码全部移入寄存器。若该寄存器已存满8位数码，欲将其并行输出，则需________个 CP 脉冲后，数码能全部输出；欲将其串行输出，则需________个 CP 脉冲后，数码能全部输出。

12. 时序逻辑电路一般由________和________两部分组成。

13. 按电路状态的改变方式，时序逻辑电路分为________和________两种；按输入与输出关系，时序逻辑电路分为________和________两种。

6.2　选择题

1. 4位二进制计数器的计数容量是(　　)。

A. 2　　　B. 4　　　C. 10　　　D. 16

2. 能实现数据串行-并行和并行-串行转换的电路是(　　)。

A. 二进制译码器　　　B. 数据分配器

C. 移位寄存器　　　D. 编码器

3. 用 n 个触发器构成计数器，可得到的最大计数长度为(　　)。

A. n　　　B. $2n$　　　C. n^2　　　D. 2^n

4. 下列电路中，(　　)不是时序逻辑电路。

A. 计数器　　　B. 触发器

C. 寄存器　　　D. 译码器

5. 米莱型时序逻辑电路的输出(　　)。

A. 只与当前外输入有关　　B. 只与电路的内部状态有关

C. 与外输入和电路的内部状态均有关　　D. 与外输入和电路的内部状态均无关

6. 穆尔型时序逻辑电路的输出(　　)。

A. 仅与当前外输入有关　　B. 只与电路的内部状态有关

C. 与外输入和电路的内部状态均有关　　D. 与外输入和电路的内部状态均无关

7. 同步时序逻辑电路和异步时序逻辑电路的区别在于，异步时序逻辑电路(　　)。

A. 没有触发器　　B. 没有统一的时钟脉冲控制

C. 没有稳定状态　　D. 输出只与其内部状态有关

8. 一个8421码计数器至少需要(　　)个触发器。

A. 3　　B. 4　　C. 5　　D. 10

9. 4个触发器构成8421码计数器，共有(　　)个无效状态。

A. 6　　B. 8　　C. 10　　D. 不定

10. N 位扭环形计数器的有效状态有(　　)。

A. N 个　　B. $2N$ 个　　C. 2^N 个　　D. $2N-1$ 个

11. 某移位寄存器的时钟脉冲频率为100 kHz，欲将存放在该寄存器中的数左移8位，完成该操作需要(　　)。

A. 10 μs　　B. 80 μs　　C. 100 μs　　D. 800 ms

12. 下列各种触发器中，不能用来构成移位寄存器和计数器的是(　　)。

A. 主从RS触发器　　B. 主从JK触发器

C. 边沿JK触发器　　D. 同步RS触发器

13. 时序逻辑电路进入无效状态后不能自动进入有效状态，称为(　　)。

A. 自启动　　B. 不能自启动　　C. 竞争　　D. 冒险

6.3 判断题(正确的打√，错误的打×)

1. 时序逻辑电路中可能有门电路。(　　)
2. 组合逻辑电路中不可能有触发器。(　　)
3. 异步计数器中所有触发器的时钟脉冲均不相同。(　　)
4. 触发器是时序逻辑电路。(　　)
5. 组合逻辑电路中不含有记忆功能的器件。(　　)
6. 计数器的模是指构成计数器的触发器的个数。(　　)
7. 二进制计数器可以进行 N 进制计数器的改造。(　　)
8. 穆尔型时序逻辑电路的输出仅是现态的函数。(　　)
9. 原始状态图一定能进行状态化简。(　　)
10. 异步时序逻辑电路中没有时钟。(　　)
11. D触发器的特征方程为 $Q^{n+1}=D$，与 Q^n 无关，所以D触发器不是时序逻辑电路。(　　)
12. 异步时序逻辑电路的各级触发器的类型不同。(　　)
13. 时序逻辑电路中，输出、输入间存在反馈通路。(　　)

6.4 解答题

1. 同步时序逻辑电路和异步时序逻辑电路的区别是什么？什么是穆尔型时序逻辑电路？什么是米莱型时序逻辑电路？

2. 分析习题 6.4.2 图所示的时序逻辑电路，说明其逻辑功能。

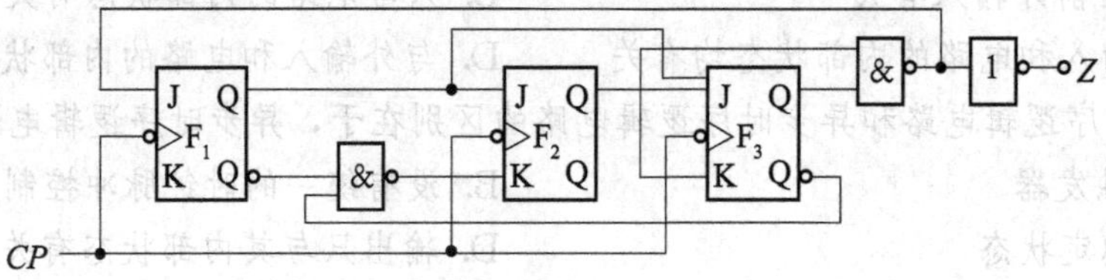

习题 6.4.2 图

3. 分析习题 6.4.3 图所示的时序逻辑电路，说明其逻辑功能。

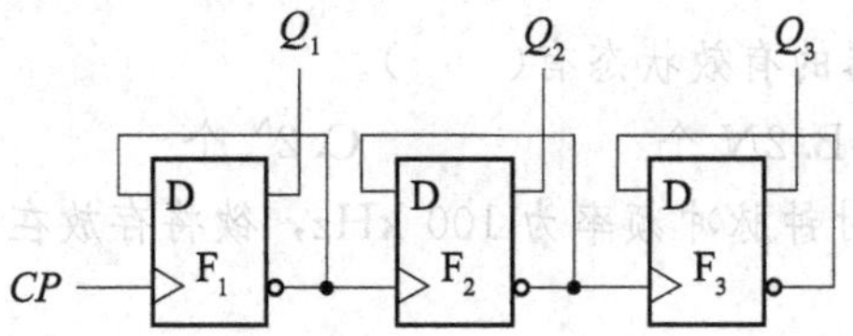

习题 6.4.3 图

4. 分析习题 6.4.4 图所示的时序逻辑电路，说明其逻辑功能。

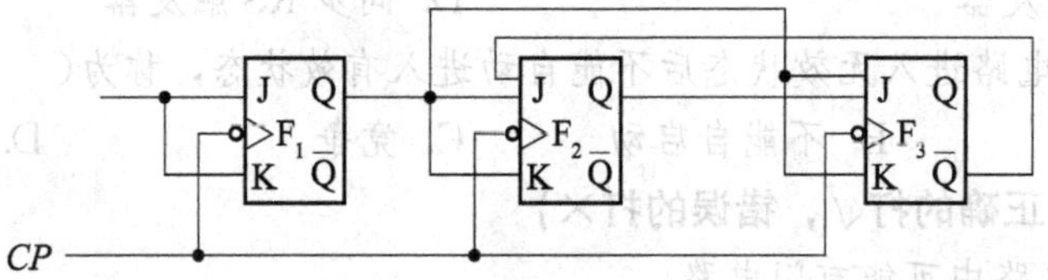

习题 6.4.4 图

5. 试分别用 D 触发器和 JK 触发器设计同步六进制加法计数器。

6. 试分别用 D 触发器和 JK 触发器设计同步六进制减法计数器。

7. 用异步二进制计数器从 0 计到下列十进制数，该计数器至少需要多少个触发器？(1)6；(2)14；(3)60；(4)100；(5)180。

8. 试分别画出由主从 JK 触发器构成的 4 位左移和右移寄存器的逻辑图。

9. 试用维持阻塞 D 触发器构成一个 3 位同步二进制加法计数器，画出其逻辑图。

10. 试用维持阻塞 D 触发器构成一个 3 位异步二进制加法计数器，画出其逻辑图。

11. 习题 6.4.11 图所示为一由 D 触发器组成的循环寄存器，若寄存器中原保存信息为 $Q_3Q_2Q_1Q_0=1111$，则下一个时钟脉冲到来后，它保存的是什么样的信息？多少个时钟脉冲过后，信息循环一周？试画出各触发器输出端的波形。

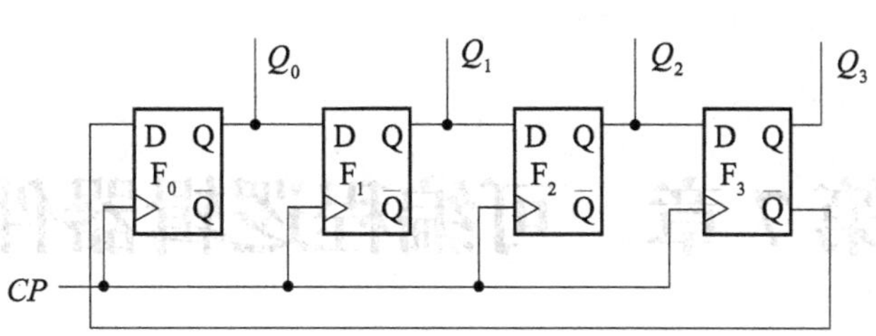

习题 6.4.11 图

12. 已知某同步时序逻辑电路由两个 D 触发器和一些门电路组成，输入为 X，输出为 Z。第 1 个触发器的输入端为 D_1，输出端为 Q_1；第 2 个触发器的输入端为 D_2，输出端为 Q_2，并且第 1 个触发器的驱动方程为 $D_1=X\overline{Q_1}$，第 2 个触发器的驱动方程为 $D_2=\overline{Q_1}\oplus \overline{Q_2}$，输出 $Z=XQ_1Q_2$。试画出此同步时序逻辑电路的逻辑图。

13. 用 4 位同步二进制可逆计数器和适当的逻辑门构成模 12 计数器。

14. 用两片双向移位寄存器芯片实现模 8 计数器。

15. 用 74LS194 构成按循环码规律(000→001→011→111→101→100→000)工作的同步六进制计数器。

16. 74LS290 异步十进制计数器除作为二-五-十进制计数器之外，在不加门电路的情况下，还可以采用反馈复位法构成从二进制到十进制的各种 M 模值计数器。若要构成模为 8 和 9 的计数器。则应如何连接？画出相应的逻辑图，各采用两种方法。

17. 用一片 74LS191 计数器和两片 74LS138 译码器构成一个具有 12 路脉冲输出的数据分配器。画出其逻辑图，在图上标明第 1 路到第 12 路输出的位置。

18. 列出“101”序列信号检测器的状态表，凡收到输入序列 101 时，输出就为 1，并规定检测的 101 序列不重叠，例如：$X=010101101$，$Z=000100001$。

19. 同步时序逻辑电路对串行二进制输入进行奇偶校检，每检测 5 位输入，输出一个结果：当 5 位输入中 1 的数目为奇数时，在最后一位时输出 1。画出其状态转换图和状态表。

20. 某通信接收机的同步信号为 1110010(巴克码)。设计一个检测器，其输入为串行码 x，输出为检测结果，当检测到巴克码 1110010 时，输出为 1。

21. 用 74LS194 的功能完成把串行码 $a_0a_1a_2a_3a_4a_5a_6a_7=01111111$($a_0$ 在前)左移进入寄存器，要求：

(1)在图上画好连线；

(2)工作时，先应在 $\overline{CR}$ 端加什么脉冲？

(3)7 个 CP 后，写出并行输出 $Q_0Q_1Q_2Q_3Q_4Q_5Q_6Q_7$ 的状态。

第7章　可编程逻辑器件

可编程逻辑器件(programmable logic device，PLD)是最大规模甚至超大规模集成电路技术与计算机辅助设计、计算机辅助生产和计算机辅助测试相结合的一种产物，是数字逻辑电路向着超高集成度、超低功耗、超小型封装和专用化方向发展并采用“阵列逻辑”技术生产的器件。本章主要介绍其中的可编程只读存储器(programmable read only memory，PROM)、随机存储器(random access memory，RAM)、可编程逻辑阵列(programmable logic array，PLA)、通用阵列逻辑(generic array logic，GAL)等器件的原理、编程及使用方法。

7.1　概　　述

从逻辑器件的功能和使用方法看，最初的逻辑器件全部采用标准通用片，后来发展到采用现场片和用户片。

通用片的功能是器件厂制造时定死的，用户只能拿来使用而不能改变其内部功能。通用片有门、触发器、多路开关、加法器、寄存器、计数器、译码器等逻辑器件和随机读写存储器件。

专用片是完全按用户要求设计的超大规模集成电路器件。它对用户来讲是优化的，但是设计周期长，设计费用高，通用性低，销售量少，一般称为专用集成电路，但是它也向通用方向发展。

由于通用片和专用片的使用范围有限，20世纪70年代后陆续出现了由用户在现场更改其内容(功能)的现场片，如可擦编程只读存储器(erasable programmable read only memory，EPROM)、现场可编程逻辑阵列(field programmable logic array，FPLA)、可编辑阵列逻辑电路(programmable array logic，PAL)、GAL、现场可编程门阵列(field programmable gate array，FPGA)等一类可编程逻辑器件，通称为PLD器件。它们规整通用，适合采用高集成度技术，因此，在数字系统中得到了广泛的应用。

低密度PLD器件的基本框图如图7.1.1所示，它由输入缓冲电路、与功能电路、或功能电路、输出缓基冲电路等四部分功能电路组成。根据与门阵列、或门阵列和输出结构的不同，低密度的PLD可分为四种基本类型：PROM、FPLA、PAL和GAL。

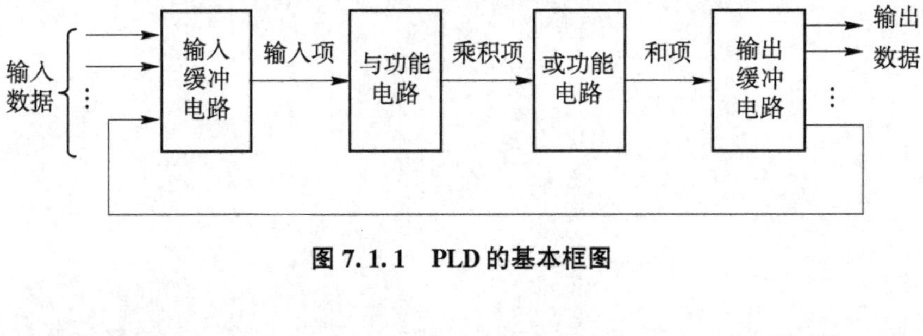

图7.1.1　PLD的基本框图

20 世纪 70 年代初期的 PLD 主要是 PROM 和 PLA。在 PROM 中，与门阵列是固定的，或门阵列是可编程的；而在 PLA 中，与门阵列，或门阵列都是可编程的。但这两种器件采用熔断丝工艺，一次性编程使用。为此，后来又出现了 EPROM、FPLA 等器件。

20 世纪 70 年代末期，出现了 PAL。在 PAL 器件中，与门阵列是可编程的，或门阵列是固定连接的，它有多种输出和反馈结构，为数字逻辑设计带来了一定的灵活性。但 PAL 仍采用熔断丝工艺，一次性编程后就不能再改写。另外，还要根据不同的需要选择不同输出的器件，仍给用户带来诸多不便。

20 世纪 80 年代中期，GAL 器件问世，并取代了 PAL。GAL 器件是在 PAL 器件基础上发展起来的新一代器件。与 PAL 一样，它的与门阵列是可编程的，或门阵列是固定的。但由于采用了高速电可擦 CMOS 工艺，可以反复擦除和改写，很适合于样机的研制。它具有 CMOS 低功耗特性，且速度可以与 TTL 可编程器件相比。特别是在结构上采用了"输出逻辑宏单元"电路，为用户提供了逻辑设计和使用上的较大灵活性。

20 世纪 80 年代后期问世的 FPGA 器件，采用两种结构：一种是在 PAL 结构基础上加以改进和扩展；另一种是逻辑单元型，逻辑单元之间是互连阵列。这些资源可由用户编程。FPGA 属于较高密度的 PLD 器件。

7.2　只读存储器

存储器有只读存储器(ROM)和随机存储器(RAM)之分。本节先讨论 ROM，顾名思义，ROM 是一种在正常工作时只能从中读取信息的器件。它是随计算机技术发展而发展起来的一种新型器件，除了在计算机中得到广泛应用之外，ROM 所固有的容量大、输出线多的特点使它在常规的数字系统设计中也有着很大的潜力。因此本节在讨论 ROM 的工作原理时将其抽象成各种不同的模型，这些模型并不完全等效于实际器件，只是为了解释原理之用。

7.2.1　只读存储器的分类

ROM 的最大优点是具有不易失性，即使供电电源切断，ROM 中存储的信息也不会丢失，因而 ROM 获得了广泛的应用。ROM 存入数据的过程，称为对 ROM 进行编程。根据编程方法不同，ROM 分为四类。

1. 掩模式只读存储器

这类 ROM 所存的数据，在芯片制造过程中就确定了，因而使用时只能读出，不能再进行改变。它的优点是可靠性高，集成度高，价格便宜，适宜大批量生产；缺点是不能重写或改写。这种器件只能专用，用户可向生产厂家定做。

2. 可编程只读存储器(PROM)

在 PROM 出厂时，所有存储元均制成"0"(或均为"1")。用户根据需要可自行将其中某些存储元改为"1"(或改为"0")。在双极型 PROM 中，有两种结构，一种是熔丝烧断型 PROM，另一种是 PN 结击穿型 PROM。它们只能进行一次性改写，一旦编程完毕，其内容便是永久性的，无法进行更改。

3. 多次改写编程的只读存储器

这类 ROM 有（光）可擦编程只读存储器（EPROM）、电可擦编程只读存储器(electrically-erasable programmable read only memory，EEPROM)、电改写只读存储器(electrically alterable read only memory，EAROM)。这三种器件可以分别用紫外光照射或电的方法擦除已写入的数据，然后，再用电的方法重新写入新的数据。用户可以根据需要多次地改写 ROM 中的内容，编程方法也比较简单，因此，这类 ROM 应用得最广泛。

4. 闪速存储器(flash memory)

闪速存储器是英特尔公司于 20 世纪 90 年代中期发明的一种高密度、非易失性的读/写半导体存储器。它既有 EEPROM 的特点，又有 RAM 的特点，因而是一种全新的存储结构。

7.2.2　ROM 结构与工作原理

ROM 的一般结构框图如图 7.2.1(a)所示。ROM 一般由地址译码器、存储矩阵、读放和选择电路组成。它有 n 条地址输入线 $A_0 \sim A_{n-1}$，m 位数据输出线。当地址译码器选中某一字后，该字的若干位被同时读出。

图 7.2.1(b)所示是一个由二极管构成的 ROM 模型，它只有两位地址输入和 4 位数据输出，存储元全部使用二极管。若把此 ROM 视为一个组合逻辑电路，则地址译码器是一个与门构成的阵列，存储矩阵是一个或门构成的阵列。地址译码器的输出有 4 条字线 W_0、W_1、W_2、W_3。对每一个输出位线 D_0、D_1、D_2、D_3 来说，二极管构成一个正逻辑的或门。因此，作为存储器，对应每一个地址码输入，ROM 必须输出一个 4 位的字。例如，当地址 A_1A_0 为 00 时，与门阵列中字线 W_0 为高电平，或门阵列中 D_2D_0，线为高电平，若 $EN=0$，则 ROM 输出为 $D_3D_2D_1D_0=0101$。

不难看出，字线与位线的每个交叉点都是一个存储元。交叉点处接有二极管相当于存“1”，没有接二极管相当于存“0”。交叉点的数目也就是存储元数。

有 n 位地址输入，则可存 2^n 个字；若每个字长有 m 位，则输出端为 m 个，此时存储体内存储元件的数量最多为 $2^n \times m$ 个，因此常用“字线数×位线数”即“$2^n \times m$”表示一个 ROM 电路的容量。

在本例中，ROM 的容量为 4×4，由或门阵列来实现。

若把 ROM 看作一个组合逻辑电路，地址码 A_1 和 A_0 作为输入变量，数据码 D_3、D_2、D_1、D_0 作为输出变量，则图 7.2.1(b)实现如下逻辑函数：

$$
\begin{cases}
D_3 = \overline{A}_1 A_0 + A_1 A_0 \\
D_2 = \overline{A}_1 \overline{A}_0 + A_1 \overline{A}_0 + A_1 A_0 \\
D_1 = \overline{A}_1 A_0 + A_1 \overline{A}_0 + A_1 A_0 \\
D_0 = \overline{A}_1 \overline{A}_0 + A_1 \overline{A}_0
\end{cases}
$$

显然，每一条字线对应输入变量的一个最小项。因此，编程前，应把逻辑函数写成标准的与-或形式，或者列出逻辑函数的真值表，如表 7.2.1 所示。编程时，只需对或阵列(存储矩阵)进行编程即可。也就是说，ROM 的地址译码器(与阵列)是不编程的，可编程的只是或阵列。这个存储矩阵可用图 7.2.1(c)所示的 ROM 阵列结构示意图来表示。

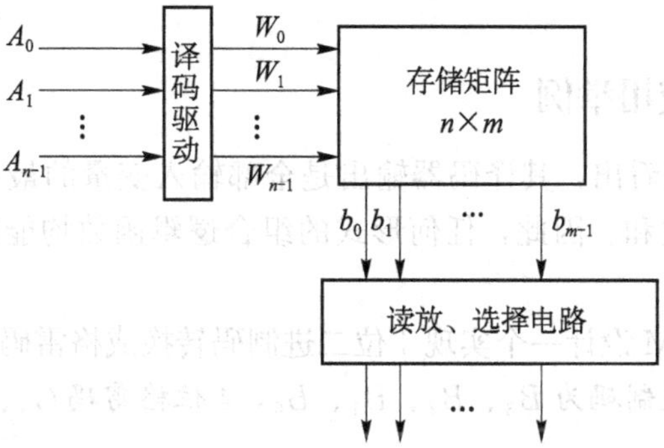

(a) ROM结构框图

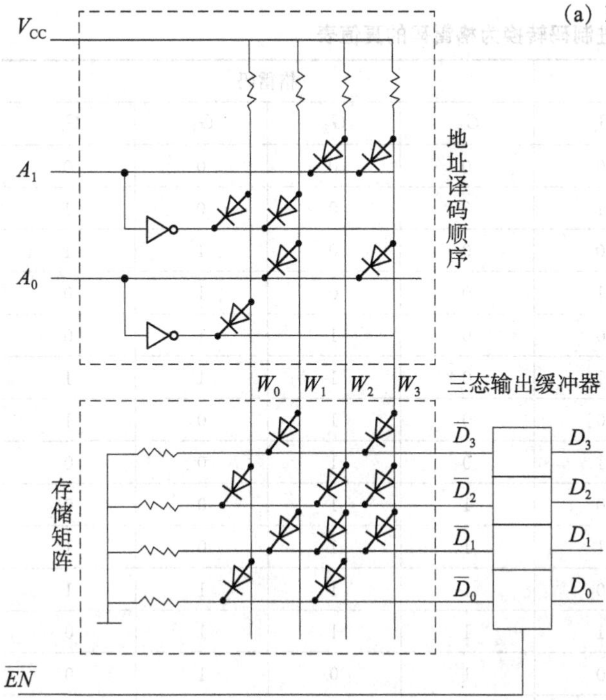

(b) 二极管ROM

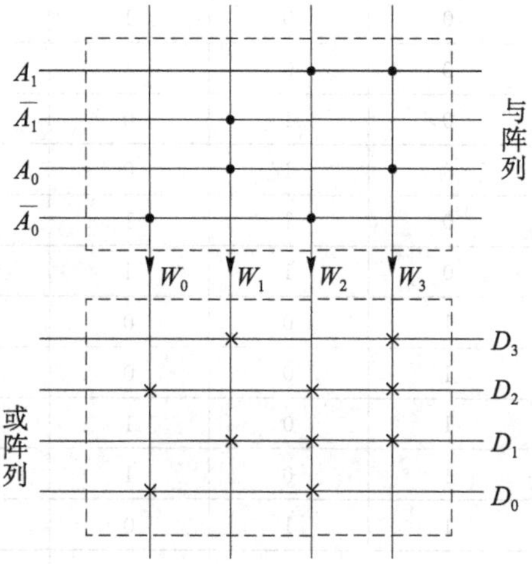

(c) ROM阵列结构示意图

图 7.2.1　ROM 组成原理图

表 7.2.1　逻辑函数的真值表

地址		数据			
A_1	A_0	D_3	D_2	D_1	D_0
0	0	0	1	0	1
0	1	1	0	1	0
1	0	0	1	1	1
1	1	1	1	1	0

为了简化电路的画法，常用阵列结构示意图的形式呈现原理图，图中交叉点有三种：

实点“·”表示硬线固定连线；“×”表示可编程连接；既没有“×”也没有“·”表示两线不连接。

7.2.3 ROM 应用举例

由 ROM 结构可以看出，其译码器输出是全部输入变量的最小项，而每一位数据的输出又都是这些最小项之和。因此，任何形式的组合逻辑函数均能通过向 ROM 写入相应的数据来实现。

例 7.2.1 用 ROM 设计一个实现 4 位二进制码转换成格雷码的代码转换电路。

解：①设 4 位二进制码为 B_3、B_2、B_1、B_0，4 位格雷码 G_3、G_2、G_1、G_0。真值表如表 7.2.2 所示。

表 7.2.2 二进制码转换为格雷码的真值表

二进制码				格雷码			
B_3	B_2	B_1	B_0	G_3	G_2	G_1	G_0
0	0	0	0	0	0	0	0
0	0	0	1	0	0	0	1
0	0	1	0	0	0	1	1
0	0	1	1	0	0	1	0
0	1	0	0	0	1	1	0
0	1	0	1	0	1	1	1
0	1	1	0	0	1	0	1
0	1	1	1	0	1	0	0
1	0	0	0	1	1	0	0
1	0	0	1	1	1	0	1
1	0	1	0	1	1	1	1
1	0	1	1	1	1	1	0
1	1	0	0	1	0	1	0
1	1	0	1	1	0	1	1
1	1	1	0	1	0	0	1
1	1	1	1	1	0	0	0

②由真值表写出最小项表达式：

$$
\begin{cases}
G_3 = \sum(8,9,10,11,12,13,14,15) \\
G_2 = \sum(4,5,6,7,8,9,10,11) \\
G_1 = \sum(2,3,4,5,10,11,12,13) \\
G_0 = \sum(1,2,5,6,9,10,13,14)
\end{cases}
$$

③根据最小项表达式，画出 4 位二进制码-格雷码转换器的 ROM 阵列结构示意图，如图 7.2.2 所示。

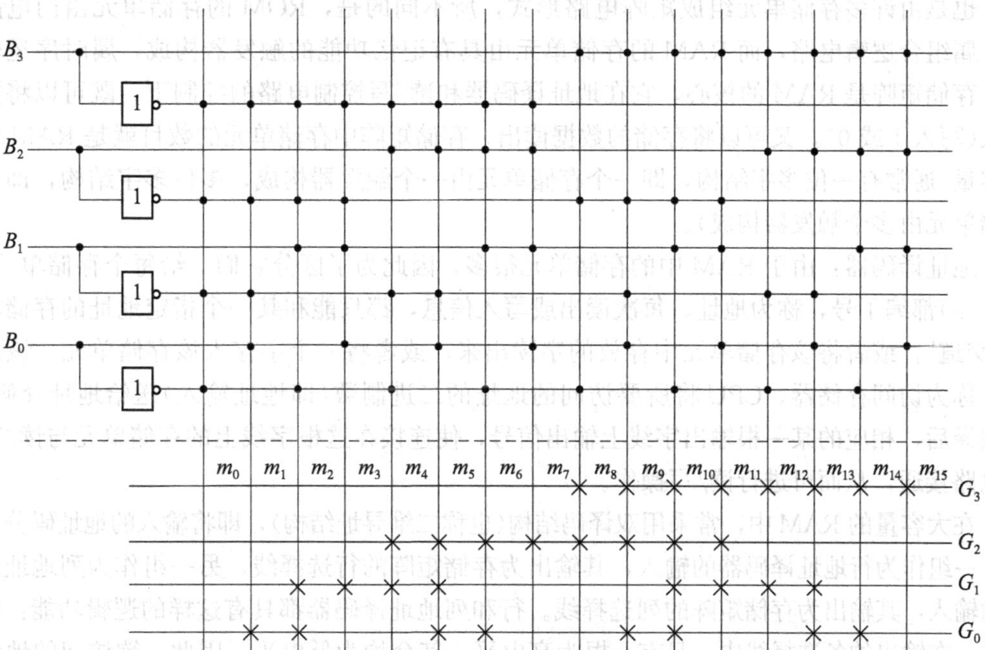

图 7.2.2 4位二进制码-格雷码变换器的 ROM 阵列结构示意图

④选用适当的只读存储器芯片(如 PROM、EPROM、EEPROM 等)和专用设备，将表 7.2.2 所示的数据写入即可。当芯片工作时，使片选信号 $\overline{CS}=0$，并令地址码 $A_3=B_3$、$A_2=B_2$、$A_1=B_1$、$A_0=B_0$(A_4 以上的高位地址置为 0)，则只读存储器的数据输出端 $Q_3=G_3$、$Q_2=G_2$、$Q_1=G_1$、$Q_0=G_0$。

7.3 随机存储器

随机存储器(RAM)，也称随机存取存储器、读/写存储器等。这种存储器在工作时可以随时从任意指定地址读出数据，或者随时将数据写入任何指定地址的存储单元。其最大优点是读/写随意、方便，使用灵活；缺点是在电源中断后存储的信息将全部消失，故不利于数据的长期保存。

7.3.1 RAM的基本结构

RAM的电路结构框图如图 7.3.1 所示，从外观上看，RAM 与 ROM 相同的部分是地址译码器和存储矩阵，不同的是 ROM 只有输出电路(只读)，而 RAM 有输入输出电路、读/写控制电路(能读、能写)。

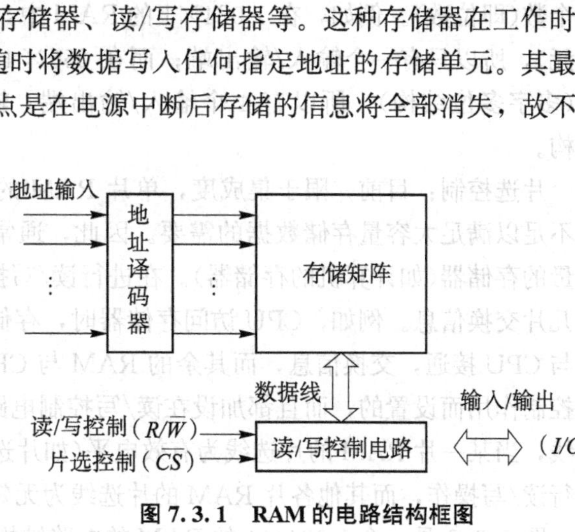

图 7.3.1 RAM 的电路结构框图

存储矩阵：与 ROM 的存储矩阵一

样，也是由许多存储单元组成矩阵电路形式，所不同的是，ROM 的存储单元由门电路构成，属组合逻辑电路，而 RAM 的存储单元由具有记忆功能的触发器构成，属时序逻辑电路。存储矩阵是 RAM 的核心，它在地址译码器和读/写控制电路的控制下，既可以将数据写入(写入 1 或 0)，又可以将存储的数据读出。存储矩阵中存储单元的数目就是 RAM 的存储容量(通常有一位多字结构，即一个存储单元由一个触发器构成，多位多字结构，即一个存储单元由多个触发器构成)。

地址译码器：由于 RAM 中的存储单元很多，因此为了区分它们，给每个存储单元(即触发器)都编了号，称为地址。每次读出或写入信息，都只能和某一个指定地址的存储单元"打交道"，或者将该存储单元中存放的字读出来，或者将一个字存入该存储单元，该过程通常称为访问存储器。CPU 将所要访问的地址的二进制数(即地址输入)送给地址译码器，经编译后，相应的某一根输出字线上输出信号，使连接在这根字线上的存储单元与读/写控制电路接通，从而可进行读/写操作。

在大容量的 RAM 中，常采用双译码结构(也称二维寻址结构)，即将输入的地址码分为两组，一组作为行地址译码器的输入，其输出为存储矩阵的行选择线；另一组作为列地址译码器的输入，其输出为存储矩阵的列选择线。行和列地址译码器都具有这样的逻辑功能：任何时候，在输出的各选择线中，只有一根为高电平，其余均为低电平。因此，欲访问的地址单元，由处于高电平的行选择线和列选择线共同决定(图中只画出了行地址译码器)。

读/写控制电路：主要用于对 RAM 的工作状态进行控制。当访问 RAM 时，对被选中的地址，究竟是读还是写，由读/写控制线来控制。当读/写控制信号 $R/\overline{W}=1$ 时执行读操作，将存储单元中的信息送到数据输入/输出端上；当 $R/\overline{W}=0$ 时执行写操作，数据输入/输出端上的信息被写入存储单元。多数集成 RAM 是用一根读/写控制线来控制读/写操作的，也有少数 RAM 的读/写控制是分开进行的。图中的双向箭头表示可双向传输数据的导线。

输入/输出端：RAM 是通过输入/输出端与计算机的 CPU 交换信息的，读时它是输出端，写时它是输入端，由读/写控制线控制。其输入/输出端数，取决于一个地址中触发器的个数(即位数)。例如，在 1 024×1 的 RAM 中，每个地址中只有一个触发器(即一个存储单元)，所以只有一个输入/输出端；而在 256×4 的 RAM 中，每个地址中有 4 个存储单元(多字多位结构)，所以有 4 个输入/输出端。输出端一般都为集电极开路或三态输出结构。

片选控制：目前，限于集成度，单片 RAM 的存储容量还不够大(在 4 076×8 以下)，还不足以满足大容量存储数据的需要。因此，通常总是将多片 RAM 组合起来构成一个大容量的存储器(如计算机的存储器)。在进行读/写操作时，每次只与这多片 RAM 中的一片或几片交换信息。例如，CPU 访问存储器时，存储器中只有一片或几片 RAM 中的一个地址与 CPU 接通，交换信息，而其余的 RAM 与 CPU 不发生关系。片选控制就是为实现这种控制作用而设置的，而且都加设在读/写控制电路上。通常，一片 RAM 有一根或几根片选线，当某一片 RAM 的片选线为有效电平(如片选信号 $\overline{CS}=0$)时，该片 RAM 被选通，可进行读/写操作，而其他各片 RAM 的片选线为无效电平(如 $\overline{CS}=1$)，均不工作。

图 7.3.2 是一个 1 024×4 的 RAM 的电路结构框图。其中 1 024×4=4 096 个存储单元

排列成 64×64 矩阵形式，从而构成该 RAM 的存储矩阵；十位地址输入代码分成两组进行译码，在其中的一行中选出要进行读/写的 4 个存储单元。因此，该 RAM 的地址译码器为二维寻址结构。A_3～A_8 6 位代码加到行地址译码器上，用它的输出信号从 64 行存储单元中选择出指定的一行；另外 A_0、A_1、A_2、A_9 4 位地址代码加到列地址译码器上，用它的输出信号再从已选中 I/O_1～I/O_4 是数据输入/输出端，读/写操作是在读/写控制信号 $R/\overline{W}$ 和片选信号 $\overline{CS}$ 的控制下进行的。当 $\overline{CS}=0$ 时，芯片被选通，可以执行读/写操作。如果 $R/\overline{W}=1$，则门 G_9 输出高电平，使三态门(缓冲器)G_5～G_8 工作，而门 G_{10} 输出低电平，使三态门 G_1～G_4 禁止，这时，由地址码指定的 4 个存储单元中的数据被送到 I/O_1～I/O_4 上，以实现读出操作；如果 $R/\overline{W}=0$，则门 G_9 输出低电平，使三态门 G_5～G_8 禁止，而门 G_{10} 输出高电平，使三态门 G_1～G_4 工作，这时，加到 I/O_1～I/O_4 上的输入数据就被写入指定的 4 个存储单元，以实现写入操作。当 $\overline{CS}=1$ 时，三态门 G_1～G_8 同时处于禁止状态，将 RAM 的内部电路与外部连线隔离。

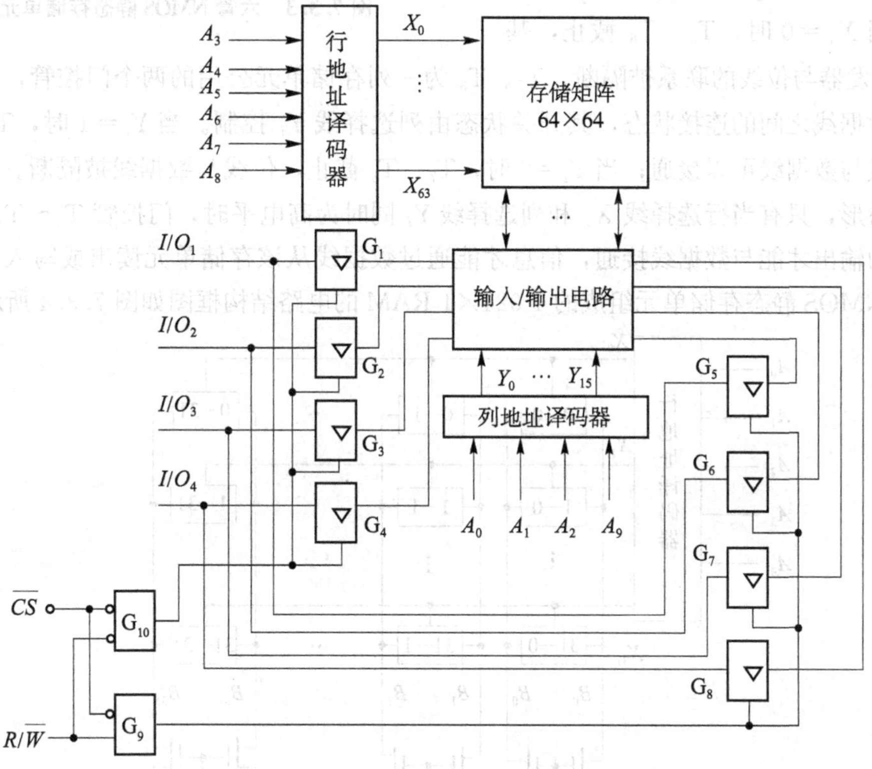

图 7.3.2　1 024×4 的 RAM 的电路结构框图

7.3.2　RAM 的存储单元

根据工作原理的不同，RAM 的存储单元可分为静态存储单元与动态存储单元两大类。

1. RAM 的静态存储单元

静态存储单元通常是在静态触发器的基础上附加控制线或门控管构成的。其数据存储主要是依靠电路的自动保持功能来实现的。根据构成存储单元的器件的不同，静态存储单元又有双极型和 MOS 之分。

图 7.3.3 所示为六管 NMOS 静态存储单元(由于大规模集成电路中 MOS 管多为对称结构，故通常采用如图 7.3.3 所示的简化画法)。其中 T_1～T_4 组成基本 RS 触发器，用于存储一位二值代码。T_5 和 T_6 是门控管，用作模拟开关，以控制触发器的输出端与位线之间的联系。T_5、T_6 的开关状态则由字线 X_i（即行选择线）的状态决定。当 $X_i=1$ 时，T_5、T_6 导通，基本 RS 触发器的输出端 Q 和 $\overline{Q}$ 分别与位线 B_j 和 $\overline{B}_j$ 接通；当 $X_i=0$ 时，T_5、T_6 截止，基本 RS 触发器与位线的联系被隔断。T_7、T_8 为一列存储单元公用的两个门控管，用于控制位线与数据线之间的连接状态，其开关状态由列选择线 Y_i 控制。当 $Y_i=1$ 时，T_7、T_8 导通，位线与数据线可以接通；当 $Y_i=0$ 时，T_7、T_8 截止，位线与数据线被隔断。显然，综合上述情形，只有当行选择线 X_i 和列选择线 Y_i 同时为高电平时，门控管 T_5～T_8 均导通，触发器的输出才能与数据线接通，信息才能通过数据线从该存储单元读出或写入该存储单元。用 NMOS 静态存储单元组成的 1 024×1 RAM 的电路结构框图如图 7.3.4 所示。

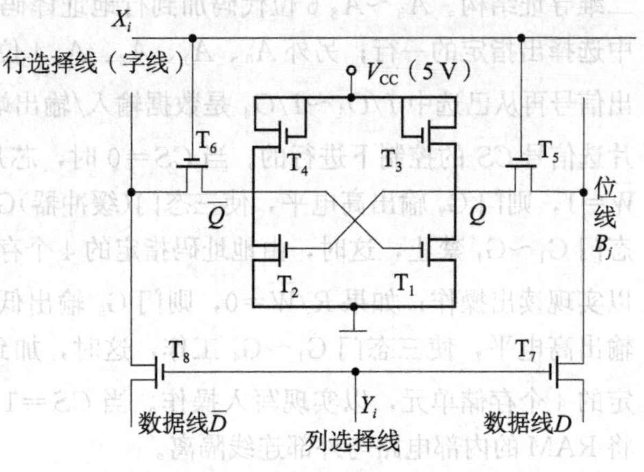

图 7.3.3　六管 NMOS 静态存储单元

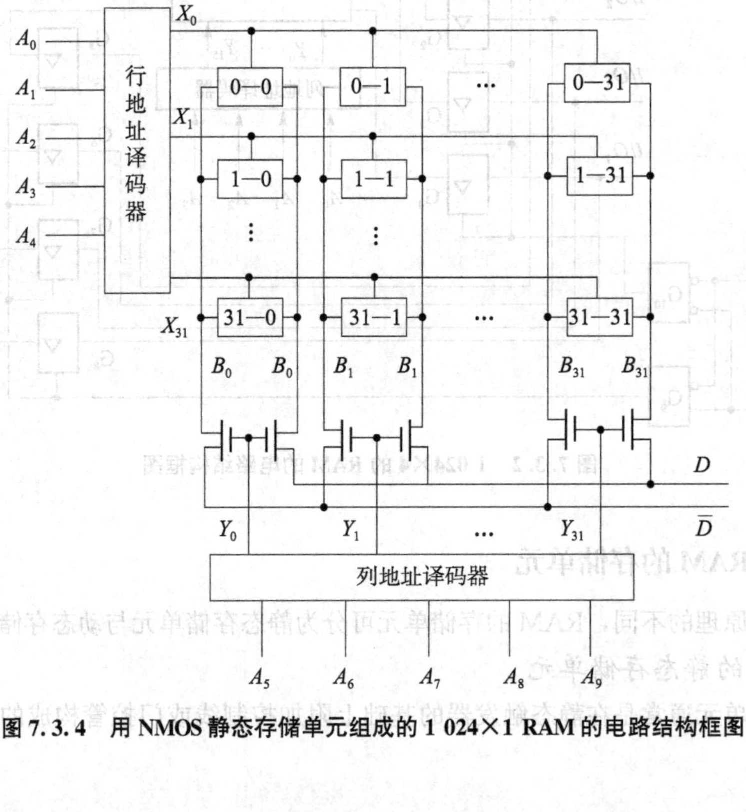

图 7.3.4　用 NMOS 静态存储单元组成的 1 024×1 RAM 的电路结构框图

其存储单元排列成 32×32 的矩阵形式；地址译码器为二维形式，行地址译码器和列地址译码器都是 5 线-32 线译码器，每一行的存储单元与一根行选择线 X_i 连接在一起，每一列的存储单元与位线 B_j 和 $\overline{B}_j$ 连接在一起。如果要进行读/写操作，如欲从 0－1 号存储单元读出数据，则应在行地址译码器上加 $A_4A_3A_2A_1A_0=00000$ 的地址码，在列地址译码器上加 $A_9A_8A_7A_6A_5=00001$ 的地址码，此时，行选择线 $X_0=1$ 而其余为 0，列选择线 $Y_i=1$ 而其余为 0，于是 0－1 号存储单元被选中，它的输出端 Q、$\overline{Q}$ 的状态经门控管被送到数据线 D 和 $\overline{D}$ 上。

如欲向 0－1 号存储单元中写入数据，则数据线 D 和 $\overline{D}$ 的状态便通过导通的门控管将该存储单元中的触发器置成相应的状态，在地址码消失后，依靠触发器的自保功能将数据保存下来。RAM 的静态存储单元除常用上述 NMOS 管构成外，用 CMOS 管构成的静态存储单元也得到了日益广泛的应用。CMOS 电路的特点是功耗低，但速度较 NMOS 电路慢。用 CMOS 管构成的静态存储单元的结构形式与工作原理与用 NMOS 管构成的静态存储单元的相仿。

2. RAM 的动态存储单元

RAM 的动态存储单元通常是利用 MOS 管栅极分布电容的电荷存储效应构成的，其电路除存储电路外，还增设了刷新电路部分。这种存储电路可以十分简单，但由于漏电流的存在，以电荷的形式存储在分布电容上的信息不能长期保存，必须定期给电容补充电荷，以免信息丢失，所以增设了这种补充电荷的电路，称为刷新电路。

常见的动态存储单元有四管电路、三管电路和单管电路几种，这里以四管 NMOS 动态存储单元电路为例说明其结构和工作原理。

图 7.3.5 所示为四管 NMOS 动态存储单元，其中增强型 NMOS 管 T_1～T_4 组成动态存储单元，T_1 和 T_2 的栅极和漏极交叉相连，数据以电荷的形式存储在栅极分布电容 C_1、C_2 上，而 C_1、C_2 上的电压又控制着 T_1、T_2 的导通或截止。

当 C_2 上无电荷而 C_1 上充有电荷且 C_1 上的电压大于 T_1 的开启电压时，T_1 导通，T_2 截止，则 $Q=0$，$\overline{Q}=1$，存储单元为“0”态；当 C_1 上无电荷而 C_2 上充有电荷且 C_2 上的电压大于 T_2 的开启电压时，T_2 导通，T_1 截止，则 $Q=1$，$\overline{Q}=0$，存储单元为“1”态。

T_5、T_6 构成刷新电路(也称对位线的预充电电路)，它为每一列存储单元公用。在执行读操作之前，先给预充电电路(即 T_5、T_6 的栅极)加上预充电脉冲 V，使 T_5、T_6 导通，将位线 B、$\overline{B}$ 与电源 V_{CC} 接通，使位线上的分布电容 C_B 和 C 充电到高电平。在预充电脉冲消失后，位线的高电平暂时由 C_B 和 C 维持。

在位线为高电平期间，令字线 X_i 和列选信号 Y_i 同时为高电平，则 T_3、T_4 和 T_7、T_8 导通。假定存储单元为“1”态(即 C_2 上充有电荷，C_1 上无电荷，并且 T_2 导通，T_1 截止，$Q=1$)，这时 C 上的电荷将通过 T_4、T_2 放电，使位线 $\overline{B}$ 变成低电平；同时由于 T_1 截止，位线 B 仍保持为高电平。这样就把存储单元的状态(“1”态)读到了位线 B 和 $\overline{B}$ 上。由于此时 Y_i 为高电平，故 B 和 $\overline{B}$ 上的状态便通过 T_7 和 T_8 送到数据线 D 和 $\overline{D}$ 上。

这里对位线的预充电起着十分重要的作用。若在 T_3、T_4 导通前没有对 C_B 和 C 进行预充电，则 T_3 导通后 B 线的高电平必须通过 C_2 上的电荷向 C_B 充电来建立，这势必损失一部分电荷，使 C_2 上的高电平降低。而且，由于位线上连接的器件较多，分布电容 C_B 往往比 C_2 大得多，这就有可能在读出数据时，使 Q 的高电平被破坏，将存储数据丢失。有了预充电，当 T_3、T_4 导通时，B 线的电位较 Q 的电位还要高一些(因 C_2 的漏电等因素影响)，C_2 上的电荷非但不损失，反而可以通过 T_3 由 B 线上的高电平得以补充，使 C_2 上的电荷得到了一次刷新。在执行写操作时，Y_i 输出高电平，输入数据加到数据线 D 和 $\overline{D}$ 上，通过 T_7、T_8 传输到位线 B、$\overline{B}$ 上，再经过 T_3、T_4 将数据存储到 C_1、C_2 上。

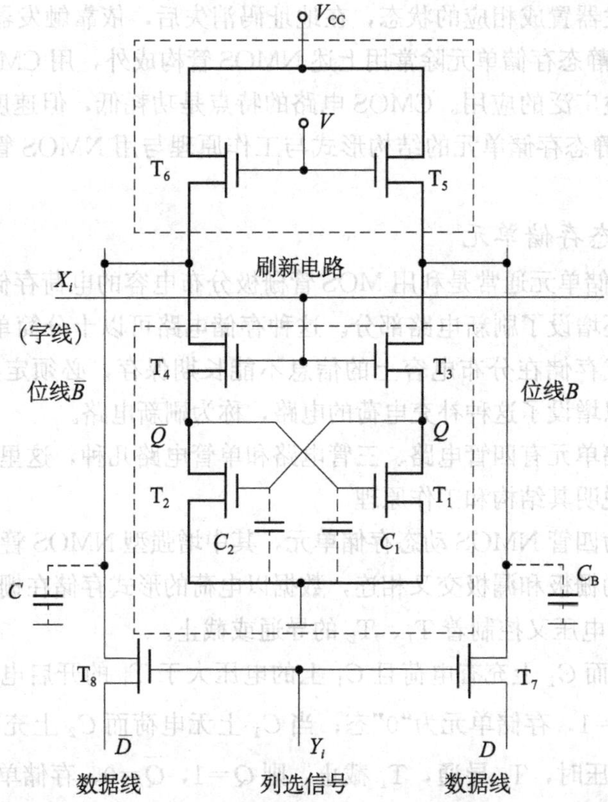

图 7.3.5　四管 NMOS 动态存储单元

动态存储单元与静态存储单元相比，具有电路结构简单、功耗低、满足高集成度的要求等优点，但不如静态存储单元使用方便，并且存取数据的速度也不如静态存储单元快。

7.3.3　RAM 的扩展

由于集成度的限制，一片 RAM 的存储容量有限，往往不能满足大存储量的要求。因此，为了扩展存储容量，大都采用将若干片通用型 RAM 组合起来的方法。在进行 RAM 存储容量的扩展时，根据实际要求，有进行位数扩展的，也有进行字数扩展的，还有同时进行位数和字数扩展的。下面简要介绍其扩展的方法。

1. 位数的扩展

当一片 RAM 中的字数够用而每个字的位数不够用时，可采用位数扩展方式将多片 RAM 组合成位数更多的 RAM。其具体扩展方法如图 7.3.6 所示，这里是将 4 片 1 024×1 的 RAM 接成了一个 1 024×4 的 RAM。其连接方法十分简单，只需将各片 RAM 的地址线、$R/\overline{W}$ 线、$\overline{CS}$ 线分别并联在一起就行了，而各片的 I/O 线单独成为整个 RAM 的输入/输出数据端的一位。这样扩展后的 RAM 的存储容量便为单片 RAM 的存储容量的 4 倍。可以看出，需要扩展 RAM 到多少位，只须用多少片 RAM 如此连接即可。

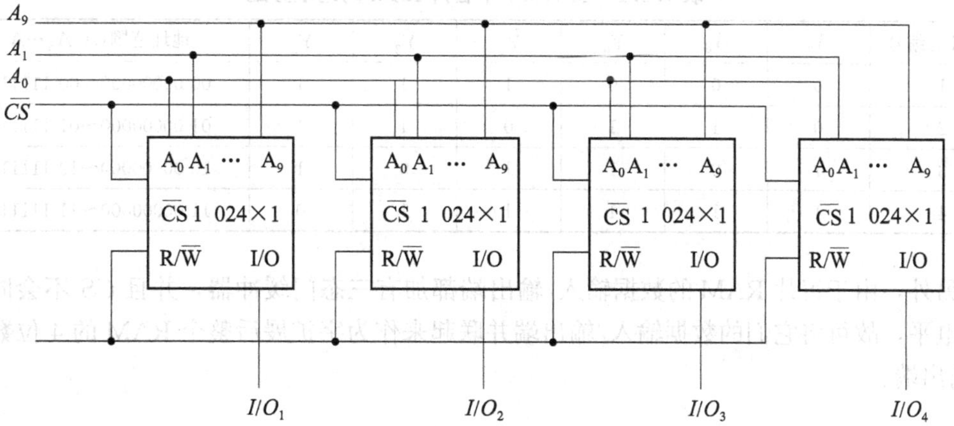

图 7.3.6　RAM 位数的扩展

2. 字数的扩展

当每片 RAM 的数据位数够用而字数不够用时，可对其字数进行扩展。

图 7.3.7 所示便是将 256×4 的 RAM 扩展为 1 024×4 的 RAM 的例子。

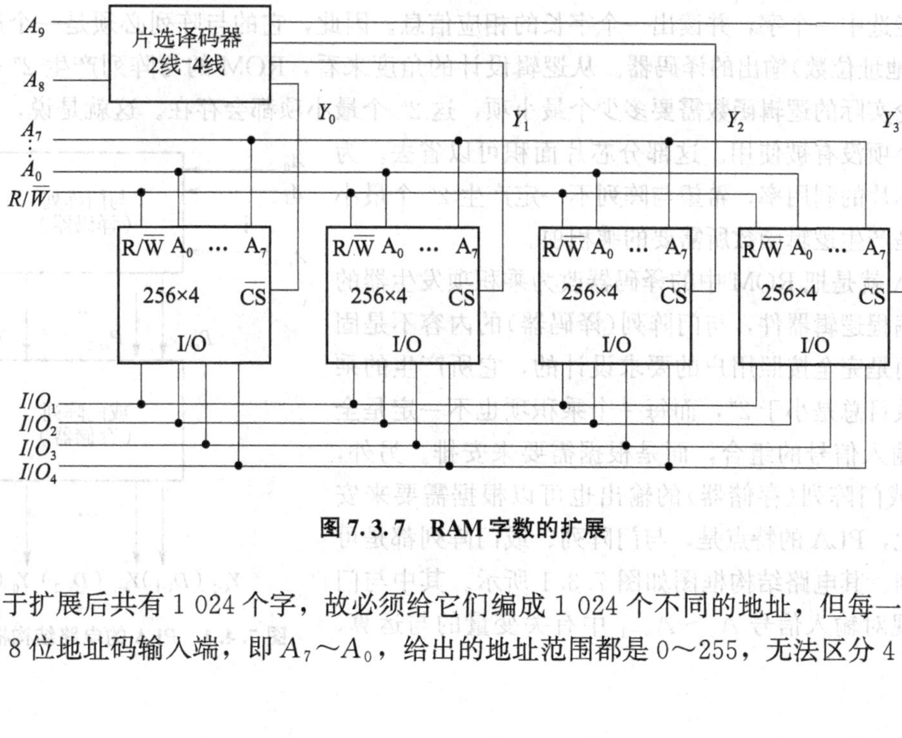

图 7.3.7　RAM 字数的扩展

由于扩展后共有 1 024 个字，故必须给它们编成 1 024 个不同的地址，但每一片 RAM 上只有 8 位地址码输入端，即 $A_7 \sim A_0$，给出的地址范围都是 0～255，无法区分 4 片 RAM

中同样的地址单元。因此，必须增设两个地址码 A_9、A_8，使地址码增至 10 位，方可得到 2^{10}＝1 024 个不同地址。而且 A_9、A_8 的输入端还必须借助每片的 $\overline{CS}$ 端。图中附设了一个 2 线-4 线片选译码器，将 A_9A_8 的 4 种编码 00、01、10、11 分别译成 $Y_0 \sim Y_3$ 4 个低电平信号，然后分别加到各片 RAM 的 $\overline{CS}$ 端。如果取 4 片的 A_9A_8 依次为 00、01、10、11，则 4 片 RAM 的地址分配将如表 7.3.1 所示。从表中可以看出，4 片 RAM 的低 8 位地址是完全相同的，所以可以将它们并联在一起。

表 7.3.1　图 7.3.7 中各片 RAM 的地址分配

RAM 的编号	A_9	A_8	$\overline{Y}_0$	$\overline{Y}_1$	$\overline{Y}_2$	$\overline{Y}_3$	地址范围（$A_9A_8 \cdots A_0$）
1	0	0	0	1	1	1	00 00000000～00 11111111
2	0	1	1	0	1	1	01 00000000～01 11111111
3	1	0	1	1	0	1	10 00000000～10 11111111
4	1	1	1	1	1	0	11 00000000～11 11111111

另外，由于每片 RAM 的数据输入/输出端都加有三态门缓冲器，并且 $\overline{CS}$ 不会同时出现低电平，故可将它们的数据输入/输出端并联起来作为字扩展后整个 RAM 的 4 位数据输入/输出端。

7.4　可编程逻辑阵列

7.4.1　PLA 的结构特点

对于 ROM 而言，它的输入地址和存储信息之间有着一一对应的关系，即给定一个地址，就能选中一个字，并读出一个字长的相应信息。因此，它的与阵列必须是一个产生 2^n 个（n 为地址位数）输出的译码器。从逻辑设计的角度来看，ROM 的与阵列产生 2^n 个最小项。无论实际的逻辑函数需要多少个最小项，这 2^n 个最小项都会存在。这就是说，总有一部分最小项没有被使用。这部分芯片面积可以省去。为了提高芯片的利用率，希望与阵列不一定产生 2^n 个最小项，而是产生逻辑函数所需要的乘积项。

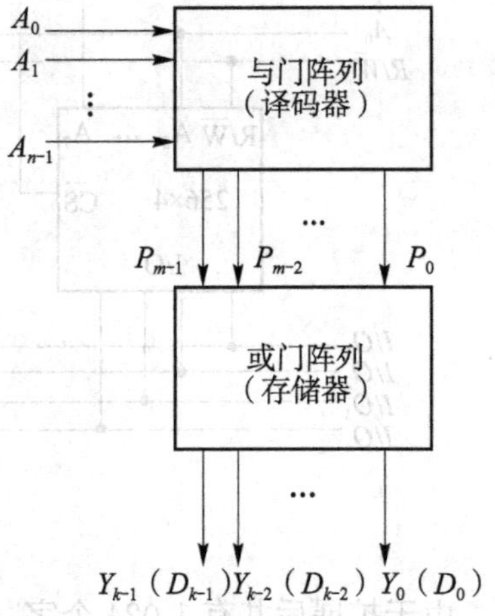

图 7.4.1　PLA 的电路结构框图

PLA 就是把 ROM 中的译码器改为乘积项发生器的一种可编程逻辑器件，与门阵列（译码器）的内容不是固定的，而是完全按照用户的要求设计的，它所产生的乘积项的数目总是小于 2^n，而每一个乘积项也不一定是全部 n 个输入信号的组合，而是根据需要来安排。另外，PLA 的或门阵列（存储器）的输出也可以根据需要来安排。因此，PLA 的特点是，与门阵列、或门阵列都是可编程阵列。其电路结构框图如图 7.3.1 所示。其中与门阵列实现对输入信号 $A_0 \sim A_{n-1}$ 中有关变量的与运算，

其输出 $P_0 \sim P_{m-1}$ 是一些由变量作为因子的乘积项；或门阵列实现对 $P_0 \sim P_{m-1}$ 有关乘积项的或运算，其输出 $Y_0 \sim Y_{k-1}$ 就是一些由乘积项组成(和项)的逻辑函数。至于与门阵列中应将哪些变量相乘，或门阵列中应将哪些乘积项相加，则完全由用户的需要设计决定。PLA 既能实现组合逻辑电路，又能实现时序逻辑电路。

图 7.4.2 为一个具有 3 个输入逻辑变量，提供 6 个“与”项(6 个与门)，产生 3 个输出函数的 PLA(3-6-3 PLA)的逻辑原理图，图中的“×”表示是可编程的。

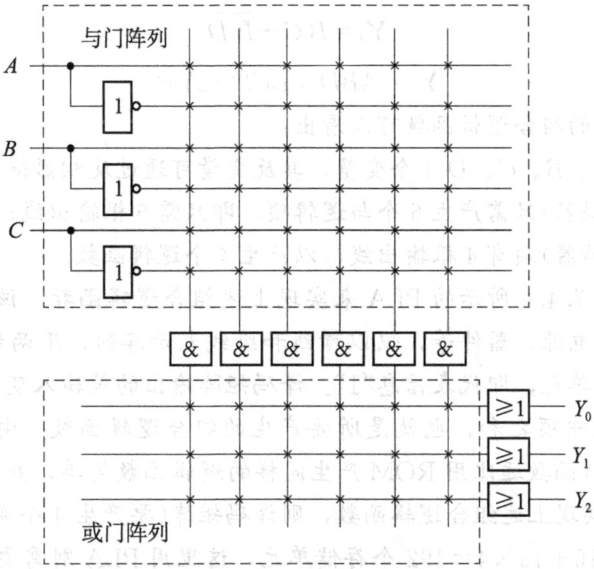

图 7.4.2 3-6-3 PLA 逻辑原理图

图 7.4.3 为 3-6-3 PLA 阵列对应的逻辑图，图中不再需要画出对应的与门和或门。

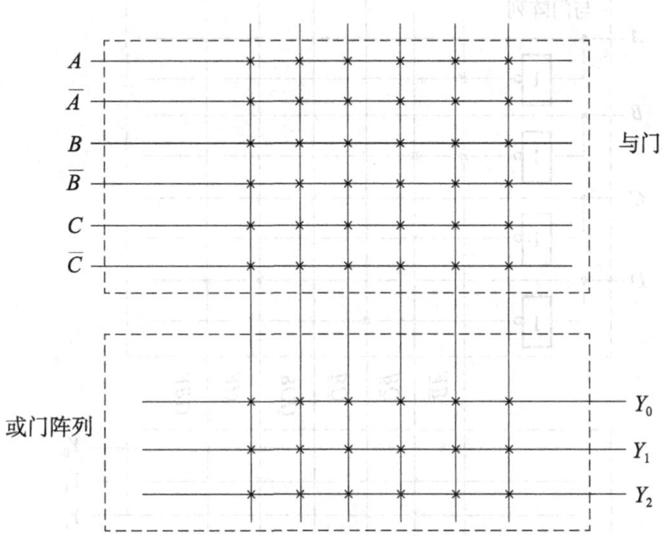

图 7.4.3 3-6-3 PLA 阵列逻辑图

7.4.2 PLA 的应用

1. 用 PLA 实现组合逻辑函数

例 7.4.1 试用 PLA 实现下列组合逻辑函数：

$$Y_0 = ABD$$

$$Y_1 = AD + \overline{B}\,\overline{C}$$

$$Y_2 = \overline{B}\,\overline{C} + \overline{B}\,\overline{D}$$

$$Y_3 = ABD + BC\overline{D} + \overline{A}\,\overline{B}$$

解：由所需产生的组合逻辑函数可以看出：

①输入变量为 A、B、C、D 4 个变量，其反变量可通过反相器得到；

②与门阵列(译码器)只需产生 6 个与逻辑项，即只需 6 根输出线；

③或门阵列(存储器)须有 4 根输出线，以产生 4 个逻辑函数。

这样，便可用图 7.4.4 所示的 PLA 来实现上述组合逻辑函数。该图是 PLA 的一种简便画法，图中不画出电源、器件等，仅以横线和纵线表示阵列，用两线交叉点处的"×"表示编程后保留的存储单元，即代表信息"1"。译码矩阵输出的是输入变量的有关乘积项，存储矩阵则输出有关乘积项之和，也就是所要产生的组合逻辑函数。由图 7.4.4 可以看出，用 PLA 产生组合逻辑函数远比用 ROM 产生同样的逻辑函数简单，并且节省了大量的存储单元。若用 PROM 实现上述组合逻辑函数，则译码矩阵(要产生 4 个变量的全部最小项)和存储矩阵共需要 8×16＋16×4＝192 个存储单元，这里用 PLA 则需要 8×6＋6×4＝72 个存储单元。实际上 PLA 就是为了克服 ROM 产生组合逻辑函数时浪费许多存储单元(即利用率低)的缺点而改进得到的。

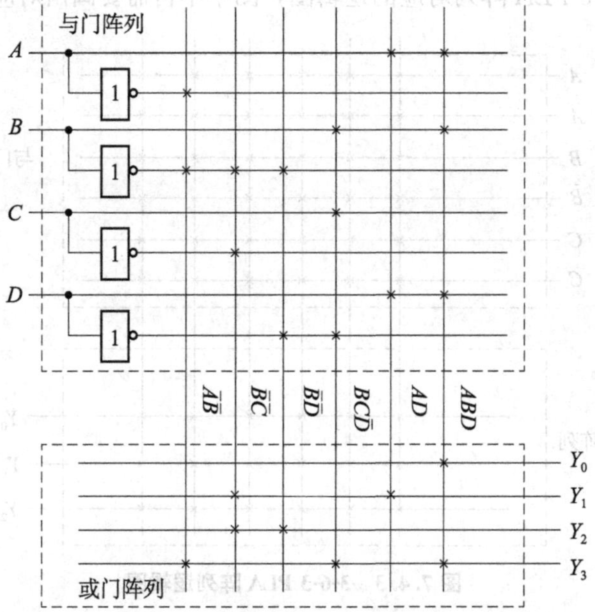

图 7.4.4 用 PLA 产生组合逻辑函数

2. 用 PLA 实现时序逻辑电路

用 PLA 实现时序逻辑电路时，实际上只是用它来实现时序逻辑电路的组合逻辑电路部分，而存储电路部分还需采用触发器，其逻辑框图如图 7.4.5 所示。从图中可以看出，触发器通过与门阵列和或门阵列形成反馈通路，触发器的现态反馈到与门阵列，再和外部输入一起通过或门阵列确定触发器的次态；输出可以从或门阵列取得，也可以将触发器的状态作为输出。图中与门阵列的输入有两部分，即外部输入变量 A_0，A_1，…，A_{n-1} 和状态变量 Q_0，Q_1，…，Q_{n-1}；或门阵列的输出也有两部分，一部分输出作为触发器的输入 Y_0，Y_1，…，Y_{k-1}，另一部分作为输出变量 Z_0，Z_1，…，Z_{m-1}。

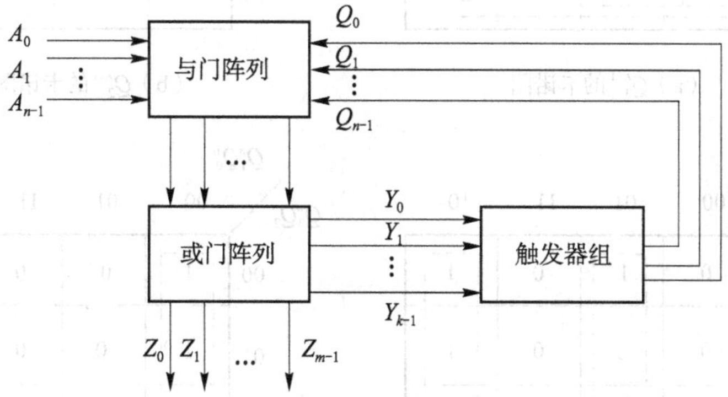

图 7.4.5　PLA 实现同步时序逻辑电路的逻辑框图

例 7.4.2　试用 PLA 和 D 触发器构成同步十六进制加法计数器。

解： 同步十六进制加法计数器的状态转换图如图 7.4.6 所示。

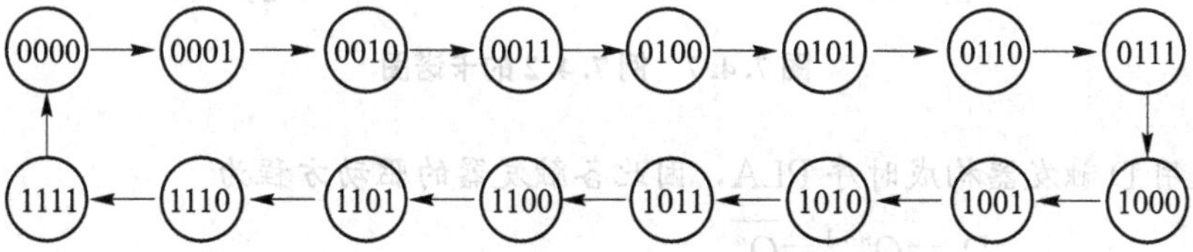

图 7.4.6　同步十六进制加法计数器的状态转换图

由于状态数 $N=16$，因此至少需要 $n=4$ 个触发器构成此时序逻辑电路。设 4 个触发器的输出分别为 Q_3、Q_2、Q_1、Q_0。按照状态转换图分别列出 Q_3、Q_2、Q_1、Q_0 的次态状态方程，画出对应的卡诺图，如图 7.4.7 所示。

利用卡诺图进行化简，得到下列状态方程：

$$Q_0^{n+1}=\overline{Q_0^n}$$

$$Q_1^{n+1}=\overline{Q_1^n}Q_0^n+Q_1^n\overline{Q_0^n}$$

$$Q_2^{n+1}=\overline{Q_2^n}Q_1^nQ_0^n+Q_2^n\overline{Q_0^n}+Q_2^n\overline{Q_1^n}$$

$$Q_3^{n+1}=\overline{Q_2^n}Q_3^n+\overline{Q_1^n}Q_3^n+Q_0^nQ_3^nQ_3^n+\overline{Q_3^n}Q_2^nQ_1^nQ_0^n$$

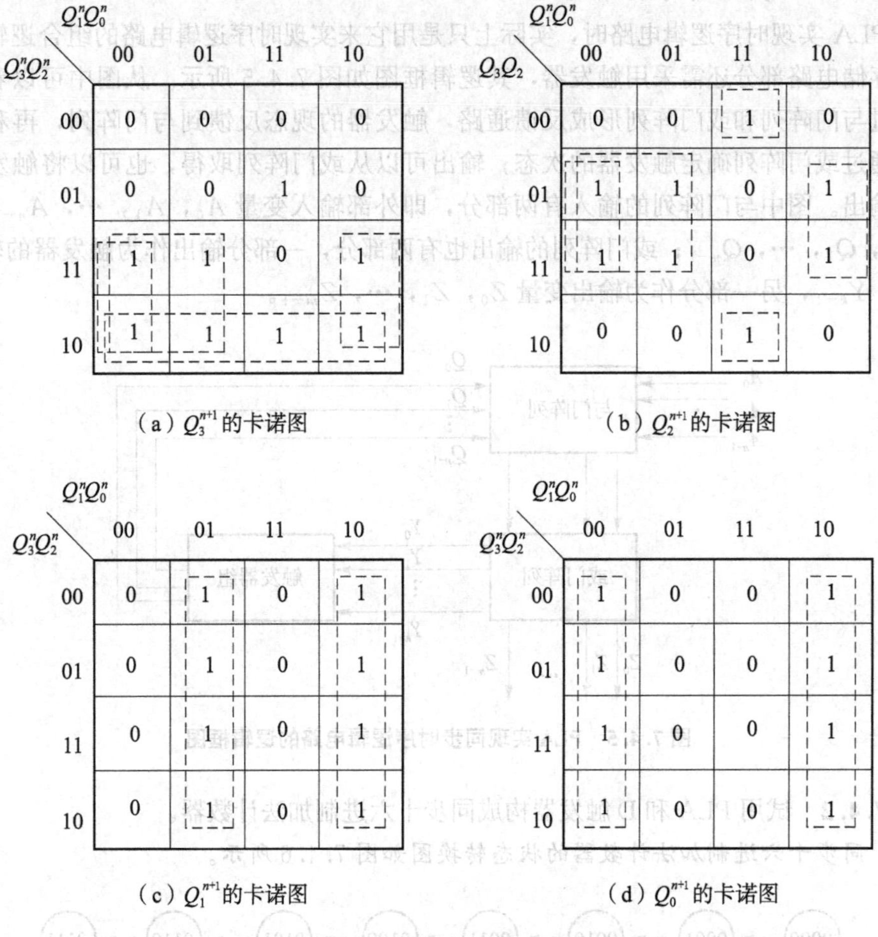

图 7.4.7　例 7.4.2 的卡诺图

由于选用 D 触发器构成时序 PLA，因此各触发器的驱动方程为

$$D_0 = Q_0^{n+1} = \overline{Q_0^n}$$

$$D_1 = Q_1^{n+1} = \overline{Q_1^n} Q_0^n + Q_1^n \overline{Q_0^n}$$

$$D_2 = Q_2^{n+1} = \overline{Q_2^n} Q_1^n Q_0^n + Q_2^n \overline{Q_0^n} + Q_2^n \overline{Q_1^n}$$

$$D_3 = Q_3^{n+1} = \overline{Q_2^n} Q_3^n + \overline{Q_1^n} Q_3^n + Q_0^n Q_3^n Q_3^n + \overline{Q_3^n} Q_2^n Q_1^n Q_0^n$$

用 PLA 构成 4 个 D_3、D_2、D_1、D_0 信号输出函数的组合逻辑电路，并将它们输入 4 个 D 触发器的数据输入端 D_3、D_2、D_1、D_0；而把 4 个触发器的输出信号 Q_3、Q_2、Q_1、Q_0 反馈到 PLA 与门阵列的输入端，构成图 7.4.8 所示的同步十六进制加法计数器。

目前，PLA 已集成化、系列化，定型产品种类有很多，应用也很广。集成 PLA 将与阵列、或阵列、输入端所需反相器及输出端所用三态门等全部制作在芯片上，可以十分方便地构成各种组合逻辑电路。如果再在芯片上制作一些触发器，则可构成各种时序逻辑电路。PLA 的规格通常用“输入变量数×与阵列输出端数×或阵列输出端数”来表示。

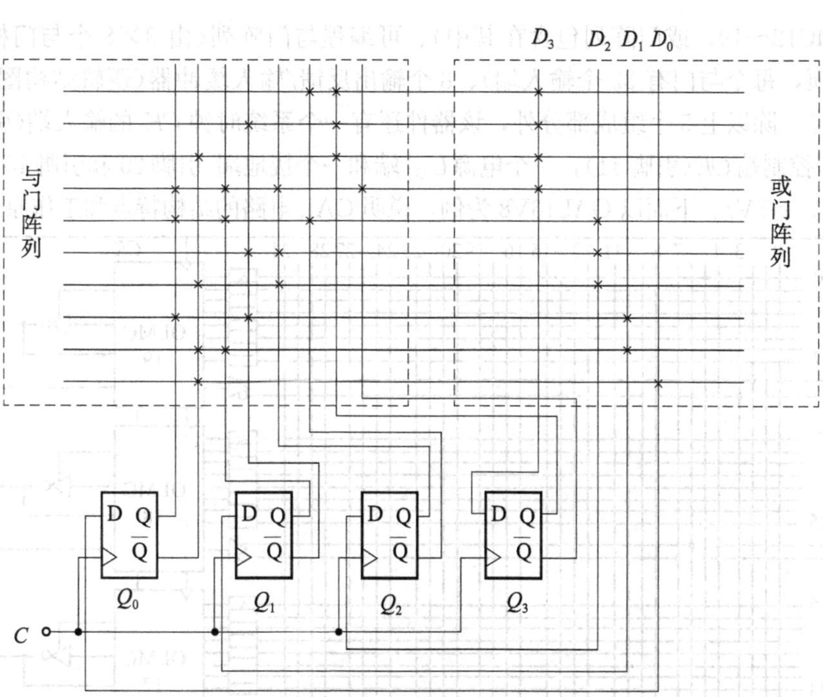

图 7.4.8 由 PLA 和 D 触发器构成的同步十六进制加法计数器的逻辑图

7.5 通用阵列逻辑

在 20 世纪 70 年代末期，出现了 PAL 器件，它的与门阵列是可编程的，或门阵列是固定的，输出结构是固定的，采用熔断丝工艺，一次性编程后就不能再改写。另外，由于其输出固定，因此还要根据不同的需要选择不同输出的器件，给用户带来了许多不便。

通用阵列逻辑(GAL)是美国 Lattice 公司于 1985 年推出的一种新型的可编程逻辑器件，GAL 器件是在 PAL 器件的基础上发展起来的，它采用高速电可擦的 CMOS 工艺，可以反复擦除和改写。它的与门阵列是可编程的，或门阵列是固定的，具有 CMOS 低功耗特性，并且速度可以和 TTL 可编程器件相比，特别是在输出结构上采用了可编程的“输出逻辑宏单元”(output logic macro cell，OLMC)。通过编程可将 OLMC 设置成不同的工作状态，这样就可以用同一种型号的 GAL 器件实现 PAL 器件所有的输出电路工作模式，从而增强器件的通用性。因此，GAL 器件几乎取代了 PAL 器件。

GAL 的种类有很多，常见的有普通型 GAL、通用型 GAL、异步型 GAL 和系统编程型 GAL 等。其中普通型 GAL 有 GAL16V8、GAL20V8，系统编程型 GAL 有 GAL39V8。本节主要介绍 GAL16V8 的结构原理和工作模式。

7.5.1 GAL16V8 器件的基本逻辑结构

GAL16V8 是 GAL 器件中一种最为通用的器件，器件型号中的 16 表示最多有 16 个引脚作为输入端，器件型号中的 8 表示器件内含有 8 个 OLMC，最多可有 8 个引脚作为输出端，GAL16V8 的逻辑结构图如图 7.5.1 所示。它由 5 部分组成，8 个输入缓冲器(引脚 2～9 作为固定输入)、8 个输出缓冲器(引脚 12～19 作为输出缓冲器的输出)、8 个输出逻辑宏单元(OLMC12～19，或门阵列包含在其中)、可编程与门阵列(由 8×8 个与门构成，形成 64 个乘积项，每个与门有 32 个输入端)、8 个输出反馈/输入缓冲器(逻辑结构图中间一列，8 个缓冲器)。除以上 5 个组成部分外，该器件还有一个系统时钟 CK 的输入端(引脚 1)，一个输出三态控制端 OE(引脚 11)，一个电源 U_{CC} 端和一个接地端(引脚 20 和引脚 10，图中未画出，通常 U_{CC}=5V)。下面以 GAL16V8 为例，说明 GAL 电路的结构特点和工作原理。

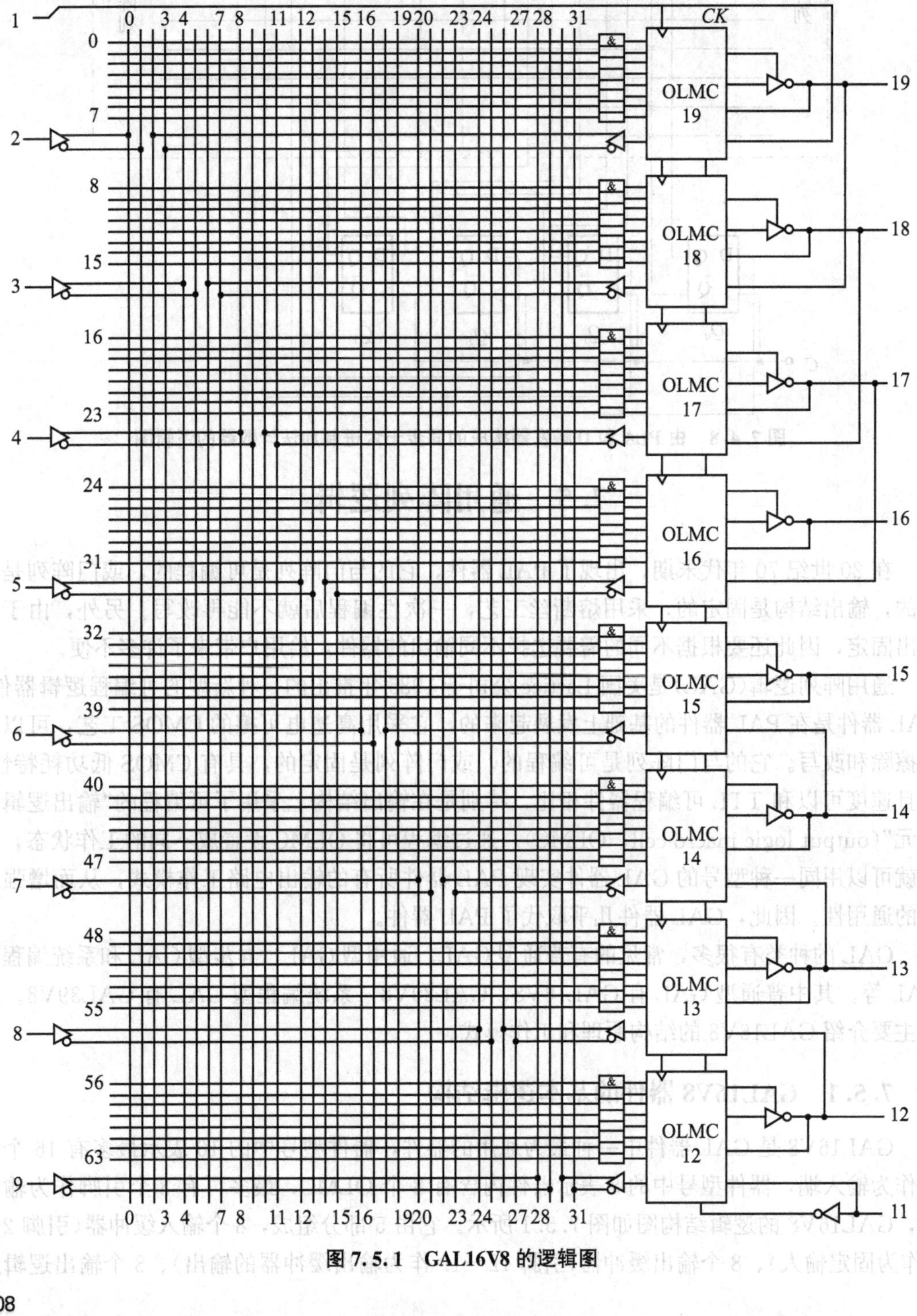

图 7.5.1 GAL16V8 的逻辑图

7.5.2 OLMC 的基本逻辑结构

输出逻辑宏单元 OLMC 的电路结构如图 7.5.2 所示。

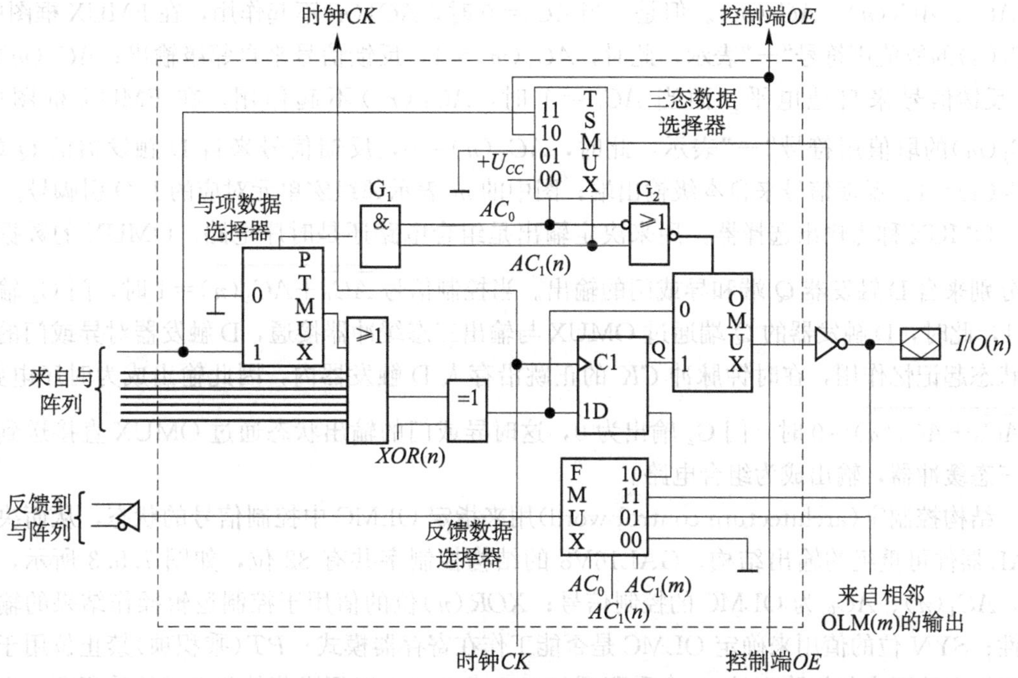

图 7.5.2 GAL 器件 OLMC 的逻辑结构

一个 8 输入或阵列，构成了 GAL 的或门阵列，其输入信号来自可编程与阵列，因而每个输入是一个乘积项，或门阵列最多有 8 个乘积项，构成与或组合逻辑。

异或门用于控制输出信号的极性，8 输入或门的输出与结构控制字中的控制位 $XOR(n)$异或后，输出到 D 触发器的 D 端。通过将 $XOR(n)$编程为 1 或 0 来改变或门输出的极性，$XOR(n)$中的 n 表示该宏单元对应的 I/O 引脚号。

D 触发器用来存储异或门的输出信号，以满足时序电路的需要。8 个 OLMC 中的 D 触发器时钟 CK 并接在一起，受 1 号输入引脚的信号控制，这就决定了只有 8 个 OLMC 全都为组合电路，即 8 个 D 触发器时钟 CK 都不起作用时，1 号引脚才可能通过 OLMC19 的输出反馈/输入缓冲器，作为组合电路的一个输入。

PTMUX 称为与项选择器，用来决定第一与项是否成为或门的输入信号。除了 OLMC12 和 OLMC19 两个输出逻辑宏单元外，PTMUX 的控制信号是结构控制字中控制位 AC_0 和 $AC1_{(n)}$。当 $\overline{AC_0\ AC_1(n)}=0$ 时，第一与项作为或门的一个输入项。

TSMUX 称为三态数据选择器，用来从第一与项、OE、地电平、U_{CC} 这 4 与项信号中选出一个信号作为输出三态缓冲器的控制信号，由结构控制字中控制位 AC_0 和 $AC_1(n)$控制。当 AC_0 和 $AC_1(n)$为 11 时，第一与项作为输出缓冲器的三态控制信号，第一与项是 0 还是 1 由用户编程决定；为 10 时，取 OE 作为三态控制信号，8 个 OLMC 的 OE 均并联在一起受 11 号输入引脚的信号控制；为 01 时，取地电平作为三态控制信号，输出是高阻态；

为 00 时，取 U_{CC} 为三态控制信号，输出缓冲器被选中。

FMUX 称为反馈数据选择器，用来从 D 触发器的 $\overline{Q}$ 端、本级输出、邻级输出、地电平这 4 路信号中选出一路作为反馈信号，反馈到与阵列。FMUX 形式上有三个控制端，分别是 AC_0、$AC_1(n)$、$AC_1(m)$。但是，当 $AC_0=0$ 时，$AC1(n)$不起作用，在 FMUX 框图中，$AC_1(n)$的取值用符号“－”表示，此时，$AC_1(m)=1$，反馈信号来自邻级输出；$AC_1(m)=0$，反馈信号来自地电平。而当 $AC_0=1$ 时，$AC_1(m)$不起作用，在 FMUX 框图中，$AC_1(m)$的取值用符号“－”表示，此时，$AC_1(n)=0$，反馈信号来自 D 触发器的 $\overline{Q}$ 端；$AC_1(n)=1$，反馈信号来自本级输出端；图中的 m 表示邻级宏单元对应的 I/O 引脚号。

OMUX 称为输出选择器，用来决定输出是组合电路还是时序电路。OMUX 的数据信号分别来自 D 触发器 Q 端和异或门的输出。当控制信号 $\overline{\overline{AC_0}+AC_1(n)}=1$ 时，门 G_2 输出为 1，此时，D 触发器的 Q 端通过 OMUX 与输出三态缓冲器接通，D 触发器对异或门的输出状态起记忆作用，在时钟脉冲 CK 的正跳沿存入 D 触发器内，因此输出成为时序电路。在 $\overline{\overline{AC_0}+AC_1(n)}=0$ 时，门 G_2 输出为 0，这时异或门的输出状态通过 OMUX 直接送到输出三态缓冲器，输出成为组合电路。

结构控制字(architecture control word)用来指定 OLMC 中控制信号的状态，从而决定 GAL 器件可重组的输出结构。GAL16V8 的结构控制字共有 82 位，如图 7.5.3 所示，其中，$AC_1(n)$、AC_0 为 OLMC 的控制信号；$XOR(n)$位的值用于控制逻辑操作结果的输出极性；SYN 位的值用来确定 OLMC 是否能工作在寄存器模式；PT(乘积项)禁止位用于控制逻辑电路图中与门阵列的 64 个乘积项($PT_0 \sim PT_{63}$)，以便屏蔽某些不用的乘积项。它们都是结构控制字中的可编程位。图中 $XOR(n)$和 $AC_1(n)$字段下面的数字分别表示它们控制该器件中各个 OLMC 的输出引脚号。

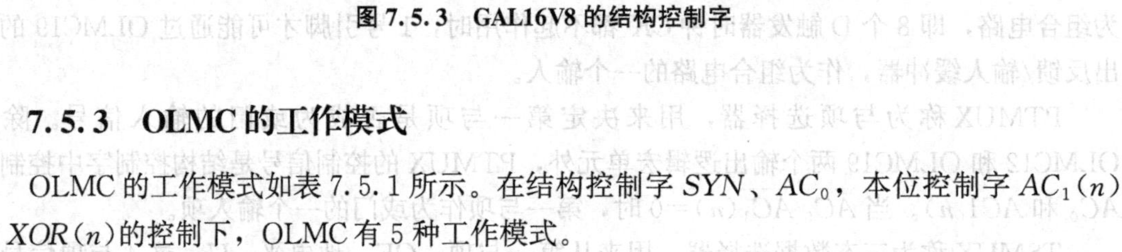

图 7.5.3 GAL16V8 的结构控制字

7.5.3 OLMC 的工作模式

OLMC 的工作模式如表 7.5.1 所示。在结构控制字 SYN、AC_0，本位控制字 $AC_1(n)$ 和 $XOR(n)$的控制下，OLMC 有 5 种工作模式。

当 $SYN=1$ 时，在 $AC_0=0$ 、$AC_1(n)=0$ 或 $AC_0=1$ 、$AC_1(n)=1$ 的情况下，OLMC 处于组合逻辑电路的工作模式。

当 $SYN=0$ 时，在 $AC_0=1$ 、$AC_1(n)=0$ 或 $AC_0=1$ 、$AC_1(n)=1$ 的情况下，OLMC 处于时序逻辑电路的工作模式。

表 7.5.1　OLMC 的工作模式

SYN	AC_0	$AC_1(n)$	$XOR(n)$	工作模式	输出极性	备注
1	0	1	×	专用输入模式	—	引脚 1、11 为数据输入，三态门不通
1 1	0 0	0 0	0 1	专用组合输出	低电平有效	引脚 1、11 为数据输入，三态门总是选通的
1 1	1 1	1 1	0 1	选通组合输出	低电平有效 高电平有效	引脚 1、11 为数据输入，三态门选通信号为第 1 个乘积项
0 1	1 1	1 1	0 1	时序逻辑电路中的组合输出	低电平有效 高电平有效	引脚 1 为 CP，引脚 11 为 OE，至少另有一个为 OLMC 是寄存器输出
0 0	1 1	0 0	0 1	寄存器输出	低电平有效 高电平有效	引脚 1 为 CP，引脚 11 为 OE

1. 寄存器输出模式[$SYN=0$、$AC_0=1$、$AC_1(n)=0$]

寄存器输出模式是指 OLMC 中 D 触发器的状态经过 OMUX 作为 GAL 的输出。这时 GAL 器件可用于组成同步时序逻辑电路，适合实现计数器、移位寄存器电路。

在该模式下，AC_0、$AC_1(n)$为“10”，OMUX 选择 D 触发器的 Q 端输出到三态缓冲器，FMUX 选择 Q 的反相端作为反馈变量输入，TSMUX 选择 OE 作为三态缓冲器的使能控制端，PTMUX 选择第 1 个乘积项作为或门的输入。时钟 CP 和使能控制 OE 是公共的，分别接到引脚 1、11，寄存器输出模式的 OLMC 电路简化后如图 7.5.4 所示。

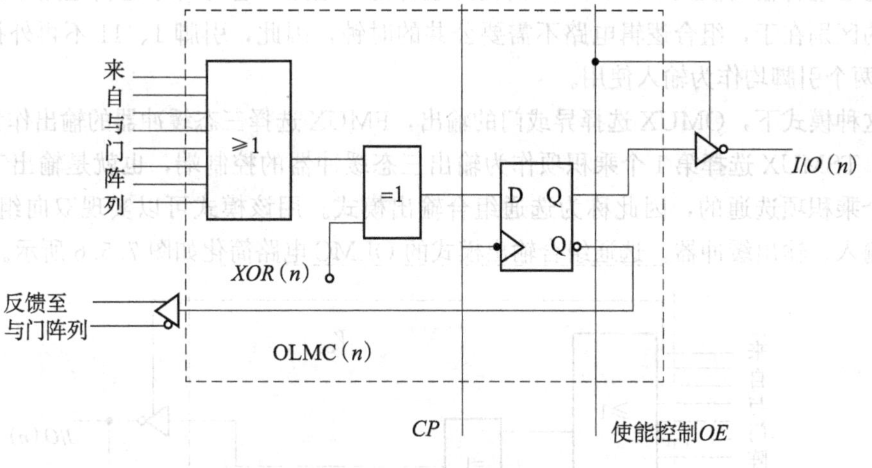

图 7.5.4　寄存器输出模式

2. 时序逻辑电路中的组合输出模式[$SYN=0$、$AC_0=1$、$AC_1(n)=1$]

在时序逻辑电路的组合输出模式中，AC_0、$AC_1(n)$为“11”，OMUX 选择异或门的输出，FMUX 选择三态缓冲器的输出作为反馈变量输入，TSMUX 选择第 1 个乘积项作为输出三态缓冲器的控制端，经过 PTMUX 选择后，只有 7 组乘积项作为或门的输入。引脚 1、

11分别作为时序逻辑电路的时钟 CP 和使能 OE。此时时序逻辑电路中的组合输出模式的OLMC电路简化如图7.5.5所示。

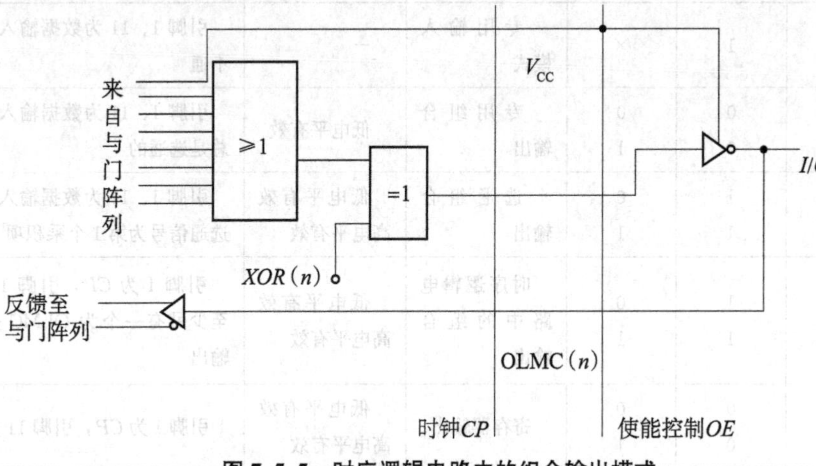

图7.5.5 时序逻辑电路中的组合输出模式

在该模式下，OMLC简化为典型的组合逻辑电路，用于实现时序逻辑电路中所需的组合逻辑输出。这样，将寄存器输出模式和时序逻辑电路中的组合输出模式搭配使用，可以方便实现同步时序逻辑电路。例如，将4个OLMC配置成寄存器输出模式，用于实现计数器的触发器及其驱动电路；将一个OLMC配置成时序逻辑电路中的组合输出模式，用于实现进位输出，这样GAL就是一个4位同步计数器。

3. 选通组合输出模式[$SYN=1$、$AC_0=1$、$AC_1(n)=1$]

在选通组合输出模式下，OLMC简化为组合逻辑电路，它与时序逻辑电路中的组合输出模式的区别在于，组合逻辑电路不需要公共的时钟，因此，引脚1、11不再外接 CP 和 OE，这两个引脚均作为输入使用。

在这种模式下，OMUX选择异或门的输出，FMUX选择三态缓冲器的输出作为反馈变量输入，TSMUX选择第1个乘积项作为输出三态缓冲器的控制端，也就是输出三态门是由第1个乘积项选通的，因此称为选通组合输出模式。用该模式可以实现双向组合逻辑，如三态输入、输出缓冲器。选通组合输出模式的OLMC电路简化如图7.5.6所示。

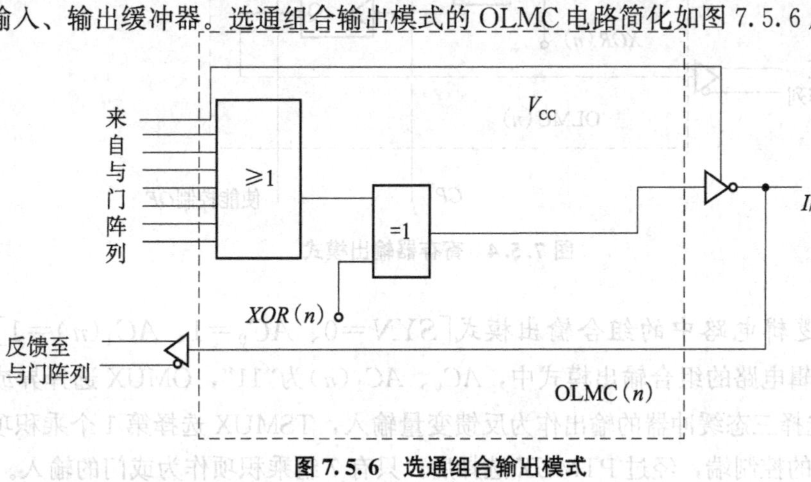

图7.5.6 选通组合输出模式

4. 专用组合输出模式[$SYN=1$、$AC_0=0$、$AC_1(n)=0$]

在专用组合输出模式下，OMUX 选择异或门的输出，但是 TSMUX 选择 V_{CC} 作为输出三态缓冲器的控制端，使输出三态门总是处于选通状态；FMUX 不是选择本位 OLMC 的输出，而是选择"地"或相邻 OLMC 的输出作为反馈变量输入。引脚 1、11 均作为输入使用。用该模式可以实现常见的组合逻辑电路。专用组合输出模式的 OLMC 电路简化如图 7.5.7 所示。

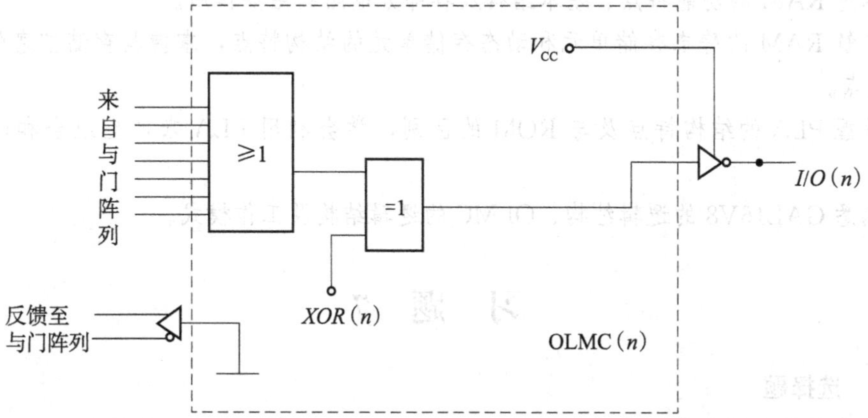

图 7.5.7 专用组合输出模式

5. 专用输入模式[$SYN=1$、$AC_0=0$、$AC_1(n)=1$]

在专用输入模式下，TSMUX 选择"地"作为输出三态缓冲器的控制端，使输出三态门总是处于高阻态。因此，OMLC 内部的电路相当于断开，这些端只能作为输入端使用。专用输入模式的 OLMC 电路简化如图 7.5.8 所示。

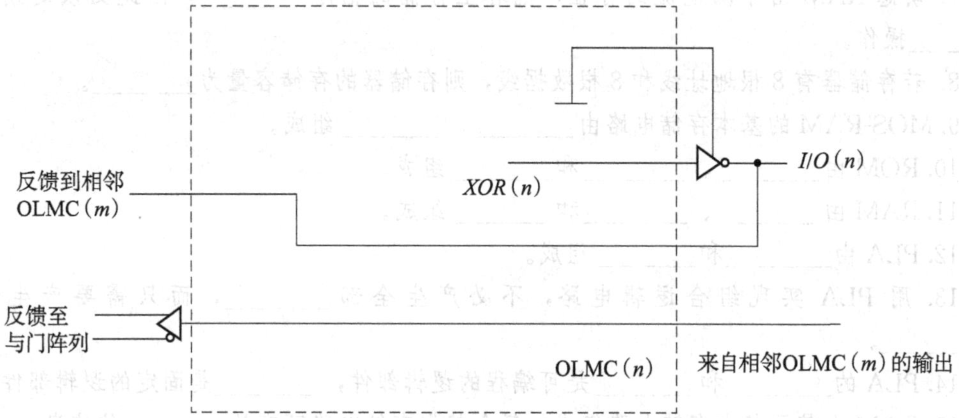

图 7.5.8 专用输入模式

本章学习目的和要求

1. 熟悉半导体存储器的功能、类型及在数字系统中的应用。

2. 熟悉 ROM 的功能特点、基本结构及各部分电路的主要作用。

3. 掌握固定 ROM、PROM、EPROM 的工作原理，了解它们之间的主要差异。

4. 熟悉 RAM 的功能特点、基本结构及各部分电路的主要作用。

5. 了解 RAM 的静态存储单元和动态存储单元的结构特点，掌握其存储信息的不同机理和优缺点。

6. 掌握 PLA 的结构特点及与 ROM 的区别，学会利用 PLA 来产生组合和时序逻辑函数。

7. 熟悉 GAL16V8 的逻辑结构、OLMC 的逻辑结构及工作模式。

习　题　7

7.1　选择题

1. 存储器按存储介质的不同分为________、________和________3 种。

2. 半导体存储器按工作方式分为________和________两大类。

3. 常用________和________的乘积表示存储容量。

4. 根据基本存储器电路的工作原理，RAM 分为________和________两大类。

5. 只读存储器有________、________和________类型。

6. 一个容量为 1 K×8 的存储器能存储________位二进制数。

7. 动态 RAM 由于漏电流的存在，电容上存储的信息________，因此必须定期进行________操作。

8. 若存储器有 8 根地址线和 8 根数据线，则存储器的存储容量为________。

9. MOS-RAM 的基本存储电路由________、________组成。

10. ROM 由________、________和________组成。

11. RAM 由________、________和________组成。

12. PLA 由________和________组成。

13. 用 PLA 实现组合逻辑电路，不必产生全部________，而只需要产生最简的________。

14. PLA 的________和________是可编程的逻辑部件，________是固定的逻辑部件。

15. RAM 由若干基本存储电路组成，每个基本存储电路可存放________位信息。

16. PAL 器件的________阵列是可编程的，________阵列是固定的，输出结构是________。

17. GAL 的________阵列是可编程的，________阵列是固定的，输出结构是________。

7.2　选择题

1. 半导体存储器按功能分为两大类，即(　　)。

A. ROM和PROM　　B. RAM和ROM
C. RAM和EEPROM　　D. ROM和EPROM

2. 对于ROM和PLA，下列说法中错误的是(　　)。
A. 它们均为与或阵列　　B. 它们均可实现组合逻辑
C. 它们PLA中的“与项”可编程　　D. ROM实现组合逻辑时需先化简函数

3. 某存储器芯片的容量为32 KB，则其地址线和数据线的根数分别为(　　)。
A. 15和8　　B. 16和8
C. 5和4　　D. 6和4

4. RAM是(　　)。
A. 只读存储器　　B. 易失性存储器
C. 非易失性存储器　　D. A、B、C三项都不正确

5. ROM在运行时(　　)。
A. 只有读功能　　B. 只有写功能
C. 既有读功能，又有写功能　　D. 无读/写功能

6. RAM在运行时(　　)。
A. 只有读功能　　B. 只有写功能
C. 既有读功能，又有写功能　　D. 无读/写功能

7. 当电源掉电后又接通，ROM中的内容(　　)。
A. 全部改变　　B. 全部为0
C. 不可预料　　D. 保持不变

8. 当电源掉电后又接通，RAM中的内容(　　)。
A. 全部改变　　B. 保持不变
C. 不确定　　D. 全部为0

9. 一个容量为512×1的ROM具有的地址线和数据线的根数为(　　)。
A. 9和1　　B. 1和9
C. 521和9　　D. 9和512

10. 将数据写入RAM，不需要的信号线是(　　)。
A. 地址　　B. 片选　　C. 读　　D. 写

11. 将数据从RAM中读出，不需要的信号线是(　　)。
A. 地址　　B. 片选　　C. 读　　D. 写

12. EPROM的与阵列是(　　)。
A. 全译码可编程阵列　　B. 全译码不可编程阵列
C. 非全译码可编程阵列　　D. 非全译码不可编程阵列

13. 关于PROM和PLA的结构，下列描述不正确的是(　　)。
A. PROM的与阵列固定，不可编程　　B. PROM的或阵列可编程
C. PLA的与、或阵列均可编程　　D. PROM的与、或阵列均不可编程

14. 一个容量为1 K×8的存储器有(　　)个存储单元。
A. 8　　B. 8 K　　C. 8 000　　D. 8 192

15. 要构成容量为 4 K×8 的 RAM，需要(　　)片容量为 256×4 的 RAM。

A. 2　　B. 4　　C. 8　　D. 32

16. 寻址容量为 16 K×8 的 RAM 需要(　　)根地址线。

A. 4　　B. 8　　C. 14　　D. 16

E. 16 k

17. 若 RAM 的地址码有 8 位，行、列地址译码器的输入端都为 4 个，则它们的输出线(即字线加位线)共有(　　)根。

A. 8　　B. 16　　C. 32　　D. 256

18. 某存储器具有 8 根地址线和 8 根双向数据线，则该存储器的容量为(　　)。

A. 8×3　　B. 8 K×8　　C. 256×8　　D. 256×256

19. 采用对称双地址结构寻址的 1 024×1 的存储矩阵有(　　)。

A. 10 行 10 列　　B. 5 行 5 列

C. 32 行 32 列　　D. 1 024 行 1 024 列

20. 欲将容量为 128×1 的 RAM 扩展为 1 024×8 的 RAM，则需要控制各片选端的辅助译码器的输出端数为(　　)。

A. 1　　B. 2　　C. 3　　D. 8

21. 欲将容量为 256×1 的 RAM 扩展为 1 024×8 的 RAM，则需要控制各片选端的辅助译码器的输入端数为(　　)。

A. 4　　B. 2　　C. 3　　D. 8

22. 一个容量为 512×1 的静态 RAM 具有(　　)。

A. 9 根地址线，1 根数据线　　B. 1 根地址线，9 根数据线

C. 512 根地址线，9 根数据线　　D. 9 根地址线，512 根数据线

23. 用若干 RAM 实现位扩展时，其方法是将(　　)相应地并联在一起。

A. 地址线　　B. 数据线　　C. 片选信号线　　D. 读/写线

24. GAL 器件可实现时序逻辑电路时，有(　　)种工作模式。

A. 2　　B. 3　　C. 5　　D. 4

25. 在 GAL16V8 器件中，有(　　)个独立的 OLMC。

A. 8　　B. 6　　C. 5　　D. 4

7.3　判断题(正确的打√，错误的打×)

1. 实际中，常以字数和位数的乘积表示存储容量。(　　)

2. RAM 由若干位存储单元组成，每个存储单元可存放一位二进制信息。(　　)

3. 动态随机存取存储器需要不断地刷新，以防止电容上存储的信息丢失。(　　)

4. 用 2 片容量为 16 K×8 的 RAM 构成容量为 32 K×8 的 RAM 是位扩展。(　　)

5. 所有的半导体存储器在运行时都具有读和写的功能。(　　)

6. ROM 和 RAM 中存入的信息在电源断掉后都不会丢失。(　　)

7. 当电源断掉后又接通，则 RAM 中原存储的信息不会改变。(　　)

8. 存储器字数的扩展可以利用外加译码器控制数个芯片的片选输入端来实现。(　　)

9. PROM 的或阵列(存储矩阵)是可编程阵列。(　　)

10. ROM的每个与项(地址译码器的输出)都一定是最小项。 ( )

11. PLA采用熔断丝工艺，只能一次性编程使用。 ( )

12. 在GAL器件中，由于采用了CMOS工艺，故可以反复擦除和改写。 ( )

7.4 用ROM实现下列代码的转换。

1. 8421码转换成余3码。

2. 余3码转换成5421码。

3. 用PLA实现全加器功能，画出阵列图。

4. 利用PLA和JK触发器实现，设计5421码"二-十进制"计数器，以及七段显示译码电路的PLA阵列图。

5. 试画出将4片1 024×1的RAM扩展为4 096×1的RAM的连线图。

6. 试画出将4 096×1的RAM扩展为4 096×8的RAM的连线图。

7. 试用ROM设计一个优先排对电路，输入信号A、B、C、D，输出信号Y_3、Y_2、Y_1、Y_0。只要$A=1$，无论B、C、D为何值，均有$Y_3=1$，其余输出为0；只要$A=0$，$B=1$，无论C、D为何值，均有$Y_2=1$，其余输出为0；只要$A=0$，$B=0$，$C=1$，无论D为何值，均有$Y_1=1$，其余输出为0；只有当$A=B=C=0$，$D=1$时，才有$Y_0=1$，其余输出为0。

8. 试用ROM设计一个乘法器。已知输入是两个2位二进制数，即A_1A_0、B_1B_0；输出是两者的乘积，一个4位二进制数，即$Z_3Z_2Z_1Z_0$。

9. 试用ROM设计一个判断电路，判断一个4位二进制数$D_3D_2D_1D_0$的状态：

(1)能否被3整除，能被3整除时，输出为1；

(2)能否大于12，大于12时，输出为1；

(3)是不是奇数，是奇数时，输出为1；

(4)是否有奇数个1，有奇数个1时，输出为1。

7.5 回答下列问题。

1. 将一个包含32 768个基本存储单元的存储电路设计成4 096个字节的RAM。

(1)该RAM有几根数据线？

(2)该RAM有几根地址线？

2. 一个容量为256×4的RAM。

(1)该RAM有多少个基本存储单元？

(2)该RAM每次访问几个基本存储单元？

(3)该RAM有多少根地址线？

3. 若一个RAM的输入地址码为20位，输出数据为8位，这一个RAM的存储容量为多少比特？多少字节？

4. 简述半导体存储器的分类情况。ROM与RAM的主要区别是什么？

5. 简述ROM的基本结构。通常可用什么表示ROM电路的存储容量？

6. RAM的功能和结构有何特点？常用的RAM存储单元有哪几种？动态MOS RAM为何要"刷新"？

7. 容量为4 K×4的RAM电路有多少根地址线？有多少根字线和位线？

8. 试画出将 4 096×1 的 RAM 扩展为 4 096×8 的 RAM 的连线图。

9. 试画出将 4 片 1 024×1 的 RAM 扩展为 4 096×1 的 RAM 的连线图。

10. 用 GAL16V8 器件设计一个检测器，如果输入为“1110010”，则输出为“1”；否则，输出为“0”。

11. 用 GAL16V8 器件实现一个可控计数器，当控制信号为“0”时，计数器实现 8421 码计数器；当控制信号为“1”时，计数器为 4 位二进制计数器，要求输出高电平有效。